本书由中国科学院"NO. KGFZD–135–19–10"项目、科技部和财政部"国家植物标本资源库"和北京市科学技术研究院市级财政"北京城市生物多样性评估与保护对策"项目资助

李金锋 等◎著

北京常见植物
花粉图鉴

Pollen of Plants in Beijing

李金锋　姚轶锋　谢淦　李敏　宣晶　孙斌
李素萍　徐景先　David Kay Ferguson　　王宇飞

长江出版传媒　Ⓚ 湖北科学技术出版社

图书在版编目（CIP）数据

北京常见植物花粉图鉴 / 李金锋等著 . —武汉：
湖北科学技术出版社，2021.7
　ISBN 978-7-5706-1438-7

　Ⅰ . ①北… Ⅱ . ①李… Ⅲ . ①花粉 – 北京 – 图谱
Ⅳ . ① Q944.58-64

中国版本图书馆 CIP 数据核字（2021）第 073806 号

北京常见植物花粉图鉴
BEIJING CHANGJIAN ZHIWU HUAFEN TUJIAN

责任编辑	曾紫风
装帧设计	胡　博
督　　印	刘春尧
审 图 号	GS(2021)2596 号
出版发行	湖北科学技术出版社
地　　址	武汉市雄楚大街 268 号
	（湖北出版文化城 B 座 13–14 层）
邮　　编	430070
电　　话	027-87679464
网　　址	http://www.hbstp.com.cn
印　　刷	武汉市金港彩印有限公司
邮　　编	430023
开　　本	880×1230　　16 开
印　　张	28 印张
版　　次	2021 年 7 月第 1 版
印　　次	2021 年 7 月第 1 次印刷
字　　数	600 千字
定　　价	398.00 元

本书如有印装质量问题　可找市场部更换
服务监督电话：027-87679451

序　一

孢粉学作为植物学科的重要分支，诞生于欧洲，发展至今已经辐射到全球范围，在植物学、生态学、地质学、环境科学、医学、法庭科学等诸多前沿科学研究和技术应用领域都有广泛的用途。中国科学院植物研究所的老一辈植物学家徐仁和王伏雄两位院士开创了中国的孢粉学事业，带领他们的学生和同事们，发表了《中国热带亚热带被子植物花粉形态》《中国蕨类植物孢子形态》《中国植物花粉形态》等奠基之作，极大地推动了我国的孢粉学研究和发展。

时至今日，这三本专著仍然是我国、甚至国外众多孢粉学家开展植物学和地质学等领域研究时常用的工作手册。但随着最近半个世纪以来的科学与技术发展，孢粉学研究手段也由主要依靠光学显微镜发展到以光学显微镜和扫描电子显微镜相结合。近年来，国内也有关于孢粉学的专著出版，但遗憾的是尚未见到将光学显微镜和扫描电子显微镜图版一一对应的工作。

今天很高兴看到年轻一代孢粉学研究后继有人，植物所李金锋博士领衔的国际研究团队编写推出了《北京常见植物花粉图鉴》一书。该书内容丰富，涵盖了中国华北平原北京地区常见的 83 科 172 属 206 种植物，书中采用了国际先进的单颗花粉粒技术，在光学显微镜和扫描电子显微镜下，展示了每种植物的花粉不同层面下的显微形态特征，并配置了其母体植物形态、生境与分布信息。书中所用的术语规范、插图精美，这些花粉及母体植物与生境照片，不仅富有艺术感，而且更为重要的是为精确鉴定花粉类群，满足国家资源、生态安全、地质科学、医学保健、刑侦等各行各业的需求提供了保障，具有极高的科学价值。

我相信该书的出版，将为新形势下建立中国各个不同地理单元的孢粉谱提供新的范式。

中国科学院院士
中国科学院植物研究所研究员

序　二

　　北京地处我国华北平原的西北端，西面有西山，北面临燕山，地貌从西北向东南倾斜，大致可分为西北山区和东南平原区，在东南平原区有众多河流和沼泽。北京的气候为典型的北温带大陆性气候，夏季炎热多雨，冬季寒冷干燥。据目前统计，该区域内生长有野生维管植物共计 141 科、657 属、1797 种，在平原、台地、丘陵、低山、中山等不同海拔梯度上呈现出丰富多彩的立体植被景观。近年来，随着首都城市园林绿化的发展，又引进了越来越多的植物种类，不仅乡土植物多样性受到了进一步的威胁，还带来了各类花粉症防控的风险。因此，详细调查和准确鉴定北京地区植被中优势和建群类群（包含主要的乡土和引进植物）的花粉及其母体植物的分布，成为摆在我们面前的一项很有必要和紧迫的任务。

　　中国科学院植物所王伏雄院士和徐仁院士对我国花粉学界有奠基之功，打下很好的学科基础，培育了优良的学术传承。我很高兴看到近期植物研究所青年一代李金锋博士等人领衔的国际研究团队完成了这项很有意义的任务，编著了《北京常见植物花粉图鉴》一书。该书展示了北京地区 83 科 172 属 206 种常见的野生及栽培植物的花粉形态及其母体植物，并配制了其生境与分布信息。其特色在于首次将光学显微镜和扫描电子显微镜下的孢粉照片结合在一起，精准、全面地展示了花粉的显微形态特征。该书提供了花粉鉴定和相关的母体植物生境、物候与分布等关键信息，不仅可以很好地服务于医学上致敏花粉的精确鉴定和预报，还有极大的潜力服务于生物学上，基于花粉分析，重建地质时期以来植物多样性变化，并以历史植物为代用指标反映长尺度的气候变化。以史为鉴，我们可以将过去、现代和未来连成一体，反映北京地区植物多样性和植被、生态系统的动态演变，为北京如何更好地应对未来气候环境变化提供理论和数据支撑。

北京林业大学教授

北京植物学会副理事长

前言

　　地球上形形色色的植物在有性繁殖过程中产生了大量的孢子和花粉，它们飘浮在空气中，落在水中、土壤中，沉积在湖泊、海洋中，埋藏于地质时期不同时段的地层中，几乎在地球各个角落，无处不在，与人们的生存与发展有着千丝万缕的联系。对这些孢子和花粉的研究就是孢粉学的核心内容。孢粉学作为植物学的一个分支学科，源于17世纪的英国，迄今已发展了近400年，其应用也随着时代的发展而越来越广泛地辐射到了生物学、地球科学、环境科学、现代医学、法庭物证学等诸多领域。

　　毋庸置疑，孢子和花粉的准确识别与鉴定是其在一切领域应用的基石。然而，以光学显微镜为主要观察手段的传统孢粉学研究中，除极少数孢子、花粉具有鲜明的特征而可以鉴定到种级以外，多数仅可以鉴定到属级甚至科级。这显然不能满足越来越多的孢粉学应用场景要求。扫描电子显微镜的出现与普及改变了这一局面。扫描电子显微镜较高的放大倍数、较大的景深、更立体的成像以及样品制备简便等优点，极大地推动了孢粉学研究。

　　孢粉学发展至今，在很多场合，目前主要工作手段仍为光学显微镜观察，基于光学显微镜的孢粉形态参考论著也因此较多，覆盖面较广。而基于扫描电子显微镜的孢粉形态参考资料近年来也时有刊出，但遗憾的是，目前仍罕有将两者有机结合在一起的论著。

　　今天，将光学显微镜和扫描电子显微镜结合联用，我们可以在不同层面上，全面反映花粉的显微特征，这是目前孢粉鉴定的最佳方案。

　　在执行首都环境生态系统安全科普教育平台建设及《北京城市生物多样性评估与保护对策》项目的工作过程中，我们切身体会到了缺少这样一本工作手册的不便。鉴于此，本着立足北京、服务京津冀、辐射华北的理念，萌生了以北京常见植物的花粉为例，编著一册包含花粉母体植物照片、生境、物候、分布，以及花粉光学显微镜图版和扫描电子显微镜图版相结合的书。基于此，我们在北京及周边地区系统地采集了常见的83科172属206种植物的花粉标本，不仅涵盖了华北平原各个植被类型的优势和建群的类群，还囊括了主要的气传致敏类型，以及部分常见栽培植物。花粉的预处理工作全部在中国科学院植物研究所完成。2010年，李金锋博士获得国家留学基金委资助，到奥地利维也纳大学的古生物研究所与 David Kay Ferguson 教授合作一年，在此期间，他采用单颗花粉粒技术，完成了大部分光学显微镜和扫描电子显微镜下每种花粉的拍照。

现在，我们将光学显微镜下的花粉形态和细节与扫描电子显微镜的图版一一对应，并参照国际通用的花粉术语手册 *Illustrated Pollen Terminology*（Second Edition）（Halbritter et al., 2018）对花粉的形态、纹饰进行了标准化描述，依托植物智——中国植物物种信息系统（http://www.iplant.cn），提供了书中所有花粉的母体植物形态、生境和物候信息，并配制了植物地理分布图。至此，《北京常见植物花粉图鉴》终于完稿。

科学研究的最终目的是落地并服务于社会和民众。我们希望本书的出版，不仅能为京津冀乃至华北地区的致敏花粉的精确鉴定和预报、法庭物证学上的追根溯源及城市植被历史演变研究贡献一分力量，还能吸引更多的普通读者阅读，从而激发他们对孢粉学、植物学产生更深厚的兴趣，推动和拓展孢粉学在各领域的应用。

作者

2021 年 7 月

第一章　总论

第二章　花粉的形态

第三章　北京常见植物花粉图版及其说明

5 孔沟

6 孔沟

使用说明

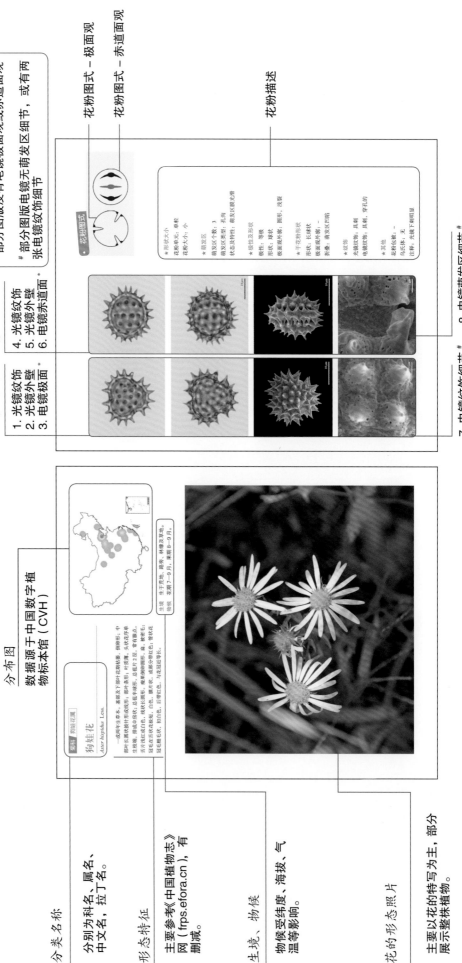

母体植物信息

分布图
数据来源于中国数字植物标本馆（CVH）

分类名称
分别为科名、属名、中文名、拉丁名。

形态特征
主要参考《中国植物志》网（frps.efora.cn），有删减。

生境、物候
物候受纬度、海拔、气温等影响。

花的形态照片
主要以花的特写为主，部分展示整株植物。

花粉形态及描述

* 部分图版没有电镜极面观或赤道面观，或有两张电镜萌发区细节
\# 部分图版电镜无萌发区细节、无电镜纹饰细节

花粉图式 - 极面观
花粉图式 - 赤道面观
花粉描述

极面观
1. 光镜纹饰
2. 光镜外壁
3. 电镜极面*

赤道面观
4. 光镜纹饰
5. 光镜外壁
6. 电镜赤道面*

7. 电镜纹饰细节#
8. 电镜萌发区细节#

花粉图式

★ 形状大小
花粉单元：单粒
花粉大小：小
★ 萌发区
萌发区个数：3
萌发区类型：孔沟
状态及特性：萌发区膜光滑
★ 极性及形状
极性：等极
形状：球形
极面观外缘：圆形、浅裂
★ 干花粉形状
形状：长球形
极面观外缘：-
折叠/萌发区凹陷
★ 纹饰
光镜纹饰：具刺
电镜纹饰：具刺、穿孔的
★ 其他
花粉包被：无
乌氏体：无
注释：光镜下刺明显

狗娃花
Aster hispidus Less.

【第一章】

—— 总　论 ——

1.1 孢粉学及其应用

孢粉，即孢子（来自蕨类植物、苔藓类植物、藻类植物和真菌）和花粉（来自种子植物）的总称。

孢子，为孢子植物的繁殖器官——孢子或小孢子。孢子植物孢子体世代孢子囊中造孢母细胞（2n）减数分裂后形成的孢子（n），若形态大小相同，称同形（型）孢子，一般称为孢子；若相异，称异形（型）孢子。在异形（型）孢子中，体型大者称为大孢子，反之则为小孢子。大孢子为雌性，萌发后成为雌性配子体，其上着生颈卵器；而小孢子为雄性，萌发后成为雄性配子体，其上着生精子器。

花粉，为种子植物的繁殖器官——小孢子。种子植物孢子体世代小孢子囊（裸子植物）或花药（被子植物）中小孢子母细胞（2n）减数分裂后形成小孢子（n），其萌发形成花粉管与其内含的2个精子组成雄性配子体。

研究孢子和花粉的学科即为孢粉学。狭义的孢粉学是指研究植物有性繁殖过程中产生的孢子和花粉的学科；广义的孢粉学还包含了真菌孢子、沟鞭藻囊孢、疑源类、单细胞藻类，以及藻类定形群体等许多方面的内容。

狭义孢粉学研究的孢子和花粉是植物的一部分，因此孢粉学研究首先应用于植物学中。例如在植物的系统分类工作中，孢子或花粉的形态可以作为植物分类的参考；又如花粉的细胞学研究也是植物学的一个分支。

在医学上，花粉过敏是最常见的过敏反应之一。许多国家的大城市都在植物盛花期做出花粉浓度预报，以提醒对花粉过敏的人群做好必要的防护。

因花粉的产生和散播具有一定的物候性、地域性等特点，使得孢粉学也在司法工作中得以应用。例如利用检材中的花粉可以确定在场证据，判断案发时间、地点及环境信息等。

孢粉研究也被应用在考古学上，通过提取考古遗址（遗迹）的孢粉加以分析，可以提取人类活动的相关信息，如农作物的起源与发展、农耕文化，以及环境、气候等。

在食品工业上，有些花粉被开发作为保健食品。如通过研究蜂蜜中的花粉可以确定蜂蜜的蜜源地以及鉴定蜂蜜的真伪。

除上述应用外，孢粉更多地应用于地质学及其相关领域。不同的地质历史时期具有不同的植被特征，地层中保存的孢粉组合可以推断当时的植物组合特征，进而根据比对植物的组合特征的演替规律而确定地层的时代。根据孢粉组合还可以帮助确定石油、天然气的产出层位，并因此形成了一个孢粉学的分支学科——原油孢粉学。

随着气候变化议题越来越受到社会各个阶层的重视，科学界尝试利用各种气候代用指标来解读地质历史时期的气候变化，以知古鉴今。因孢粉外壁具有极抗酸碱、高温高压的孢粉素，在不同地质历史时期的地层中，孢粉是最容易被保存下来的生物学遗存之一，而使其成为一种理想的气候代用指标。分析地层中的孢粉组合，可以推断其植被类型，进而反演当时的气候特征。而且，随着近年来孢粉学的发展，利用孢粉学推断古植被、古气候和古环境已由定性分析发展为更为精确的定量分析。

除上述领域外，孢粉学也应用于一些其他领域，在此不一一赘述。

1.2 花粉的采集与处理

本书中所用花粉样品均采集自盛花期的新鲜材料。书中仅展示了北京及周边地区常见的野生和栽培的种子植物的花粉，而未包含孢子植物。因此，本书下述内容仅针对花粉而未包含孢子。

①新鲜花（序）采集后，置于牛皮纸标本袋中，标注采集信息。将标本袋放置于通风处自然干燥备用。

②雄蕊较大的样本，直接用镊子取雄蕊放置于玻璃离心管中，加入适量蒸馏水，放置数小时后，用玻璃棒将雄蕊打散。雄蕊较小的样本，将整朵花置于离心管中，加入蒸馏水，放置数小时后，用玻璃棒将整朵花捣碎，用 50 目网筛滤掉花被碎片等杂质。

③将上述花粉悬液离心（2500 r/min），并水洗 3 次。

④在离心管中加入约 2 mL 乙酸酐与浓硫酸混合液（v/v = 9 ∶ 1），沸水浴 5 ~ 10 分钟（视花粉样品多少、花粉外壁厚薄情况而定）。

⑤离心（2500 r/min），弃上清液。

⑥水洗 3 次后，转移至 1.5 mL EP 管中，加入适量甘油，记录编号备用。

1.3 光学显微镜拍照

①在干净的载玻片上滴适量甘油备用。

②用解剖针或者细玻璃棒将 EP 管中的花粉悬混液轻轻搅匀，并沿管壁拨取适量置于载玻片的甘油滴上。

③用解剖针轻轻搅动甘油，将甘油液滴铺平在载玻片上，使花粉粒尽量均匀散布在甘油中。

④在显微镜的低倍物镜下寻找颗粒饱满、形态典型的花粉粒。在 60 倍物镜下分别对赤道面观和极面观的外壁及纹饰等不同焦平面拍照。对于一些直径较大的花粉，如松科双气囊的花粉、锦葵科的某些花粉，则在 40 倍或 20 倍物镜下进行拍摄。

⑤一些花粉是典型的长球形花粉，在甘油中往往呈现赤道面观，而很难呈现出极面观的形态。此时可以使用黏在解剖针上的毛发轻轻拨动花粉粒，而使其呈现极面观。

1.4 扫描电子显微镜拍照

①在完成光学显微镜拍照后，在载玻片上挑选形态饱满、典型的花粉颗粒，或者直接挑选上述光学显微镜下拍摄的花粉颗粒，用毛发轻轻拨动花粉粒，将花粉粒拨出甘油滴，继续拨动直到花粉粒黏在毛发上。

②在擦拭干净的电子显微镜载物台上，用毛细管滴一滴无水乙醇，将上述黏在毛发上的花粉粒迅速放入无水乙醇中。为保证在扫描电子显微镜下可以观察到花粉的各个角度，可以同时挑入多粒花粉以保证成功率。

③无水乙醇蒸发后，即可将载物台放入真空镀膜机内镀金。

④在扫描电子显微镜下拍摄花粉的赤道面观、极面观，以及萌发孔形态，纹饰细节等。

1.5 花粉母体植物

被子植物分类系统参照 APG III 系统（APG III, 2009；刘冰等，2015），裸子植物分类系统也主要依据分子系统学研究结果。

花粉母体植物的照片主要来源于植物智网站（https://www.iplant.cn），其形态描述、生境及物候等信息主要参考《中国植物志》（http://www.iplant.cn/frps）数据，略有删减，其地理分布图也来源于植物智网站（http://www.iplant.cn）。

【第二章】

花粉的形态

孢粉学与具有分类性质的其他学科一样，也有特定的形态描述方法。然而，在孢粉学的发展过程中，并没有发展出相对固定的形态描述规则和方法。诸多孢粉形态学论著也都沿用各自的标准，描述的方法不尽相同，不同的著作中对同一特征的描述有时会使用不同的词汇。甚至在同一部著作中，对不同种的花粉的描述也没有一定的规则，而使用了诸多口语化的描述。

因此，在编撰过程中编者统一了书中孢粉形态描述的规则和术语，供读者参考。

2.1 花粉的极性

花粉的发育过程经历了四分体（图1）阶段。花粉的极性即由其在四分体上的位置而决定。在一个典型的花粉四分体上，花粉粒远离四分体几何中心的远端点（远极点 D ）与接近四分体几何中心的近端点（近极点 P ）的连线即为其极轴（图1，蓝线）；在极轴中心上且与极轴垂直的即为赤道轴（图1，绿线）；赤道轴所在的与极轴垂直的花粉粒截面为赤道面；赤道面边缘所组成的圆即为花粉粒的赤道（图1，红线）。

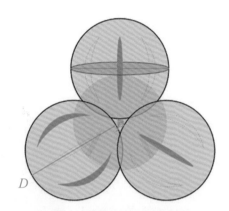

图1　花粉的四分体和极性

赤道轴（绿线），赤道（红线），极轴（蓝线），P（proximal）近极点，D（distal）远极点

2.2 花粉的萌发区

花粉粒在形态和 / 或解剖结构上明显区分于花粉壁的区域。顾名思义，萌发区一般被认为是花粉粒萌发的区域，并且可以在干燥的环境下闭合以保护花粉不会因缺水而失去生理功能。萌发区的数量、形状、结构在不同的科属中一般存在较大的差异，甚至在属内有时也会有所变化，是花粉鉴定的主要特征之一。萌发区的主要类型见本章 2.4 节"花粉形态描述与术语"。

2.3 花粉的外壁

花粉壁的特征也是花粉识别与鉴定的主要依据之一。在结构上，花粉壁一般可分为内壁与外壁两层（图2）。外壁主要由抗酸碱性强的孢粉素组成，因此，一般经过酸碱处理后的现代花粉或地层中的花粉仅保留了外壁。外壁可分为外壁内层和外壁外层。外壁内层为一层均质结构，而外壁外层由基层、柱状层、顶盖及覆盖结构组成。其中基层与外壁内层结合在一起在光学显微镜下不易区分而被称为内层，柱状层、顶盖及覆盖结构较易区分而被称为外层。光学显微镜下观察到的花粉的外壁结构和纹饰即为外层。

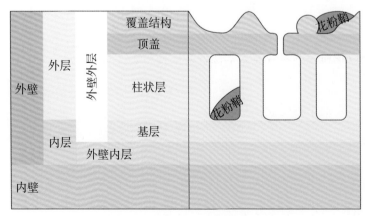

图2　花粉壁的结构（Halbritter et al., 2018）

2.4 花粉形态描述与术语

孢粉学由西方起源并发展，孢粉学的很多中文术语因而沿用了西语的中文翻译。在以前的诸多中文论著中将"aperture"翻译为"萌发孔"，而"萌发孔"的类型包括"孔""沟""孔沟"等类型，容易造成混乱。编者认为将"aperture"翻译为"萌发区"更为贴切，泛指花粉粒上一切可以识别的与花粉萌发相关的结构或区域。

花粉本身很小，同种内花粉粒的大小也差异较大。并且，在样品制备过程中，处理方式、制片方法等均会对花粉粒的大小产生影响。因此，本书中尽量减少花粉粒及其结构大小的量化指标描述，而采用了分级的描述方式。

在花粉外壁纹饰的描述上，本书主要依靠扫描电子显微镜的图像，尤其是对花粉识别有帮助的显微特征。

对花粉粒的描述，本书参考了 *Illustrated Pollen Terminology*（Second Edition）的描述规则，力求用较简单的文字最大限度地完成形态特征的描述。

本书按照以下分级顺序对花粉进行描述。

2.4.1 花粉单元和大小

2.4.1.1 花粉单元

即花粉（孢子）从药室（小孢子囊）中自然散布出来时的形态。盛花期采集的孢粉样品制备后一般不会对该性状造成破坏。

单粒：花粉散布以单一的花粉粒为单位，即显微镜下观察到的为独立的花粉粒。

二合体：花粉散布以 2 颗花粉粒为单位，即显微镜下观察到的为 2 粒花粉连接在一起。

假单粒：花粉散布以 3 颗花粉粒退化的四分体为单位，即显微镜下观察到的为唯一发育的一颗花粉粒。

四分体：花粉散布以 4 颗花粉粒为单位，根据花粉粒的排布情况可分为四面体四分体和平面四分体。

四面体四分体：4 颗花粉粒的中心点组成一个四面体形。

平面四分体：4 颗花粉粒处于同一平面，4 颗花粉粒的中心点组成的形状可分为以下 4 种。

十字四分体：4 颗花粉粒的中心点连线为"十"字形。

直列四分体：4 颗花粉粒呈一字排列，中心点连线为直线。

T 形四分体：4 颗花粉粒的中心点连线为"T"字形。

四角四分体：4 颗花粉粒的中心点连线为四边（角）形。

小花粉块：花粉散布以多于 4 颗但明显少于药室所含花粉颗数为单位，且具特定的形状。

花粉块：花药药室内的花粉几乎以一个整体的方式散布。

花粉团：花粉散布以花粉块的聚合体为单位，并带有非繁殖性的附属结构。

2.4.1.2 花粉大小

即花粉粒的直径（一般指长轴，即多数情况下为花粉的赤道轴；部分花粉的长轴为极轴）长度，本书仅用相对大小概念描述。非单粒花粉仍以每粒花粉的直径定义。

极小（小于 10μm）：花粉粒平均直径小于 10μm。

小（10～25μm）：花粉粒直径介于 10～25μm。

中等大小（26～50μm）：花粉粒直径介于 26～50μm。

大（51～100μm）：花粉粒直径介于 51～100μm。

极大（大于 100μm）：花粉粒直径大于 100μm。

2.4.2 萌发区

萌发区的概念同时适用于被子植物花粉和裸子植物花粉，但在裸子植物花粉中，萌发区通常为薄壁区而明显区别于被子植物花粉。因此，除特别说明外，本书中的萌发区特指被子植物花粉。

2.4.2.1 萌发区数目

根据可识别的萌发区数量，赋值为 1，2，3，4，5，6，大于 6 及不定（同种花粉具有不同的萌发区数目，多指散孔类型花粉）。

2.4.2.2 萌发区类型

孔：萌发区为圆形或椭圆形，通常长∶宽小于 2，通常具有明显的边缘。分布于花粉粒的赤道或散布于整个花粉粒上。

沟：细长形的萌发区（长度∶宽度大于 2）。分布于花粉粒的赤道面或规则散布于整个花粉粒上。

孔沟：为孔和沟结合的萌发区，多数情况下，孔位于沟的中点位置。

拟孔：圆形或椭圆形萌发区，但边缘模糊。

薄壁区（特指松柏科植物）：花粉粒远极面上外壁较薄的区域，一般认为具有萌发区功能。

无萌发区：没有明显可见的萌发区。

环状萌发区：环绕花粉一周的环带状萌发区。

螺旋萌发区：萌发区在花粉粒表面呈螺旋状分布，数量为 1 个或多个。

极孔：仅有一个孔，且位于远极区。

极沟：仅有一个沟，且位于远极区。

2.4.2.3 萌发区状态及特性

三臂槽：萌发区呈辐射状的"Y"字形，如百合科山菅属（*Dianella*）花粉。

角萌发区：孢粉粒极面观呈多边形，萌发区位于多边形的角上。

角间萌发区：花粉粒极面观呈多边形，萌发区位于多边形的两角之间。

全面萌发区：在花粉粒的各个视平面均可见规则的萌发区。

异型萌发区：花粉粒上兼具沟和孔沟两种类型的萌发区。

赤道萌发区：萌发区位于赤道面上，一般指 3 个以上的萌发区。

聚合萌发区：沟型或孔沟型萌发区连接在一起。

萌发区具膜 – 有纹饰：萌发区被由外壁形成的膜覆盖，膜上有纹饰。

萌发区具膜 – 光滑：萌发区被由外壁形成的膜覆盖，膜光滑。

多角萌发槽：萌发区呈多角星型，如金粟兰科雪香兰属（*Hedyosmum*）。

内壁加厚：花粉壁内壁在萌发区有明显的加厚现象。

具环：萌发区边缘的花粉壁外壁环状增厚，一般指孔上的结构。

孔室：萌发区为孔，且孔下有分开的外壁层之间围成的空腔。

短孔沟：孔沟类型的萌发区，沟的长度不及花粉粒赤道轴的 1/2。

短沟：沟型萌发区，沟的长度不及花粉粒赤道轴的 1/2。

桥连：一般指沟型、孔沟型萌发区，有外壁成分将赤道两侧连接在一起，形成类似于桥的结构。

拟孔沟：由沟和不明显的内孔组成的萌发区。

沟节：沟型萌发区在赤道位置有局部凸起。

内孔横长：内孔在赤道轴方向加长，即垂直于沟的走向。

内孔竖长：内孔在极轴方向加长，即与沟的走向相同。

具缘：多指沟型萌发区边缘的外壁具有明显不同于非萌发区外壁纹饰的区域，一般为光滑状。

具盖：脱离非萌发区花粉外壁的、孤岛状的外壁结构覆盖在萌发区上。

具蓬盖：仍与非萌发区相连的一部分外壁结构覆盖在萌发区（一般指沟）上。

复合孔：萌发区为孔，且具有内孔。

假沟：具有异型萌发区的花粉粒上的沟，一般认为不具有萌发的功能。

2.4.3 极性与形状

指在甘油中，在光学显微镜下观察到的花粉状态。

2.4.3.1 极性

等极：花粉粒的远极端与近极端不可区分。

异极：花粉粒的远极端与近极端可以区分。

具气囊：裸子植物某些花粉具有气囊类的结构。

2.4.3.2 形状

球状：等径球状。

长球状：花粉粒极轴长于赤道轴。

扁球形：花粉粒极轴短于赤道轴。

2.4.3.3 极面观外廓

圆形：花粉粒极面观为较规则的圆形。

浅裂：花粉粒极面观为较规则的圆形，且有较浅的裂痕（沟型萌发区）。

椭圆形：花粉粒极面观为椭圆形。

三角形：花粉粒极面观为（近）三角形。

四边形：花粉粒极面观为（近）四边形。

多边形：花粉粒极面观为多于四边的多边形。

不规则的：花粉粒极面观形状不规则。

2.4.4 干花粉形状

由于花粉粒的外壁、纹饰及萌发区等具有不同的力学特性，在花粉粒失水后，干燥的花粉粒可能与其在光学显微镜下（甘油中）的形态差异很大。该特征也可以作为花粉鉴定的一项指标。

2.4.4.1 形状（指在扫描电子显微镜下的形状）

同 2.4.3.2 形状。

2.4.4.2 极面观外廓

同 2.4.3.3 极面观外廓。

花粉褶皱，萌发区凹陷：萌发区及周边外壁的机械强度较非萌发区弱，花粉干缩时，萌发区具有明显的凹陷现象，多发生在具沟及孔沟的花粉粒上。

花粉褶皱，萌发区间凹陷：萌发区周边的外壁的机械强度高于非萌发区，花粉干缩时，萌发区间发生明显的凹陷。

花粉褶皱，杯状。

花粉褶皱，船状。

不规则褶皱。

不褶皱。

2.4.5 纹饰

纹饰描述分别包含光学显微镜下的纹饰描述和扫描电子显微镜下的纹饰观察。在上述两种情况下可用同一套术语，但在光学显微镜下无法或很难区分细微结构，如微网状纹饰（见下述解释）。

2.4.5.1 光镜纹饰

网状：外壁上由网脊和网孔组成的网状图案，网孔直径大于 $1\mu m$。

微网状：网孔直径小于 $1\mu m$ 的网状纹饰。

复网状：网状纹饰下仍有次级网状结构。

同形网状：网孔形状较为规则，大小一致。

异形网状：相邻网孔大小区别明显。

冠突网状：网脊不平直，具有明显的次级雕纹。

褶状：平行褶皱，如麻黄属花粉。

条纹状：花粉纹饰为大致平行的条形并被沟槽隔开。

条纹 – 网状：兼具条纹和网状纹饰的特点。

平滑的：表面光滑，无明显纹饰。

具槽（缝）：不规则的槽或缝。

具刺：刺长或者宽大于 $1\mu m$。

具微刺：刺长小于 $1\mu m$。

具疣：宽度大于高度的凸起。

棒状：具棒状体，基部至顶端直径无明显变化（不尖锐）。

棍棒状：顶端直径较基部更大的棒状体。

独立柱状体：某些网孔中有未被覆盖的小的柱状凸起，不高于网脊。

岛状：外壁成分构成的小的，孤立的凸起。

盾状的：被分割为形状较为规则的盾牌形的外壁区域。

2.4.5.2 电镜纹饰

同 2.4.5.1 光镜纹饰。

2.4.6 其他

除上述描述外的其他特征。

2.4.6.1 花粉包被

粘丝：由花粉外壁产生的一种抗醋解的丝状物，常见于柳叶菜科和杜鹃花科等花粉上。

2.4.6.2 乌氏体

乌氏体为花药的绒毡层产生的颗粒物，可附着在花粉外壁上。

2.5 花粉图版排序

为了方便孢粉学工作者查阅参考，本书中花粉图版的排序没有按照其母体植物的系统位置排列，而是按照花粉萌发区的类型和数量进行排序（图3）。并在每个花粉图版上标注该花粉的花粉图式（图4），方便读者查阅。

1 四分体
　四面体四分体
　　无萌发区四面体四分体
　　孔沟四面体四分体

2 多合体

3 双气囊（裸子植物）

4 无萌发区（裸子植物）　　**5** 无萌发区（被子植物）

6 具孔型萌发区的，按孔的数量升序排列，即1远极孔、2孔、3孔、4孔、5孔、6孔、多孔（大于6）。

7 具沟型萌发区的，按沟的数量升序排列，即1远极沟、2沟、3沟、4沟、5沟、6沟、多沟（大于6）。

8 具孔沟型萌发区的，按孔沟的数量升序排列，即2孔沟、3孔沟、4孔沟、5孔沟、6孔沟、多孔沟（大于6）。

9 环形萌发区　　**10** 螺旋萌发区

图3　本书中花粉图版按照花粉萌发区的类型和数量进行排序

图 4 花粉图式（修改自 Moore 等，1991）

萌发区数量表：

	2		3		4		5		6		多（>6）	
	极面	赤道面	极面	赤道面	极面	赤道面	极面	赤道面	极面	赤道面	极面	赤道面
孔	e.g. Colchicum		e.g. Betula				← e.g. Alnus, Ulmus →					
沟	e.g. Tofieldia		e.g. Acer		e.g. Hippuris							
孔沟			e.g. Parnassia		e.g. Rumex		e.g. Viola		e.g. Sanguisorba		e.g. Utricularia	
							← e.g. Labiatae, Rubiaceae →					
散孔									Chenopodiaceae		e.g. Polygonum amphibium	
散沟					e.g. Ranunculaceae		← e.g. Plantago →		e.g. Spergula			
			← e.g. Urtica →									
散孔沟					e.g. Rumex				e.g. Polygonum oxyspermum			

* 萌发区数量
** 极面观 / 赤道面观
*** 萌发区类型

	极面	赤道面
单沟		e.g. Butomus
单孔		e.g. Gramineae
三裂缝		e.g. Sphagnum
环形		Peddicularis
螺旋形		Eriocaulon
聚合萌发区		Nymphoides
具气囊		e.g. Pinus
无萌发区		e.g. Potamogeton

二分体	e.g. Scheuchzeria
四面体四分体	(i) Ericaceae
四分体 — 平面四分体 — 直列四分体	
四角四分体	e.g. Typna
"T"字形四分体	
多合体	e.g. Mimosa
	(iii) Orchidaceae

【第三章】

北京常见植物花粉图版及其说明

照山白

Rhododendron micranthum Turcz.

常绿灌木。叶近革质,倒披针形、长圆状椭圆形或披针形;叶柄被鳞片。花序顶生,短总状,有10~28花。花梗被鳞片;花萼5深裂,外面被鳞片,边缘有缘毛;花冠钟状,乳白色,外面被鳞片,内面无毛,冠筒较裂片稍短;雄蕊10,花丝无毛;子房5~6室,密被鳞片,花柱约与雄蕊等长,无鳞片,宿存。蒴果长圆形,被疏鳞片,具宿存花萼。

生境　生于山坡灌丛、山谷、峭壁及石岩上,海拔1000~3000米。

物候　花期5—6月,果期8—11月。

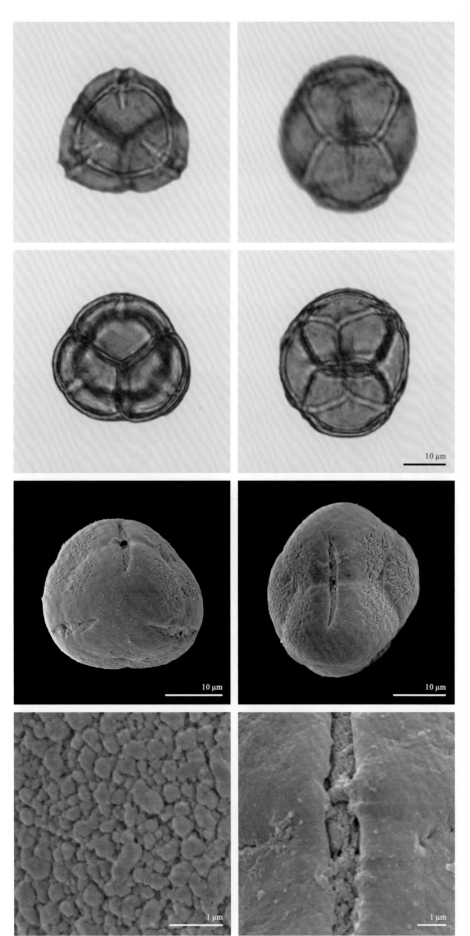

10 μm

10 μm

10 μm

1 μm

1 μm

★ 形状大小

花粉单元：四分体
　　　　　四面体四分体
花粉大小：中等大小

★ 萌发区

萌发区个数：3
萌发区类型：孔沟
状态及特性：萌发区膜具纹饰
　　　　　　具缘

★ 极性及形状

极性：–
形状：–
极面观外廓：三角形

★ 干花粉形状

形状：–
极面观外廓：三角形
折叠：–

★ 纹饰

光镜纹饰：平滑
电镜纹饰：颗粒状

★ 其他

花粉包被：–
乌氏体：无
注释：–

迎红杜鹃

Rhododendron mucronulatum Turcz.

落叶灌木。叶散生，纸质，长圆形或卵状披针形，边缘稍波状，上面幼时沿脉被微毛，疏被白色鳞片，下面淡绿色，疏被鳞片。先叶开花，单生或2～5花簇生枝顶。花梗被鳞片；花萼小，环状或5齿裂，被鳞片；花冠淡红紫色，宽漏斗状，外面被微毛，裂片边缘呈波状；雄蕊10，不超过花冠，花丝下部被毛；子房密被鳞片，花柱较花冠长。蒴果圆柱形，暗褐色，密被鳞片。

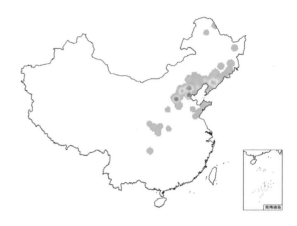

生境　生长于山地灌丛。

物候　花期4—6月，果期5—7月。

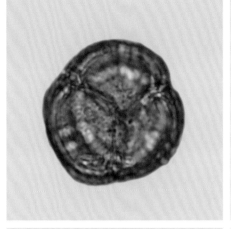

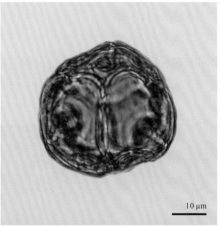

★ 形状大小

花粉单元：四分体，
　　　　　四面体四分体
花粉大小：中等大小

★ 萌发区

萌发区个数：3
萌发区类型：孔沟
状态及特性：角萌发区

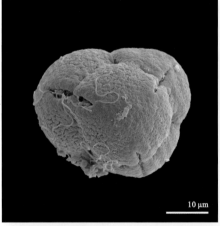
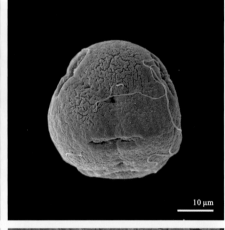

★ 极性及形状

极性：–
形状：–
极面观外廓：三角形

★ 干花粉形状

形状：无合适词汇描述
极面观外廓：三角形
折叠：不折叠

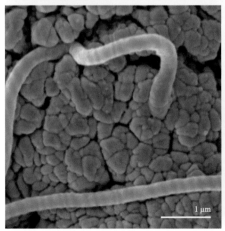
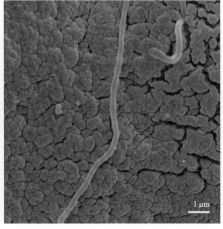

★ 纹饰

光镜纹饰：–
电镜纹饰：颗粒状

★ 其他

花粉包被：具粘丝
乌氏体：无
注释：–

杜鹃

Rhododendron simsii Planch.

落叶灌木。枝被亮棕色扁平糙伏毛。叶卵形、椭圆形或卵状椭圆形，具细齿，两面被糙伏毛；叶柄被亮棕色糙伏毛。花 2～6 簇生枝顶。花梗被毛；花萼 5 深裂，被糙伏毛和睫毛；花冠漏斗状，玫红、鲜红或深红色，5 裂，裂片上部有深色斑点；雄蕊 10，与花冠等长，花丝中下部被糙伏毛；子房密被糙伏毛，10 室，花柱无毛。蒴果卵圆形，密被糙伏毛，有宿萼。

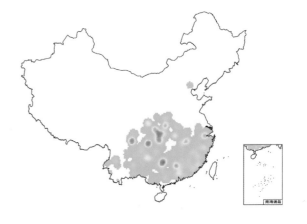

生境　生于海拔 500～2500 米的山地疏灌丛或松林下，为酸性土指示植物。北方多室内栽培。

物候　花期 4—5 月，果期 6—8 月。

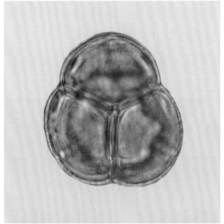
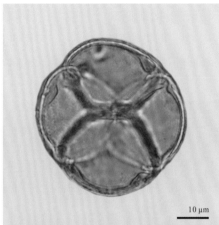

★ 形状大小

花粉单元：四分体，
　　　　　四面体四分体
花粉大小：中等大小

★ 萌发区

萌发区个数：3
萌发区类型：孔沟
状态及特性：角萌发区

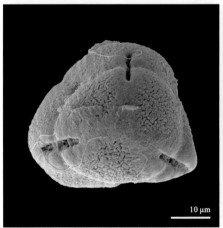
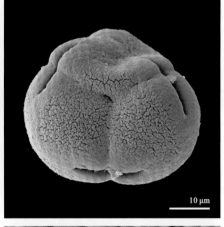

★ 极性及形状

极性：–
形状：–
极面观外廓：三角形

★ 干花粉形状

形状：–
极面观外廓：三角形
折叠：不折叠

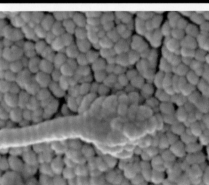

★ 纹饰

光镜纹饰：粗糙状
电镜纹饰：颗粒状，穿孔的

★ 其他

花粉包被：具粘丝
乌氏体：无
注释：–

梓　梓树

Catalpa ovata G. Don

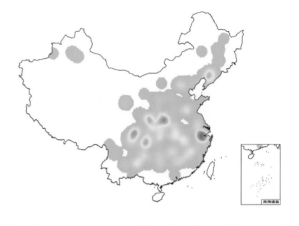

乔木。叶对生或近于对生，有时轮生，阔卵形，全缘或浅波状，常3浅裂。顶生圆锥花序；花序梗微被疏毛。花萼蕾时圆球形，2唇开裂。花冠钟状，淡黄色，内面具2黄色条纹及紫色斑点。能育雄蕊2，花丝插生于花冠筒上，花药叉开；退化雄蕊3。子房上位，棒状。花柱丝形，柱头2裂。蒴果线形，下垂。种子长椭圆形，两端具有平展的长毛。

生境　多栽培于村庄附近及公路两旁，野生者已不可见，海拔500～2500米。

物候　花期6—7月，果期8—10月。

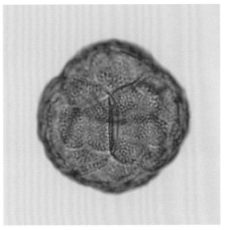

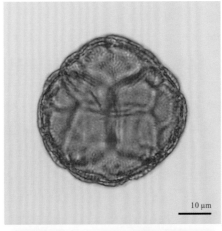

10 μm

★ 形状大小

花粉单元：四分体

四面体四分体

花粉大小：大

★ 萌发区

萌发区个数：0

萌发区类型：无萌发区

状态及特性：–

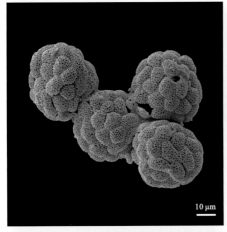
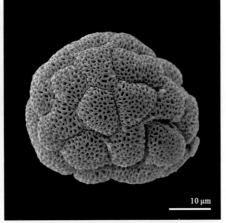

10 μm

10 μm

★ 极性及形状

极性：–

形状：球状

极面观外廓：–

★ 干花粉形状

形状：球状

极面观外廓：–

折叠：不折叠

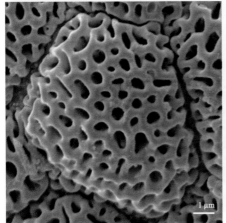
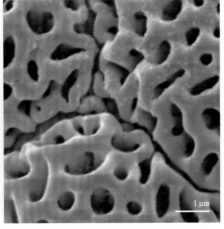

1 μm

1 μm

★ 纹饰

光镜纹饰：网状

电镜纹饰：网状，盾状

★ 其他

花粉包被：–

乌氏体：无

注释：–

合欢

Albizia julibrissin Durazz.

落叶乔木。托叶线状披针形，较小叶小。二回羽状复叶，总叶柄近基部及最顶一对羽片着生处各有 1 腺体；羽片 4～12 对；小叶 10～30 对，线形或长圆形；中脉紧靠上缘。头状花序于枝顶排成圆锥花序；花序轴蜿蜒状。花粉红色；花萼管状；花冠裂片三角形；花萼、花冠外均被短柔毛。荚果带状，长 9～15 厘米，嫩荚有柔毛，老时无毛。

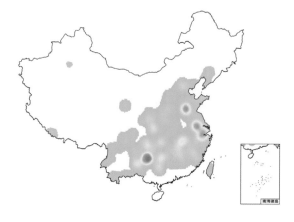

生境 生于山坡或栽培。

物候 花期 6—7 月，果期 8—10 月。

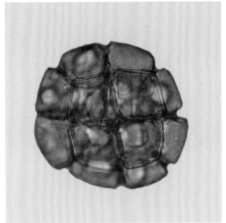
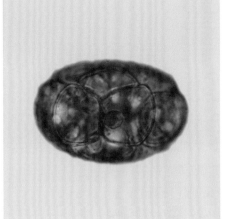

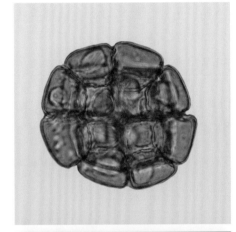
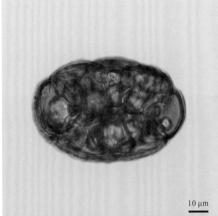

★ **形状大小**

花粉单元：多合花粉

花粉大小：大

★ **萌发区**

萌发区个数：0

萌发区类型：无萌发区

状态及特性：–

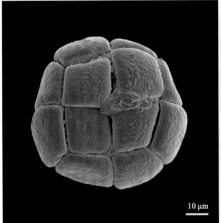
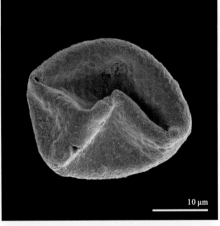

★ **极性及形状**

极性：–

形状：多边形

极面观外廓：–

★ **干花粉形状**

形状：扁球状

极面观外廓：多边形

折叠：不折叠

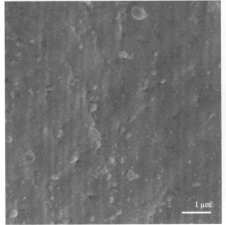
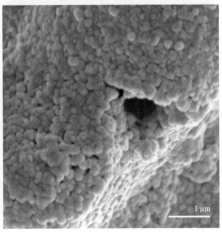

★ **纹饰**

光镜纹饰：平滑

电镜纹饰：平滑

★ **其他**

花粉包被：–

乌氏体：无

注释：16 粒花粉组成多合体

云杉

Picea asperata Mast.

乔木。叶四棱状条形，在小枝上面直展、微弯，下面及两侧之叶上弯，先端微尖或急尖，横切面四菱形，四面有粉白色气孔线。球果圆柱长圆形，上端渐窄，熟前绿色，熟时淡褐或褐色。中部种鳞倒卵形，上部圆形或截形，排列紧密，或上部钝三角形，排列较松，全缘，稀基部至中部的种鳞先端2浅裂或微凹。种子倒卵圆形。

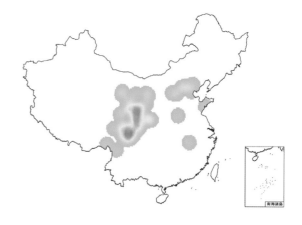

生境　在气候凉润、土层深厚的森林土地带生长迅速，发育良好。常有栽培。

物候　花期4—5月，球果9—10月成熟。

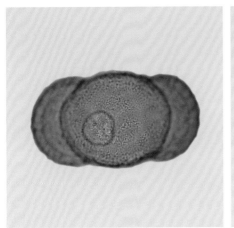
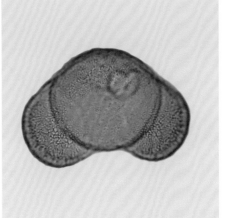

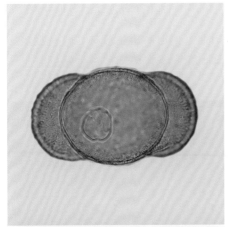
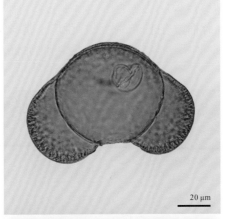

★ **形状大小**

花粉单元：单粒

花粉大小：极大

★ **萌发区**

萌发区个数：1

萌发区类型：薄壁区

状态及特性：–

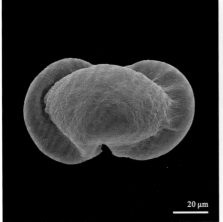
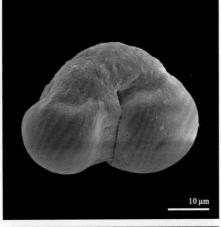

★ **极性及形状**

极性：异极

形状：双气囊

极面观外廓：椭圆形

★ **干花粉形状**

形状：–

极面观外廓：–

折叠：不规则折叠

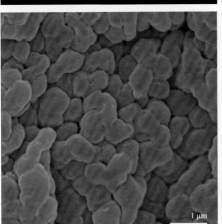
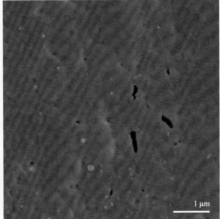

★ **纹饰**

光镜纹饰：粗糙状

电镜纹饰：平滑，颗粒状

★ **其他**

花粉包被：–

乌氏体：无

注释：–

红皮云杉

Picea koraiensis Nakai

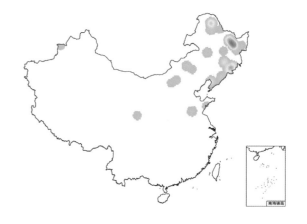

乔木。树皮灰褐或淡红褐色，稀灰色，裂缝常为红褐色。叶四棱状条形，在小枝上面前伸，下面及两侧之叶伸展，先端急尖，横切面四菱形，四面有气孔线，无明显白粉。球果卵状圆柱形或长卵状圆柱形，熟前绿色，熟时绿黄褐或褐色；中部种鳞倒卵形，上部圆形或钝三角形，背面微有光泽，平滑，无明显条纹。种子倒卵圆形。

生境　常与针叶种、阔叶种混生成林，常有栽培。

物候　花期5—6月，球果9—10月成熟。

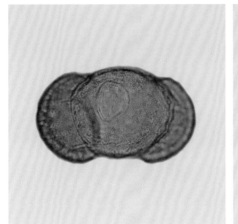
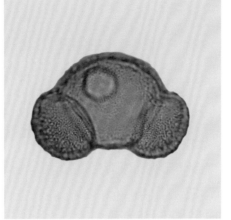

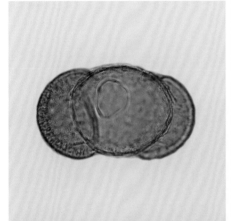
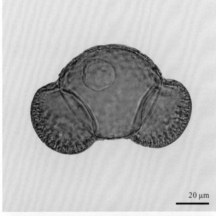

★ 形状大小

花粉单元：单粒

花粉大小：极大

★ 萌发区

萌发区个数：1

萌发区类型：薄壁区

状态及特性：-

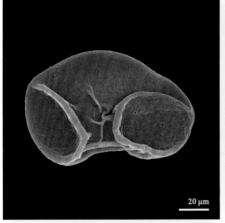
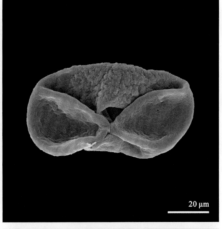

★ 极性及形状

极性：异极

形状：双气囊

极面观外廓：椭圆形

★ 干花粉形状

形状：-

极面观外廓：-

折叠：不规则折叠

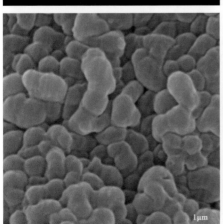
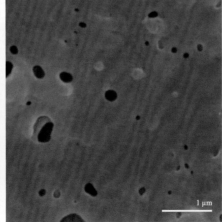

★ 纹饰

光镜纹饰：粗糙状

电镜纹饰：颗粒状，穿孔的

★ 其他

花粉包被：-

乌氏体：无

注释：-

日本落叶松

Larix kaempferi (Lamb.) Carr.

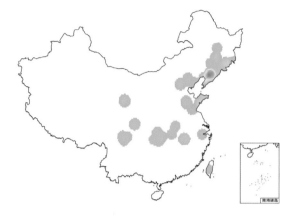

乔木。叶倒披针状窄线形，先端微尖或钝，上面稍平，下面中脉两侧各有 5 ~ 8 条气孔线。球果广卵圆形或圆柱状卵形，熟时黄褐色，具 46 ~ 65 种鳞；中部种鳞卵状长方形或卵状方形，上部边缘波状，显著向外反曲，先端平而微凹，背面具褐色疣状突起或短粗毛；苞鳞不露出。种子倒卵圆形。

生境　引种栽培。

物候　花期 4—5 月，球果 10 月成熟。

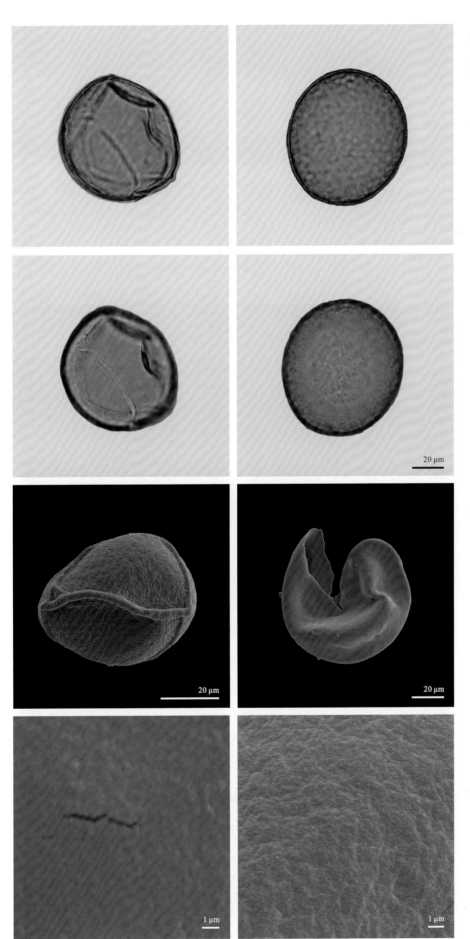

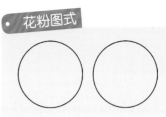

★ **形状大小**

花粉单元：单粒

花粉大小：中等大小

★ **萌发区**

萌发区个数：0

萌发区类型：无萌发区

状态及特性：−

★ **极性及形状**

极性：等极

形状：球状

极面观外廓：圆形

★ **干花粉形状**

形状：球状

极面观外廓：圆形

折叠：不规则折叠

★ **纹饰**

光镜纹饰：粗糙状

电镜纹饰：颗粒状

★ **其他**

花粉包被：−

乌氏体：无

注释：−

侧柏

Platycladus orientalis (L.) Franco

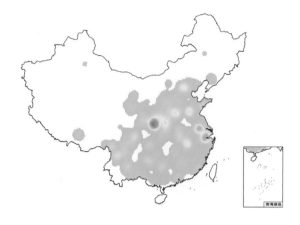

乔木。生鳞叶的小枝直展，扁平，排成一平面，两面同形。鳞叶二型，交互对生，背面有腺点。雌雄同株，球花单生枝顶；雄球花具6对雄蕊，花药2~4；雌球花具4对珠鳞，仅中部2对珠鳞各具1~2胚珠。

生境　常有栽培。

物候　花期3—4月，球果10月成熟。

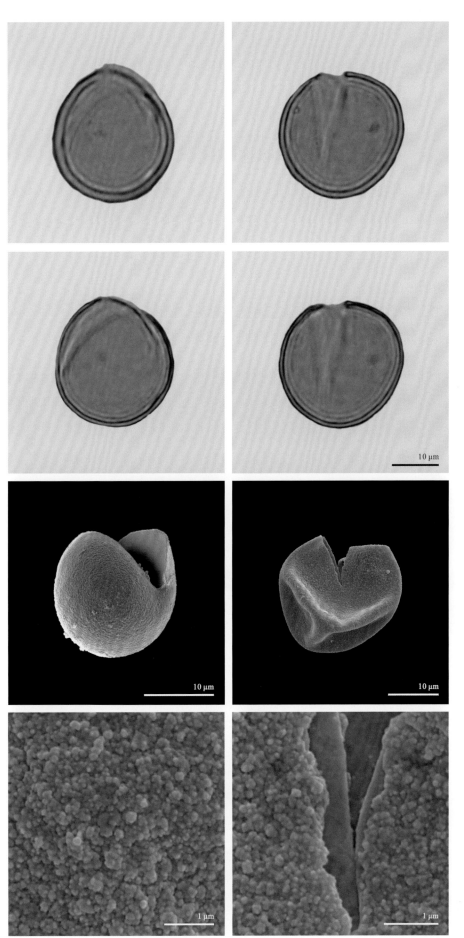

★形状大小

花粉单元：单粒

花粉大小：小

★萌发区

萌发区个数：0

萌发区类型：无萌发区

状态及特性：–

★极性及形状

极性：异极

形状：球状

极面观外廓：圆形

★干花粉形状

形状：球状

极面观外廓：圆形

折叠：不规则折叠

★纹饰

光镜纹饰：–

电镜纹饰：颗粒状

★其他

花粉包被：–

乌氏体：无

注释：图版中花粉破裂

半夏

Pinellia ternata (Thunberg) Tenore ex Breitenbach

草本。块茎圆球形。叶 2 ~ 5；叶 3 全裂，裂片绿色，长圆状椭圆形或披针形，中裂片长，侧裂片稍短，全缘或具不明显浅波状圆齿；叶柄基部具鞘，鞘内、鞘部以上或叶片基部（叶柄顶端）有珠芽。佛焰苞绿色或绿白色，管部窄圆柱形，檐部长圆形，绿色，有时边缘青紫色；附属器绿色至青紫色，直立，有时弯曲。浆果卵圆形，黄绿色，花柱宿存。

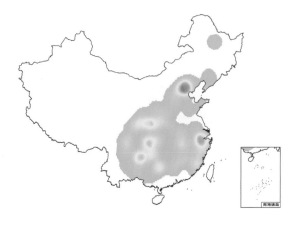

生境　常见于草坡、疏林下。

物候　花期 5—7 月，果期 8 月。

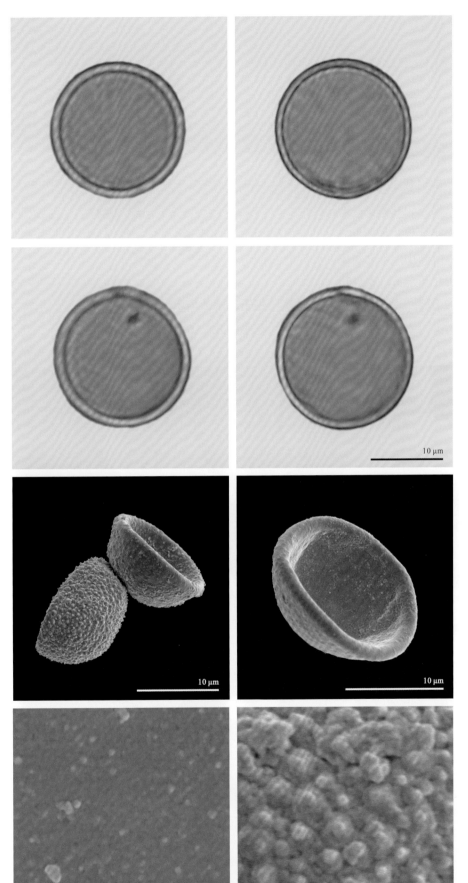

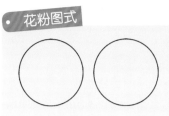
★ 形状大小

花粉单元：单粒

花粉大小：小

★ 萌发区

萌发区个数：0

萌发区类型：无萌发区

状态及特性：–

★ 极性及形状

极性：等极

形状：等径球状

极面观外廓：圆形

★ 干花粉形状

形状：球状，杯状

极面观外廓：圆形

折叠：不规则折叠

★ 纹饰

光镜纹饰：平滑

电镜纹饰：具微刺

★ 其他

花粉包被：–

乌氏体：无

注释：–

水鳖

Hydrocharis dubia (Blume) Backer

　　浮水草本。叶簇生，漂浮；叶心形或圆形，远轴面有贮气组织。雄花序腋生；佛焰苞2，膜质透明，苞内具雄花5～6；萼片3，离生；花瓣3，黄色，与萼片互生；雄蕊4轮，每轮3枚，最内轮3枚为退化雄蕊。雌佛焰苞小，苞内雌花1朵；萼片3；花瓣3，白色，基部黄色，退化雄蕊6，成对并列；腺体；子房下位，花柱6，2深裂，密被腺毛。果浆果状；种子多数。

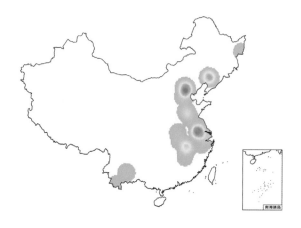

生境　生于静水池沼中。
物候　花果期8—10月。

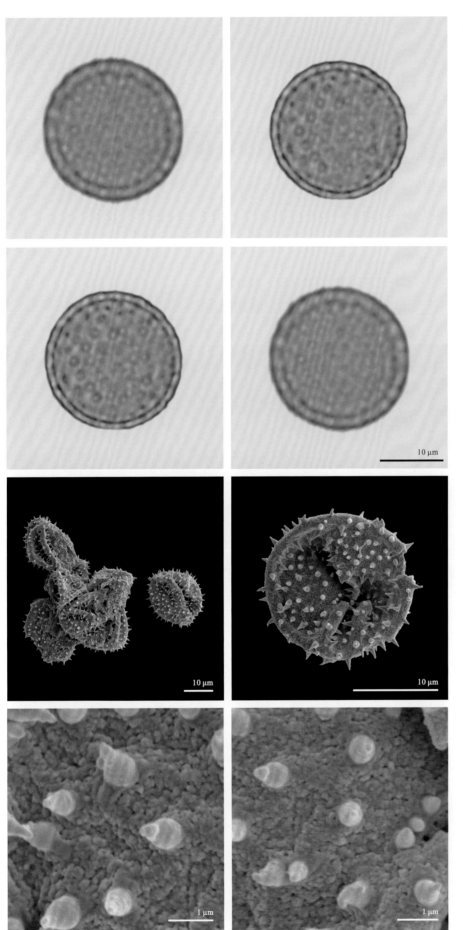

★ 形状大小

花粉单元：单粒

花粉大小：中等大小

★ 萌发区

萌发区个数：0

萌发区类型：无萌发区

状态及特性：–

★ 极性及形状

极性：等极

形状：等径球状

极面观外廓：圆形

★ 干花粉形状

形状：不规则

极面观外廓：不规则的

折叠：不规则折叠

★ 纹饰

光镜纹饰：具刺

电镜纹饰：具微刺，穿孔的

★ 其他

花粉包被：–

乌氏体：无

注释：–

北京杨

Populus × beijingensis W. Y. Hsu

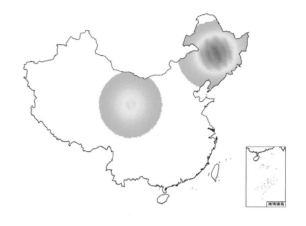

乔木。长枝或萌枝叶，广卵圆形或三角状广卵圆形，基部心形或圆形，有半透明边，具疏缘毛，后光滑；短枝叶卵形，先端渐尖或长渐尖，基部圆形或广楔形至楔形，边缘有腺锯齿，具窄的半透明边，上面亮绿色，下面青白色；叶柄侧扁。雄花序苞片淡褐色，具不整齐的丝状条裂，裂片长于不裂部分，雄蕊 18～21。

生境　多栽培。

物候　花期 3 月。

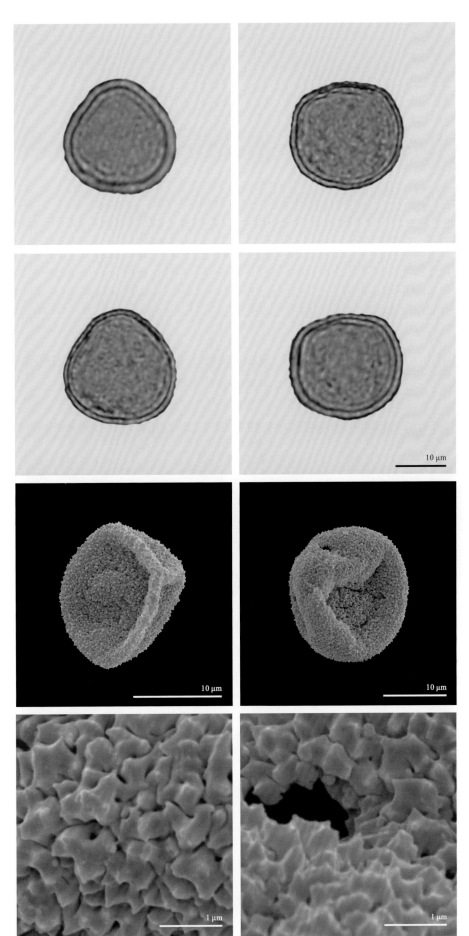

★ 形状大小

花粉单元：单粒

花粉大小：中等大小

★ 萌发区

萌发区个数：0

萌发区类型：无萌发区

状态及特性：–

★ 极性及形状

极性：等极

形状：球状

极面观外廓：圆形

★ 干花粉形状

形状：球状

极面观外廓：圆形

折叠：不规则折叠

★ 纹饰

光镜纹饰：粗糙状

电镜纹饰：颗粒状

★ 其他

花粉包被：–

乌氏体：无

注释：–

毛白杨

Populus tomentosa Carrière

乔木，高达 30 米。幼枝被灰毡毛，后光滑。芽卵形，花芽卵圆形或近球形，微被毡毛。长枝叶宽卵形或三角状卵形，先端短渐尖，基部心形或平截，具深牙齿或波状牙齿，上面光滑，下面密生毡毛，后渐脱落；叶柄上部侧扁，近顶端端常有 2（3~4）腺点；短枝叶卵形或三角状卵形，先端渐尖，下面光滑，具深波状牙齿；叶柄稍短于叶片，侧扁，近顶端无腺点。雄花苞片约具 10 个尖头，密生长毛，雄蕊 6~12；苞片褐色，尖裂，沿边缘有长毛；柱头粉红色。蒴果圆锥形或长卵形，2 瓣裂。

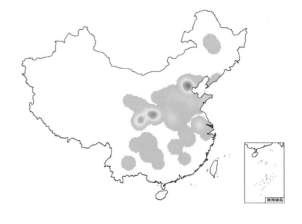

生境　喜生于海拔 1500 米以下的温和平原地区。

物候　花期 3 月，果期 4—5 月。

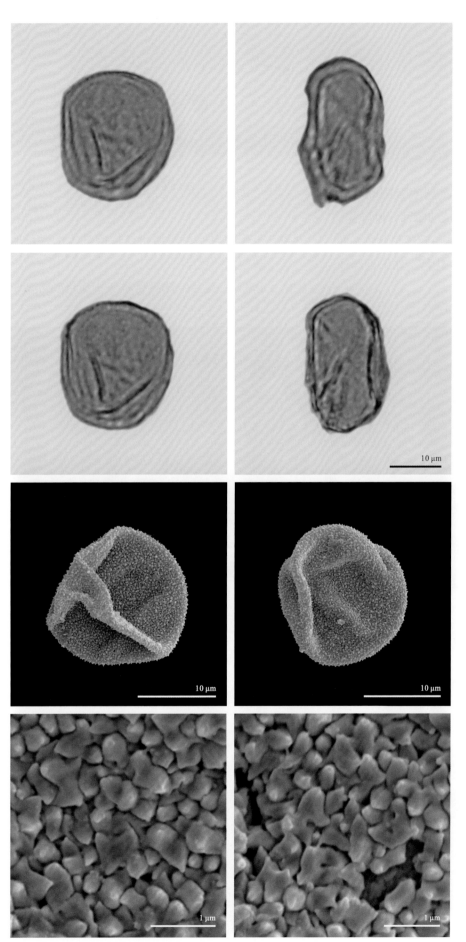

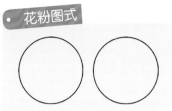

★形状大小

花粉单元：单粒

花粉大小：中等大小

★萌发区

萌发区个数：0

萌发区类型：无萌发区

状态及特性：−

★极性及形状

极性：等极

形状：球状

极面观外廓：圆形

★干花粉形状

形状：球状

极面观外廓：圆形

折叠：不规则折叠

★纹饰

光镜纹饰：粗糙状

电镜纹饰：颗粒状

★其他

花粉包被：−

乌氏体：无

注释：−

圆柏

Juniperus chinensis L.

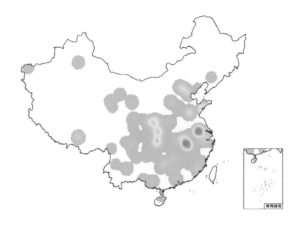

乔木。叶二型，即刺叶及鳞叶；刺叶生于幼树之上，老龄树则全为鳞叶，壮龄树兼有刺叶与鳞叶；生于一年生小枝的一回分枝的鳞叶三叶轮生，直伸而紧密。雌雄异株，稀同株，雄球花黄色，椭圆形，雄蕊 5 ~ 7 对，常有 3 ~ 4 花药。球果近圆球形，两年成熟。

生境 生于中性土、钙质土及微酸性土上，各地多栽培。

物候 花期 4—5 月，球果翌年 9—10 月成熟。

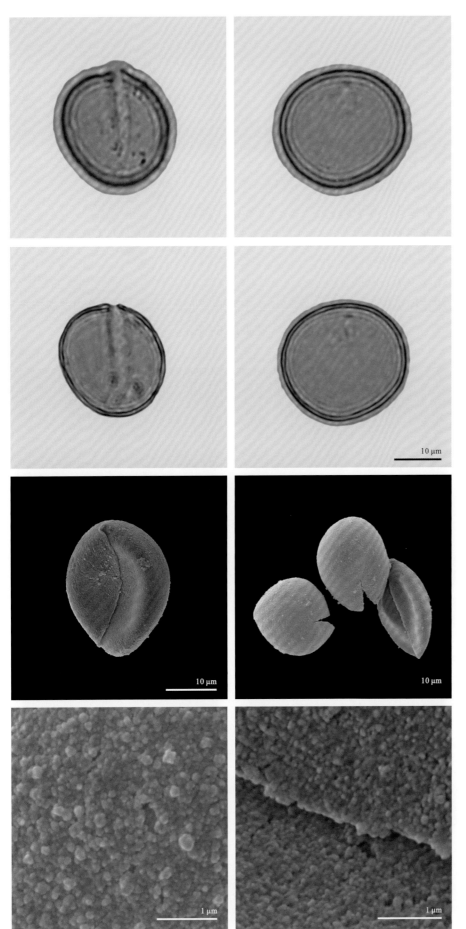

★ 形状大小

花粉单元：单粒

花粉大小：中等大小

★ 萌发区

萌发区个数：1

萌发区类型：远极孔

状态及特性：孔常被覆盖、
不易见

★ 极性及形状

极性：异极

形状：球状

极面观外廓：圆形

★ 干花粉形状

形状：等径球状

极面观外廓：圆形

折叠：凹陷

★ 纹饰

光镜纹饰：平滑

电镜纹饰：颗粒状

★ 其他

花粉包被：—

乌氏体：有

注释：图中花粉破裂

香蒲 东方香蒲

Typha orientalis Presl

多年生水生或沼生草本。根状茎乳白色。叶片条形，光滑无毛；叶鞘抱茎。雌雄花序紧密连接；雄花序轴自基部向上具1~3枚叶状苞片，花后脱落；雌花序基部具1枚叶状苞片，花后脱落；雄花通常由3枚雄蕊组成，有时2枚，或4枚雄蕊合生，花药2室，条形，花粉粒单体，花丝很短，基部合生成短柄；雌花无小苞片；孕性雌花柱头匙形，外弯。种子褐色，微弯。

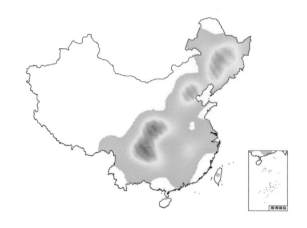

生境　生于湖泊、池塘、沟渠、沼泽及河流缓流带。
物候　花果期5—8月。

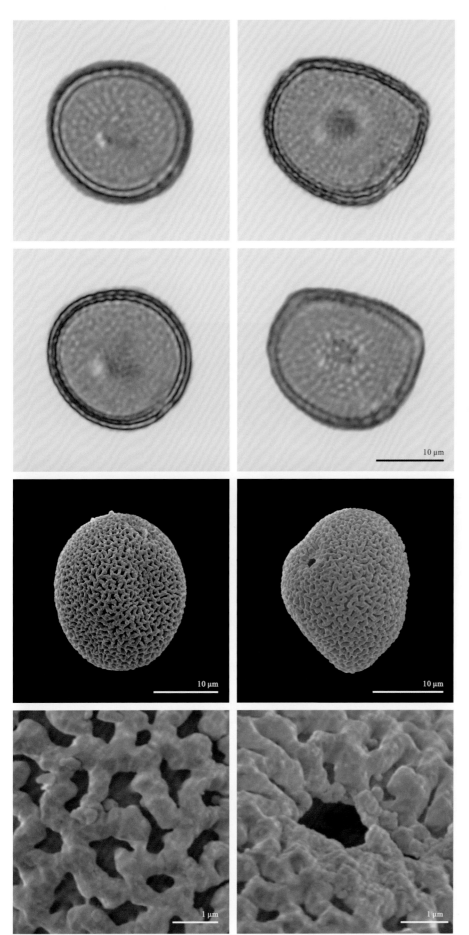

★ 形状大小

花粉单元：单粒

花粉大小：中等大小

★ 萌发区

萌发区个数：1

萌发区类型：远极孔

状态及特性：–

★ 极性及形状

极性：异极

形状：球状

极面观外廓：圆形

★ 干花粉形状

形状：球状

极面观外廓：圆形

折叠：不规则折叠

★ 纹饰

光镜纹饰：网状

电镜纹饰：网状

★ 其他

花粉包被：–

乌氏体：无

注释：–

构树

Broussonetia papyrifera (L.) L'Hér. ex Vent.

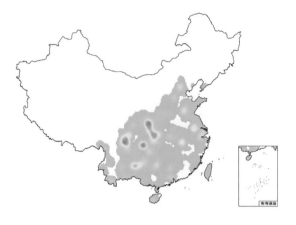

乔木或灌木状。叶宽卵形或长椭圆状卵形，先端尖，基部近心形、平截或圆形，具粗锯齿，不裂或 2~5 裂，上面粗糙，被糙毛，下面密被绒毛，基生叶脉 3 出；叶柄被糙毛，托叶卵形。花雌雄异株；雄花序粗；雄花花被 4 裂。雌花序头状。聚花果球形，熟时橙红色，肉质；瘦果具小瘤。

生境　常见于山坡、荒地，野生或栽培。

物候　花期 4—5 月，果期 6—7 月。

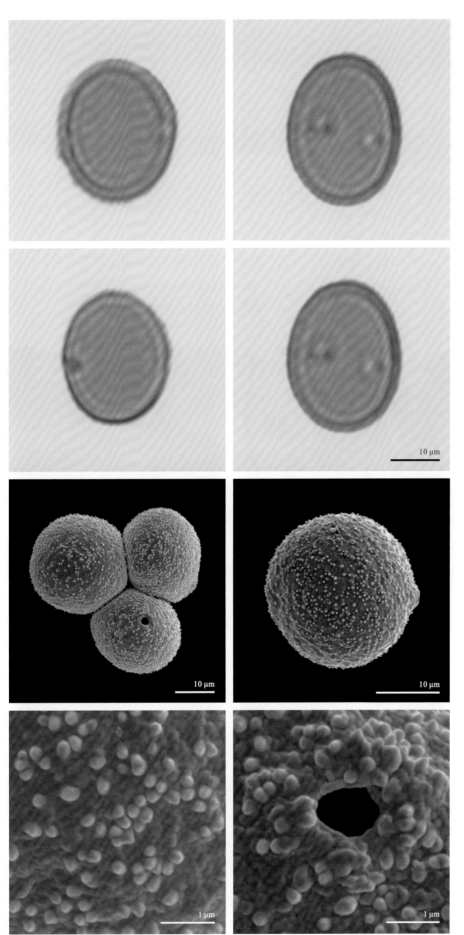

★ 形状大小

花粉单元：单粒

花粉大小：小

★ 萌发区

萌发区个数：2

萌发区类型：孔

状态及特性：具环

★ 极性及形状

极性：等极

形状：长球状

极面观外廓：椭圆形

★ 干花粉形状

形状：球状

极面观外廓：圆形

折叠：–

★ 纹饰

光镜纹饰：平滑

电镜纹饰：颗粒状

★ 其他

花粉包被：–

乌氏体：无

注释：–

青檀

Pteroceltis tatarinowii Maxim.

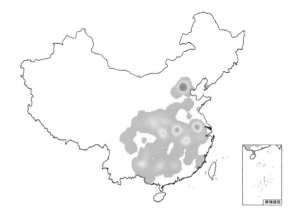

　　落叶乔木。叶互生，纸质，宽卵形或长卵形，托叶早落。花单性、同株；雄花数朵簇生于当年生枝下部叶腋；花被 5 深裂，雄蕊 5，花丝直伸，花药顶端具毛；雌花单生于一年生枝上部叶腋；花被 4 深裂，子房侧扁，花柱短，柱头 2，线形。翅状坚果近圆形或近四方形，翅宽厚，顶端凹缺，无毛或被曲柔毛，花柱及花被宿存。

生境　常生于山谷溪边石灰岩山地疏林中，海拔 100～1500 米。

物候　花期 3—5 月，果期 8—10 月

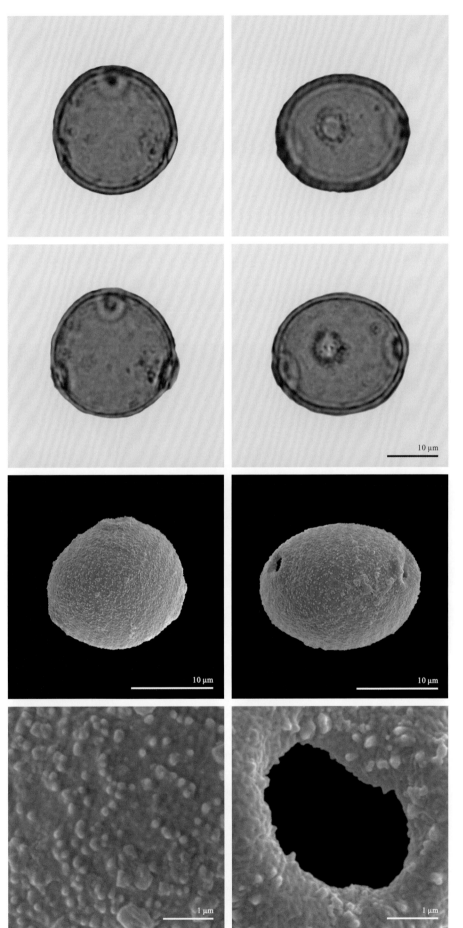

★ 形状大小

花粉单元：单粒

花粉大小：小

★ 萌发区

萌发区个数：3

萌发区类型：孔

状态及特性：具缘

★ 极性及形状

极性：等极

形状：球状

极面观外廓：圆形

★ 干花粉形状

形状：球状

极面观外廓：圆形

折叠：不折叠

★ 纹饰

光镜纹饰：粗糙状

电镜纹饰：具微疣

★ 其他

花粉包被：－

乌氏体：无

注释：－

柘 柘树

Maclura tricuspidata Carrière

落叶乔木，常为灌木状。叶卵形或菱状卵形，先端渐尖，基部楔形或圆，全缘或 3 裂，两面无毛，或下面被柔毛，侧脉 4～6 对；叶柄被微柔毛。雌雄花序均头状，单生或成对腋生，花序梗短；雄花具 2 苞片，花被片 4，雄蕊 4，退化雄蕊锥形；雌花序花被片 4。聚花果近球形，肉质，熟时橘红色。

生境　生于海拔 500～1500 米，阳光充足的山地或林缘。常见栽培。

物候　花期 5—6 月，果期 6—7 月。

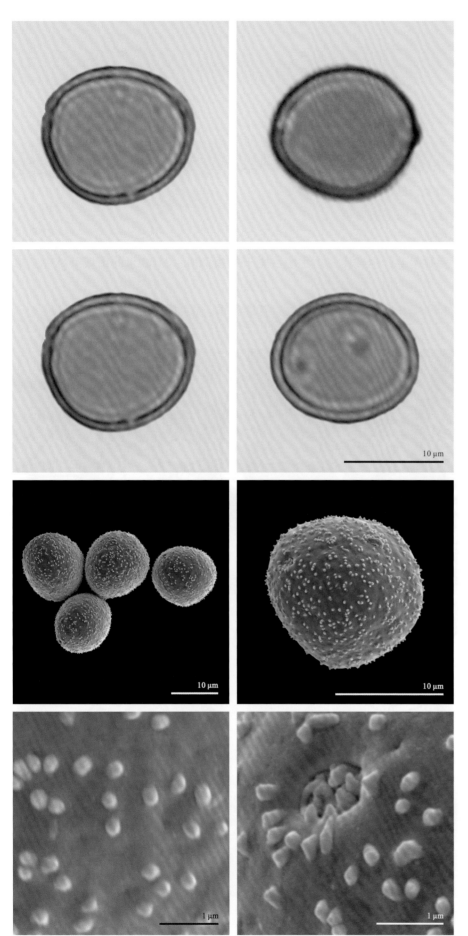

★ 形状大小

花粉单元：单粒

花粉大小：小

★ 萌发区

萌发区个数：3

萌发区类型：孔

状态及特性：萌发区膜具纹饰

★ 极性及形状

极性：等极

形状：球状

极面观外廓：圆形

★ 干花粉形状

形状：球状

极面观外廓：圆形

折叠：不折叠

★ 纹饰

光镜纹饰：平滑

电镜纹饰：具微刺

★ 其他

花粉包被：－

乌氏体：无

注释：微刺排列疏密不均；孔膜上有微刺

西桦

Betula alnoides Buch. -Ham. ex D. Don

乔木。叶披针形、卵状披针形或卵状长圆形，下面密被树脂腺点，沿脉疏被长柔毛，具不规则内弯刺毛状重锯齿，侧脉 10～13 对；叶柄密被白色长柔毛及树脂腺体。雌花序细长圆柱形，2～5 成总状，序梗密被黄色长柔毛；苞片密被柔毛，中裂片长圆形，侧裂片耳状不明显。小坚果倒卵形，顶端疏被柔毛，膜质翅较果宽 2 倍，部分露出苞片。

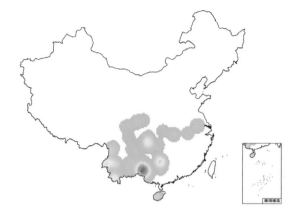

生境 生于海拔 700～2100 米的山坡杂林中。常见栽培。

物候 花期冬季，果期春季。

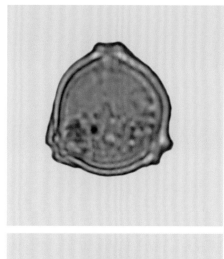
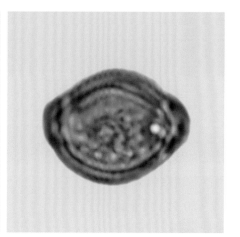

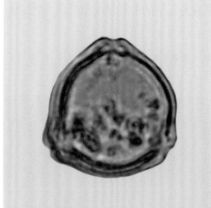
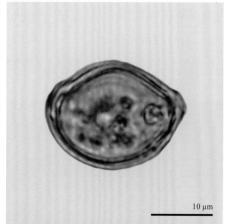

★ 形状大小

花粉单元：单粒

花粉大小：小

★ 萌发区

萌发区个数：3

萌发区类型：孔

状态及特性：角萌发区，具环

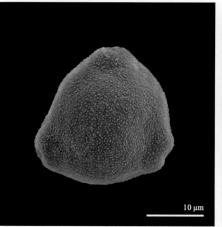
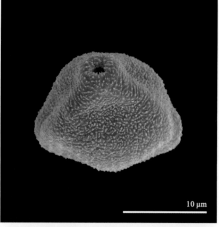

10 μm

★ 极性及形状

极性：等极

形状：球状

极面观外廓：三角形

★ 干花粉形状

形状：球状

极面观外廓：三角形

折叠：不规则折叠

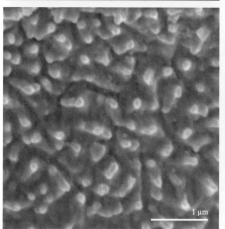

★ 纹饰

光镜纹饰：平滑

电镜纹饰：具微刺

★ 其他

花粉包被：–

乌氏体：无

注释：–

千金榆 桦叶鹅耳枥

Carpinus cordata Bl.

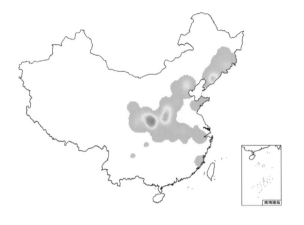

乔木。叶卵形、卵状长圆形或倒卵状长圆形，先端渐尖或尾尖，基部心形，下面沿脉疏被长柔毛，具不规则刺毛状重锯齿，侧脉 15～20 对；叶柄幼时疏被长柔毛。雌花序苞片宽卵状长圆形，基部具髯毛，外缘内折，疏生锯齿，内缘上部疏生锯齿。小坚果长圆形，无毛，纵肋不明显，苞片内侧基部内折裂片包果。

生境　生于海拔 500～2500 米的较湿润、肥沃的阴山坡或山谷杂木林中。

物候　花期 5 月，果期 9 月。

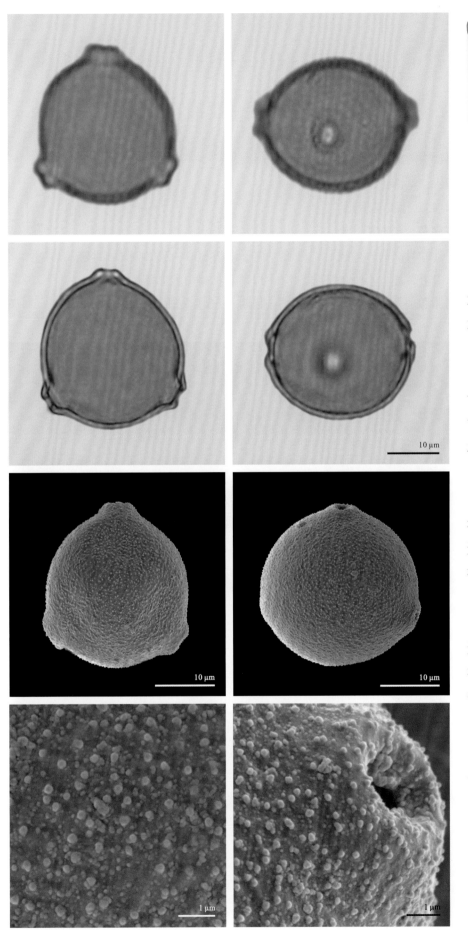

★ 形状大小

花粉单元：单粒

花粉大小：中等大小

★ 萌发区

萌发区个数：3

萌发区类型：孔

状态及特性：角萌发区，具环

★ 极性及形状

极性：等极

形状：扁球状

极面观外廓：三角形

★ 干花粉形状

形状：扁球状

极面观外廓：三角形

折叠：不折叠

★ 纹饰

光镜纹饰：粗糙状

电镜纹饰：具微刺

★ 其他

花粉包被：－

乌氏体：无

注释：－

鹅耳枥

Carpinus turczaninowii Hance

乔木。叶卵形、宽卵形、卵状椭圆形或卵状菱形，稀卵状披针形，先端尖或渐尖，基部近圆、宽楔形或微心形，下面沿脉疏被柔毛，脉腋具髯毛，具重锯齿，侧脉 8 ~ 12 对。雌花序苞片半卵形、半长圆形或半宽卵形，疏被柔毛，外缘具缺齿，内缘全缘或疏生细齿，基部具卵形、内折裂片。小坚果宽卵球形，顶端被长柔毛，具树脂腺体及纵肋。

生境　生于海拔 500 ~ 2000 米的山坡或山谷林中，山顶及贫瘠山坡亦能生长。

物候　花期 4—5 月，果期 8—9 月。

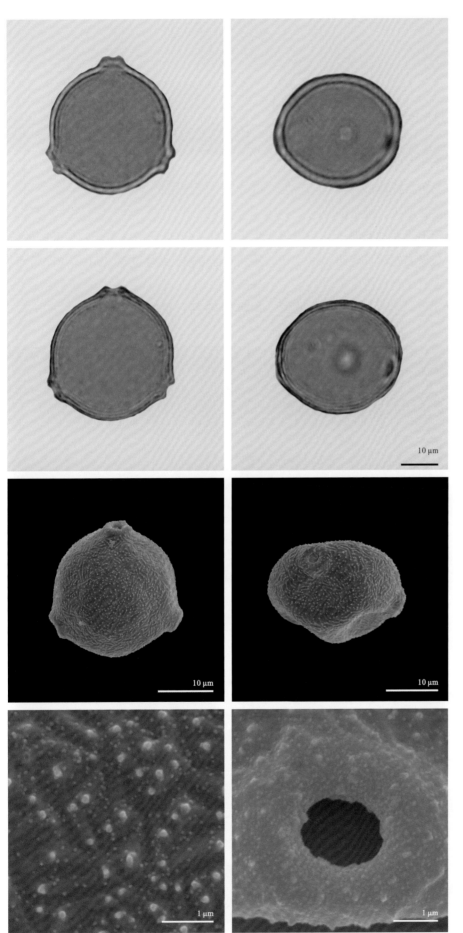

★ 形状大小

花粉单元：单粒

花粉大小：中等大小

★ 萌发区

萌发区个数：3

萌发区类型：孔

状态及特性：角萌发区，具环

★ 极性及形状

极性：等极

形状：球状

极面观外廓：三角形

★ 干花粉形状

形状：球状

极面观外廓：三角形

折叠：不折叠，凹陷

★ 纹饰

光镜纹饰：平滑

电镜纹饰：具微刺

★ 其他

花粉包被：–

乌氏体：无

注释：–

柳兰

Chamerion angustifolium (L.) Holub

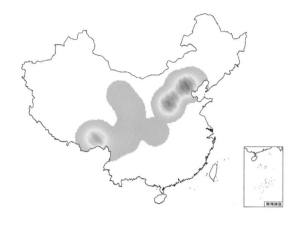

多年粗壮草本。叶螺旋状互生。花序总状，直立，无毛；苞片下部叶状，上部三角状披针形。萼片紫红色，长圆状披针形，先端渐狭渐尖，被灰白柔毛；粉红至紫红色，稀白色，稍不等大，上面二枚较长大，倒卵形或狭倒卵形，全缘或先端具浅凹缺；花药长圆形，初期红色，开裂时变紫红色，产生带蓝色的花粉。种子狭倒卵状。

生境　生于 500 ~ 4700 米山区半开旷或开旷的较湿润草坡灌丛、火烧迹地、高山草甸、河滩、砾石坡。

物候　花期 6—9 月，果期 8—10 月。

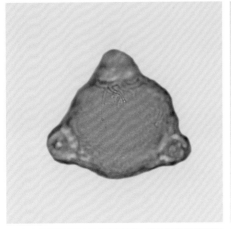

• 花粉图式

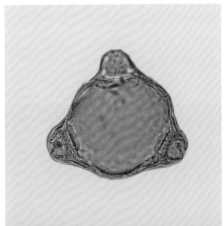
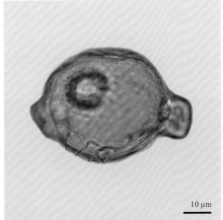

★ 形状大小

花粉单元：单粒

花粉大小：大

★ 萌发区

萌发区个数：3

萌发区类型：孔

状态及特性：孔室，内壁加厚

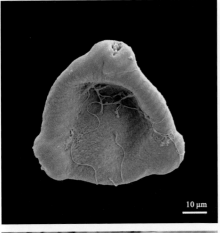
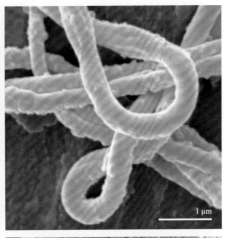

★ 极性及形状

极性：等极

形状：多边形

极面观外廓：三角形

★ 干花粉形状

形状：多边形

极面观外廓：三角形

折叠：不规则折叠

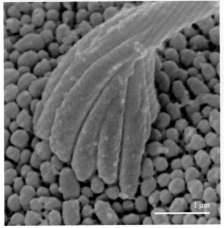
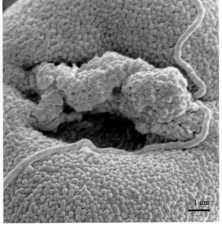

★ 纹饰

光镜纹饰：颗粒状

电镜纹饰：棒状

★ 其他

花粉包被：具粘丝

乌氏体：无

注释：—

柳叶菜

Epilobium hirsutum L.

多年生草本。叶草质，对生，茎上部的互生，基部近楔形，具细锯齿，两面被长柔毛，侧脉 7 ~ 9 对；无柄。总状花序直立。花直立；萼片长圆状线形，背面隆起成龙骨状；花瓣玫瑰红、粉红或紫红色，宽倒心形，先端凹缺；子房灰绿或紫色，密被长柔毛与短腺毛，花柱无毛，柱头伸出稍高过雄蕊，4 深裂。蒴果毛被同子房。种子倒卵圆形。

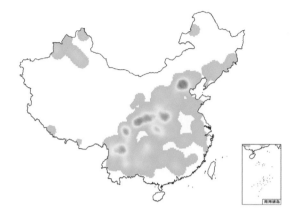

生境　沟边、湖边向阳湿处，也生于灌丛、荒坡、路旁，常成片生长。常栽培。

物候　花期 6—8 月，果期 7—9 月。

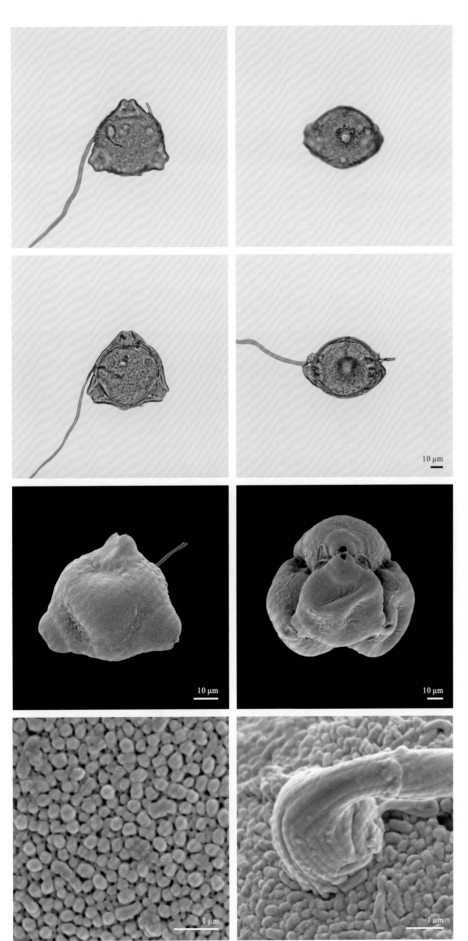

★ 形状大小

花粉单元：单粒

花粉大小：大

★ 萌发区

萌发区个数：3

萌发区类型：孔

状态及特性：角萌发区，孔
室，具环

★ 极性及形状

极性：等极

形状：扁球状

极面观外廓：三角形

★ 干花粉形状

形状：扁球状

极面观外廓：三角形

折叠：不规则折叠

★ 纹饰

光镜纹饰：平滑

电镜纹饰：颗粒状

★ 其他

花粉包被：具粘丝

乌氏体：无

注释：也常见四合体

黑弹树

Celtis bungeana Bl.

落叶乔木。一年生枝无毛。芽鳞无毛。叶窄卵形、长圆形、卵状椭圆形或卵形，先端尖或渐尖，基部宽楔形或近圆，中上部疏生不规则浅齿，有时一侧近全缘，无毛。果单生叶腋，稀2果并生，近球形，蓝黑色；果柄无毛；核近球形，肋不明显，近平滑或稍具孔状凹陷。

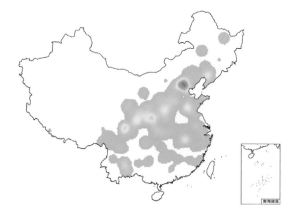

生境 多生于路旁、山坡、灌丛或林边，海拔 150～2300 米。

物候 花期4—5月，果期10—11月。

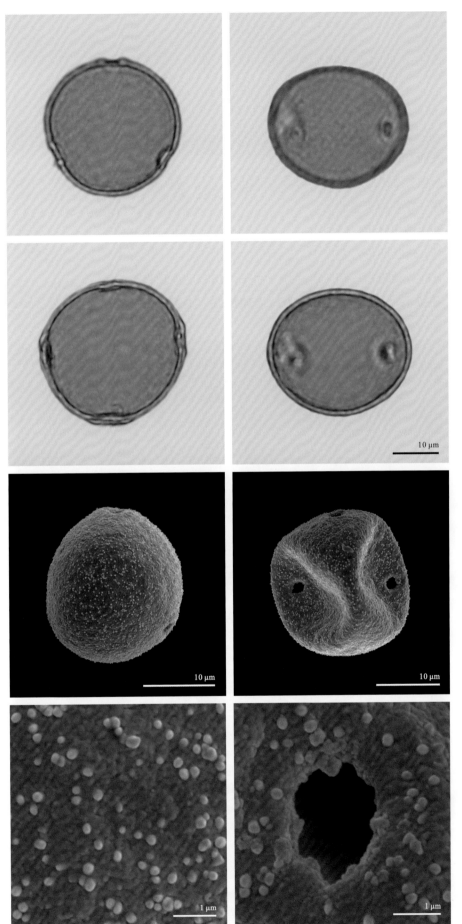

★ 形状大小

花粉单元：单粒

花粉大小：中等大小

★ 萌发区

萌发区个数：4

萌发区类型：孔

状态及特性：赤道萌发区

★ 极性及形状

极性：等极

形状：扁球状

极面观外廓：圆形

★ 干花粉形状

形状：球状

极面观外廓：圆形

折叠：不规则折叠

★ 纹饰

光镜纹饰：平滑

电镜纹饰：具微刺

★ 其他

花粉包被：−

乌氏体：无

注释：亦有3孔花粉

沙参

Adenophora stricta Miq.

多年生草本。基生叶心形，大而具长柄；茎生叶无柄，叶椭圆形或窄卵形，两面被长柔毛或长硬毛。花序常不分枝而成假总状花序。花萼被极密的硬毛；花冠宽钟状，蓝或紫色，外面被短硬毛，特别是在脉上，裂片长为全长的1/3，角状卵形；花盘短筒状，无毛；花柱常稍长于花冠，稀较短。蒴果椭圆状球形。种子稍扁，有1条棱。

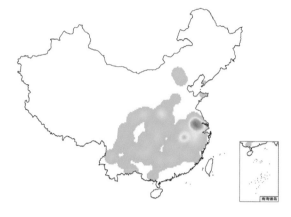

生境 生于低山草丛中和岩石缝中。
物候 花果期8—10月。

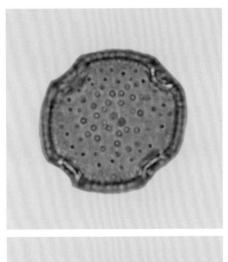
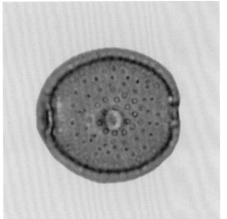

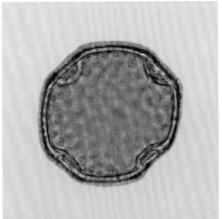
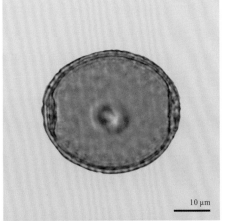

★ 形状大小

花粉单元：单粒

花粉大小：中等大小

★ 萌发区

萌发区个数：4

萌发区类型：孔

状态及特性：角萌发区、赤道萌发区、萌发区膜具纹饰

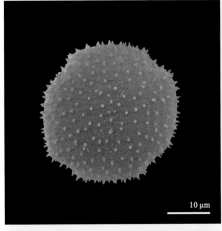
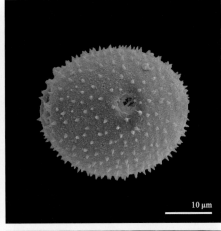

★ 极性及形状

极性：等极

形状：多边形

极面观外廓：四边形

★ 干花粉形状

形状：多边形

极面观外廓：四边形

折叠：不折叠

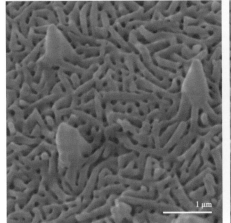
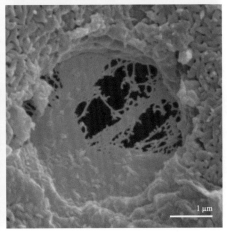

★ 纹饰

光镜纹饰：具刺

电镜纹饰：具刺，蠕虫状

★ 其他

花粉包被：—

乌氏体：无

注释：—

轮叶沙参

Adenophora tetraphylla (Thunb.) Fisch.

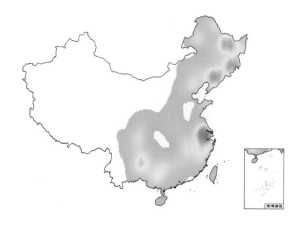

多年生草本。茎生叶 3～6 轮生,卵圆形或线状披针形,边缘有锯齿,两面疏生短柔毛,无柄或有不明显的柄。花序窄圆锥状,花序分枝(聚伞花序)大多轮生,细长或很短,生数花或单花。花萼无毛,萼筒倒圆锥状,裂片钻状,全缘;花冠筒状细钟形,蓝或蓝紫色,裂片三角形;花盘细管状。蒴果球状圆锥形或卵状圆锥形。种子长圆状圆锥形。

生境　生于草地和灌丛中,在南方可至海拔 2000 米的地方。

物候　花果期 7—9 月。

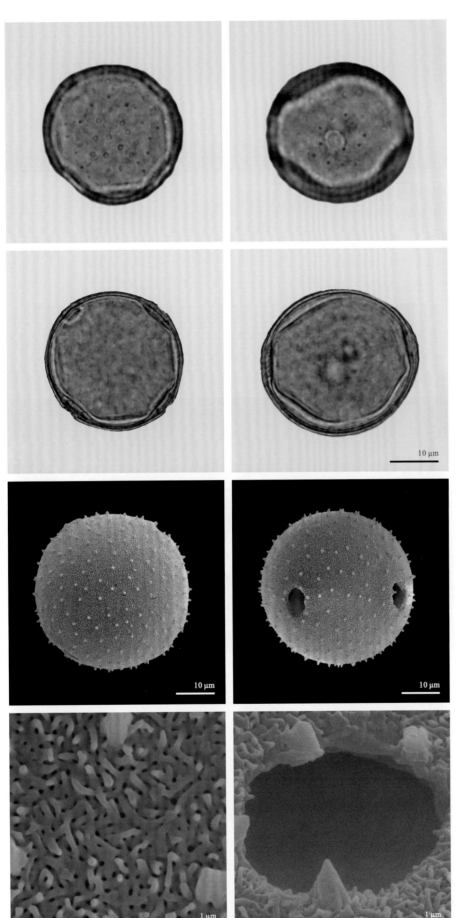

★ 形状大小

花粉单元：单粒

花粉大小：小

★ 萌发区

萌发区个数：4

萌发区类型：孔

状态及特性：赤道萌发区

★ 极性及形状

极性：等极

形状：球状

极面观外廓：圆形

★ 干花粉形状

形状：球状

极面观外廓：圆形

折叠：萌发区凹陷，不折叠

★ 纹饰

光镜纹饰：具刺

电镜纹饰：具刺，微虫状，穿孔的

★ 其他

花粉包被：—

乌氏体：无

注释：—

脱皮榆

Ulmus lamellosa T. Wang et S. L. Chang ex L. K. Fu

　　落叶小乔木。叶倒卵形，密生硬毛或有毛迹。花常自混合芽抽出，春季与叶同时开放。翅果常散生于新枝的近基部，圆形至近圆形，两面及边缘有密毛，顶端凹，缺裂先端内曲，柱头喙状，柱头面密生短毛，基部近对称或微偏斜，子房柄较短，果核位于翅果的中部；宿存花被钟状，被短毛，花被片6，边缘有长毛，残存的花丝明显伸出花被；果梗密生伸展的腺状毛与柔毛。

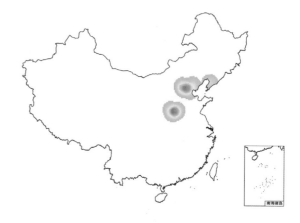

生境　栽培。

物候　花果期3—6月。

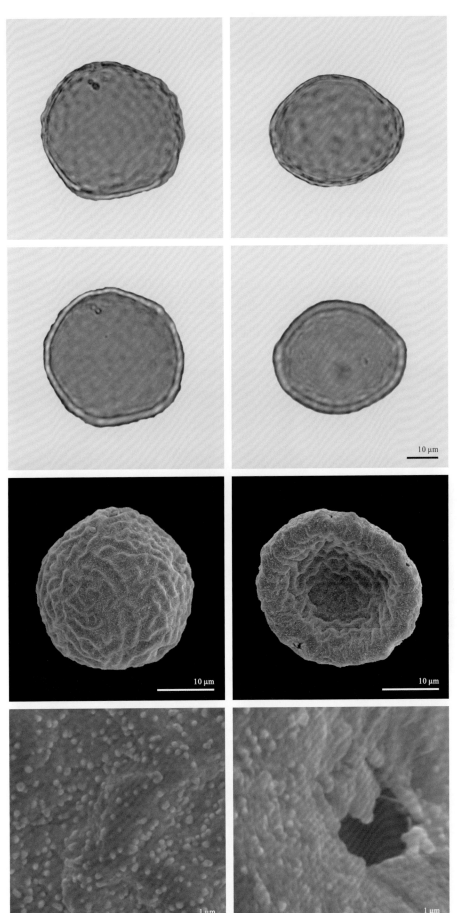

★ 形状大小

花粉单元：单粒

花粉大小：中等大小

★ 萌发区

萌发区个数：5

萌发区类型：孔

状态及特性：角萌发区

★ 极性及形状

极性：等极

形状：多边形

极面观外廓：多边形

★ 干花粉形状

形状：多边形

极面观外廓：多边形

折叠：不规则折叠

★ 纹饰

光镜纹饰：蠕虫状

电镜纹饰：蠕虫状，颗粒状

★ 其他

花粉包被：－

乌氏体：有

注释：－

大果榆

Ulmus macrocarpa Hance

落叶乔木或灌木状。叶厚革质，宽倒卵形、倒卵状圆形、倒卵状菱形或倒卵形，稀椭圆形，先端短尾状，基部渐窄或圆，两面粗糙，上面密被硬毛或具毛迹，下面常疏被毛，脉上较密，脉腋常具簇生毛，侧脉 6～16 对，具大而浅钝重锯齿。花自花芽或混合芽抽出，在去年生枝上成簇状聚伞花序或散生于新枝基部。翅果宽倒卵状圆形、近圆形或宽椭圆形，果核位于翅果中部；果柄被毛。

生境　生于海拔 700～1800 米地带的山坡、谷地、台地、黄土丘陵、固定沙丘及岩缝中。

物候　花果期 4—5 月。

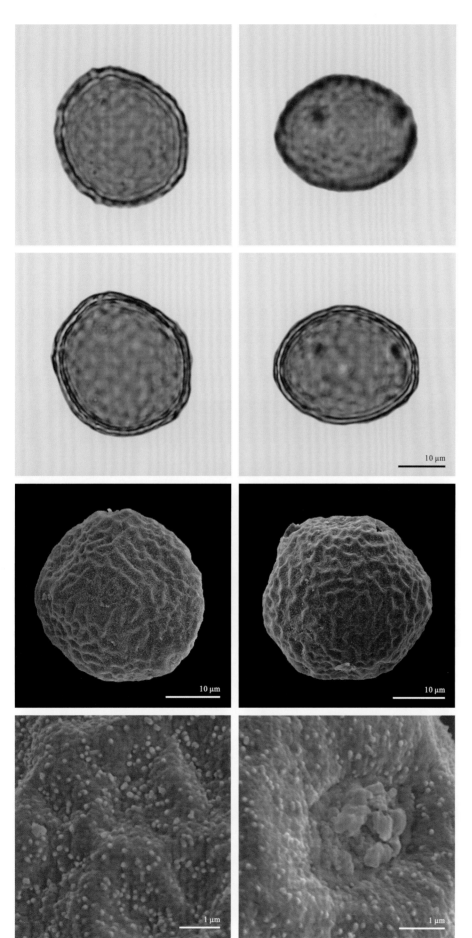

★ 形状大小

花粉单元：单粒

花粉大小：中等大小

★ 萌发区

萌发区个数：5

萌发区类型：孔

状态及特性：角萌发区

★ 极性及形状

极性：等极

形状：多边形

极面观外廓：多边形

★ 干花粉形状

形状：多边形

极面观外廓：多边形

折叠：不规则折叠

★ 纹饰

光镜纹饰：蠕虫状

电镜纹饰：蠕虫状，颗粒状

★ 其他

花粉包被：−

乌氏体：无

注释：−

唐松草

Thalictrum aquilegifolium var. *sibiricum* Regel et Tiling

多年生草本。茎生叶三至四回三出复叶；小叶草质，顶生小叶倒卵形或扁圆形，顶端圆或微钝，基部圆楔形或不明显心形，三浅裂，托叶膜质。圆锥花序伞房状，有多数密集的花；萼片白色或外面带紫色，宽椭圆形，早落；雄蕊多数，花药长圆形，顶端钝，上部倒披针形，比花药宽或稍窄，下部丝形；心皮 6~8，有长心皮柄，花柱短，柱头侧生。瘦果倒卵形，有 3 条宽纵翅，基部突变狭。

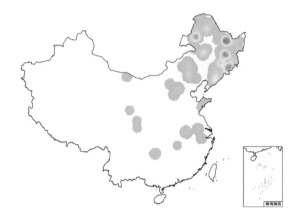

生境　生于海拔 500～1800 米草原、山地林边草坡或林中。

物候　花果期 7—9 月。

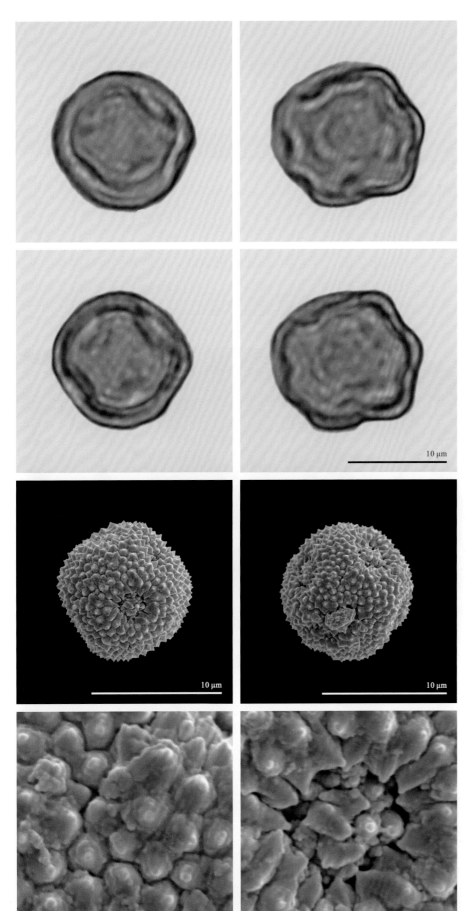

★ 形状大小

花粉单元：单粒

花粉大小：小

★ 萌发区

萌发区个数：6

萌发区类型：孔

状态及特性：散孔，全面萌
发区，萌发区膜具纹饰

★ 极性及形状

极性：等极

形状：球状

极面观外廓：圆形

★ 干花粉形状

形状：球状

极面观外廓：圆形

折叠：萌发区凹陷

★ 纹饰

光镜纹饰：粗糙状

电镜纹饰：具微刺，穿孔的

★ 其他

花粉包被：－

乌氏体：无

注释：－

转子莲 大花铁线莲

Clematis patens Morr. et Decne.

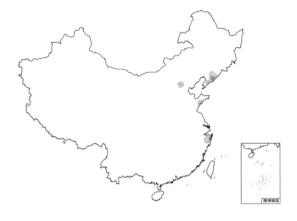

草质藤本。三出复叶或羽状复叶，具5小叶；小叶纸质，卵形或窄卵形，先端渐尖或尖，基部圆形、平截、宽楔形或浅心形，全缘，两面脉疏被柔毛。单花顶生。萼片8，白色，平展，倒卵形或窄倒卵形，沿中脉被柔毛；雄蕊无毛，花药线形，顶端纯或具小尖头。瘦果宽卵圆形，被柔毛；花柱宿存，羽毛状。

生境　生于海拔200～1000米的山坡杂草丛中及灌丛中。也常见栽培用于观赏。

物候　花期5—6月。

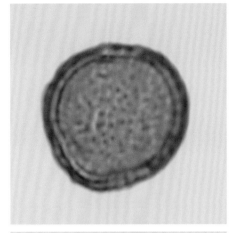
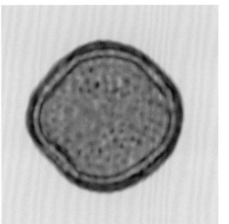

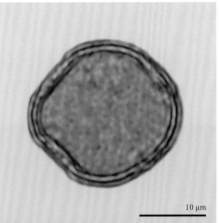

10 μm

★ 形状大小

花粉单元：单粒

花粉大小：中等大小

★ 萌发区

萌发区个数：大于6

萌发区类型：孔

状态及特性：萌发区膜具纹饰

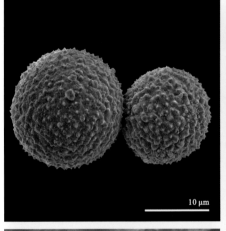
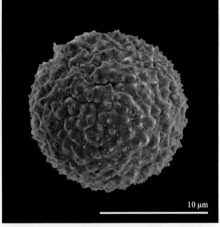

10 μm

10 μm

★ 极性及形状

极性：等极

形状：球状

极面观外廓：圆形

★ 干花粉形状

形状：球状

极面观外廓：圆形

折叠：萌发区凹陷

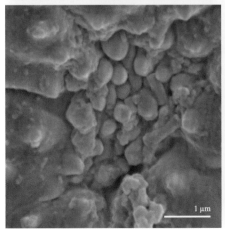
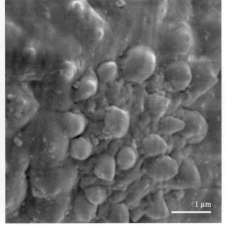

1 μm

1 μm

★ 纹饰

光镜纹饰：具刺

电镜纹饰：具疣，具刺

★ 其他

花粉包被：－

乌氏体：无

注释：－

小叶黄杨

Buxus sinica var. *parvifolia* M. Cheng

灌木或小乔木。小枝四棱形。叶薄革质，阔椭圆形或阔卵形，叶面无光或光亮，侧脉明显凸出；花序腋生，头状，花密集，花序轴被毛，苞片阔卵形，背部多少有毛；雄花约 10 朵，无花梗，外萼片卵状椭圆形，雄不育，雌蕊有棒状柄，末端膨大；雌花子房较花柱稍长，无毛，花柱粗扁，柱头倒心形，下延达花柱中部。蒴果近球形，花柱宿存。蒴果，无毛。

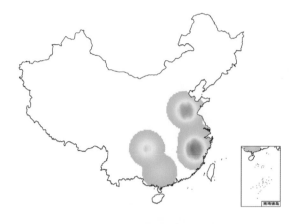

生境　广泛用于绿化栽培。

物候　花期 3 月，果期 5—6 月。

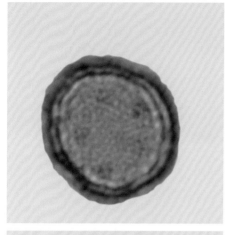 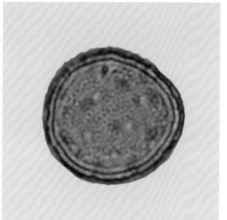

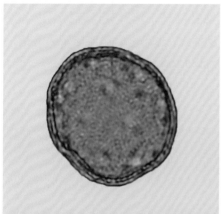 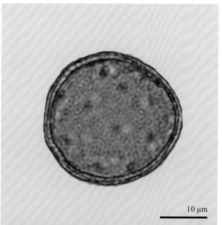

★ 形状大小

花粉单元：单粒

花粉大小：小

★ 萌发区

萌发区个数：大于6

萌发区类型：孔

状态及特性：全面萌发区，萌发区膜光滑

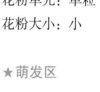

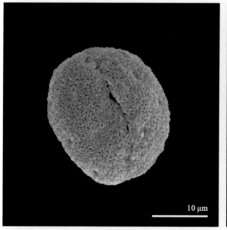 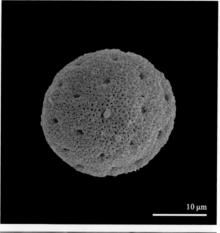

★ 极性及形状

极性：等极

形状：球状

极面观外廓：圆形

★ 干花粉形状

形状：等径球状

极面观外廓：圆形

折叠：不折叠

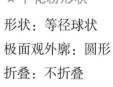

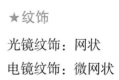

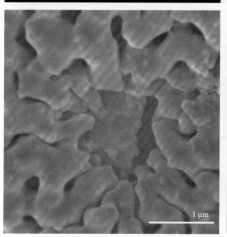 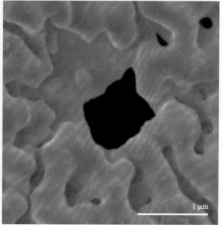

★ 纹饰

光镜纹饰：网状

电镜纹饰：微网状

★ 其他

花粉包被：-

乌氏体：无

注释：-

茶藨子科 **茶藨子属**

刺果茶藨子

Ribes burejense Fr. Schmidt

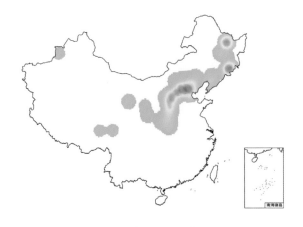

落叶灌木叶宽卵圆形，掌状 3~5 深裂；叶柄具柔毛。花两性，单生于叶腋或 2~3 朵组成短总状花序；苞片宽卵圆形，被柔毛，具 3 脉；花萼浅褐色至红褐色；萼筒宽钟形，萼片长圆形或匙形，先端圆钝；花瓣匙形或长圆形，先端圆钝，浅红色或白色；雄蕊较花瓣长或等长，花药卵状椭圆形；子房梨形，无柔毛，具黄褐色小刺；花柱先端 2 浅裂。果实圆球形，具多数黄褐色小刺。

生境　生于山地针叶林、阔叶林，或针、阔叶混交林下及林缘，也见于山坡灌丛及溪流旁，海拔 900~2300 米。

物候　花期 5—6 月，果期 7—8 月。

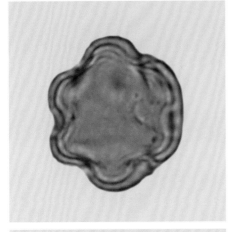
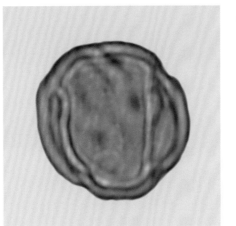

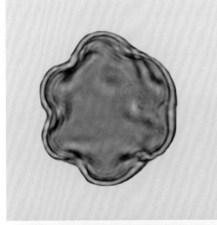
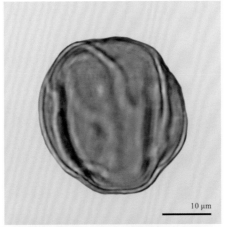

10 μm

★ 形状大小

花粉单元：单粒

花粉大小：中等大小

★ 萌发区

萌发区个数：大于6

萌发区类型：孔

状态及特性：全面萌发区

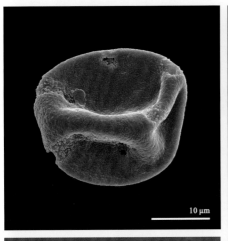

10 μm

10 μm

★ 极性及形状

极性：等极

形状：球状

极面观外廓：圆形，浅裂

★ 干花粉形状

形状：长球状

极面观外廓：圆形

折叠：不规则折叠

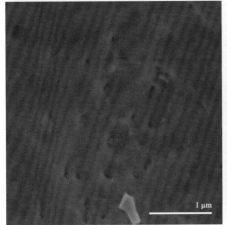
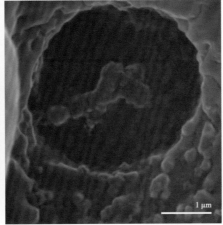

1 μm

1 μm

★ 纹饰

光镜纹饰：平滑

电镜纹饰：微孔

★ 其他

花粉包被：－

乌氏体：无

注释：－

胡桃楸

Juglans mandshurica Maxim.

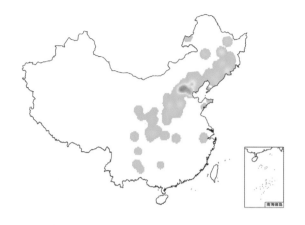

乔木奇数羽状复叶，小叶 15～23，椭圆形、长椭圆形、卵状椭圆形或长椭圆状披针形，具细锯齿，上面初疏被短柔毛，后仅中脉被毛，下面被平伏柔毛及星状毛，侧生小叶无柄，先端渐尖，基部平截或心形。雄荑黄花序轴被短柔毛；雄蕊常 12。雌穗状花序具 4～10 花。果序俯垂，具 5～7 果。果球形、卵圆形或椭圆状卵圆形。

生境　多长于土质肥厚、湿润、排水良好的沟谷两旁或山坡的阔叶林中。

物候　花期 5 月，果期 8—9 月。

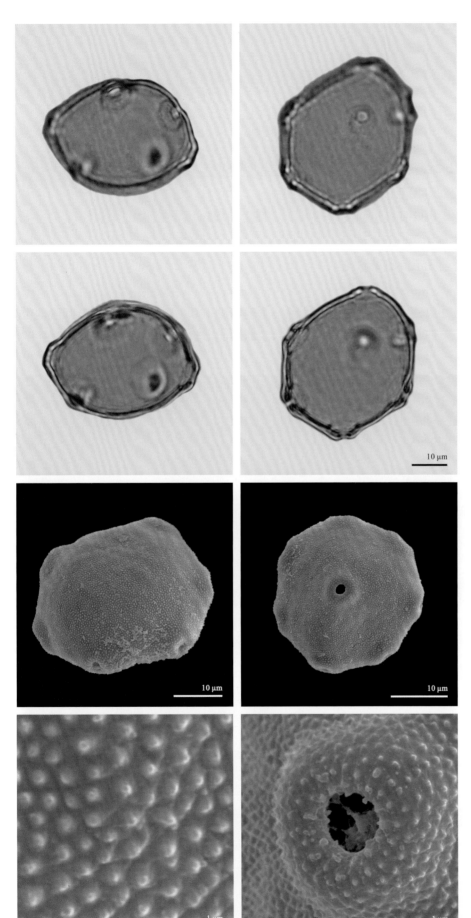

★ **形状大小**

花粉单元：单粒

花粉大小：中等大小

★ **萌发区**

萌发区个数：大于6

萌发区类型：孔

状态及特性：散孔

★ **极性及形状**

极性：异极

形状：多边形

极面观外廓：多边形

★ **干花粉形状**

形状：多边形

极面观外廓：多边形

折叠：不规则折叠

★ **纹饰**

光镜纹饰：平滑

电镜纹饰：具微刺

★ **其他**

花粉包被：–

乌氏体：无

注释：–

胡桃 核桃

Juglans regia L.

乔木。复叶长,叶柄及叶轴幼时被腺毛及腺鳞;小叶椭圆状卵形或长椭圆形,全缘,无毛,先端钝圆或短尖,基部歪斜、近圆,侧生小叶具极短柄或近无柄,雄葇荑花序下垂;雄花苞片、小苞片及花被片均被腺毛,雄蕊 6 ~ 30,花药无毛。雌穗状花序具 1 ~ 3(4)花。果序短,俯垂,具 1 ~ 3 果。果近球形,无毛;果核稍皱曲,具 2 纵棱,顶端具短尖头;隔膜较薄。

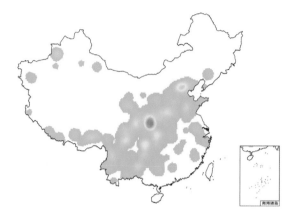

生境　生于海拔 400 ~ 1800 米的山坡及丘陵地带。
物候　花期 4—5 月,果期 9—10 月。

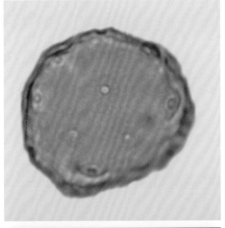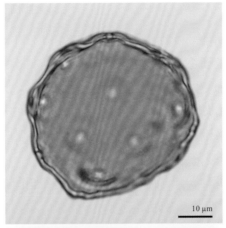

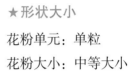

★ 形状大小

花粉单元：单粒

花粉大小：中等大小

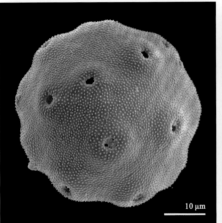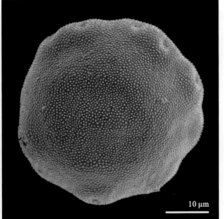

★ 萌发区

萌发区个数：大于6

萌发区类型：孔

状态及特性：散孔，具环

★ 极性及形状

极性：异极

形状：扁球状

极面观外廓：不规则的

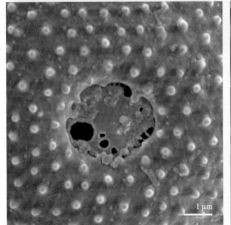

★ 干花粉形状

形状：扁球状

极面观外廓：不规则的

折叠：不折叠

★ 纹饰

光镜纹饰：粗糙状

电镜纹饰：具微刺

★ 其他

花粉包被：–

乌氏体：无

注释：–

蜀葵

Alcea rosea L.

二年生草本。叶近圆心形，掌状5~7浅裂，裂片三角形或圆形；叶柄被星状长硬毛；托叶卵形，先端具3尖。花腋生，单生或近簇生，排列成总状花序式，具叶状苞片，花梗被星状长硬毛；小苞片杯状，常6~7裂，裂片卵状披针形，密被星状粗硬毛，基部合生；萼钟状，5齿裂，裂片卵状三角形，密被星状粗硬毛；花大，有红、紫、白、粉、黄和黑紫等色，单瓣或重瓣。果盘状，被短柔毛。

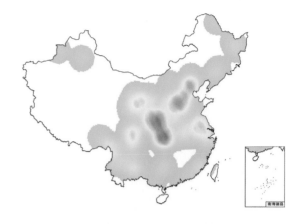

生境　全国各地广泛栽培，供园林观赏用。
物候　花期2—8月。

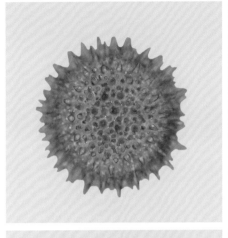
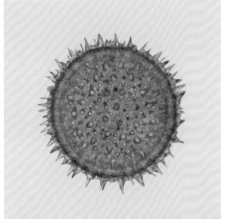

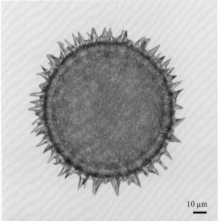
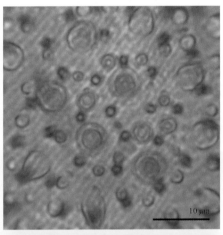

★ 形状大小

花粉单元：单粒

花粉大小：大

★ 萌发区

萌发区个数：大于6

萌发区类型：孔

状态及特性：散孔，全面萌发区

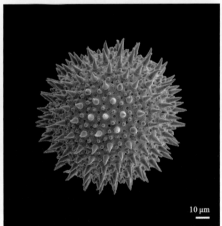

★ 极性及形状

极性：等极

形状：球状

极面观外廓：圆形

★ 干花粉形状

形状：球状

极面观外廓：圆形

折叠：不折叠

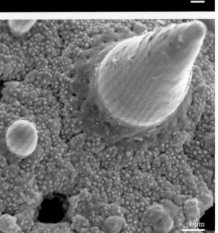

★ 纹饰

光镜纹饰：具刺

电镜纹饰：具刺，具微刺，穿孔的

★ 其他

花粉包被：—

乌氏体：无

注释：—

刺蓼

Polygonum senticosum (Meisn.) Franch. et Sav.

一年生攀援草本。茎四棱形,沿棱被倒生皮刺。叶三角形或长三角形,先端尖或渐尖,基部戟形,下面沿叶脉疏被倒生皮刺;叶柄粗,被倒生皮刺;托叶鞘筒状,具叶状肾圆形翅,具缘毛。花序头状,花序梗密被腺毛;苞片长卵形,具缘毛。淡红色,花被片椭圆形;雄蕊 8,2 轮,较花被短;花柱 3,中下部连合。瘦果近球形,微具 3 棱,黑褐色,无光泽,包于宿存花被内。

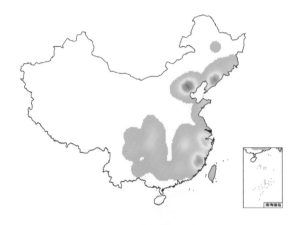

生境　生于山坡、山谷及林下,海拔 120～1500 米。
物候　花期 6—7 月,果期 7—9 月。

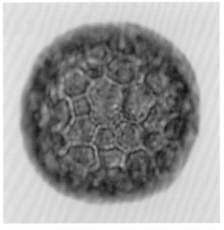 

10 μm

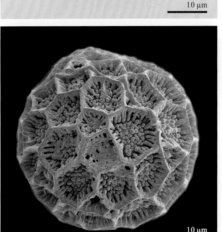

10 μm

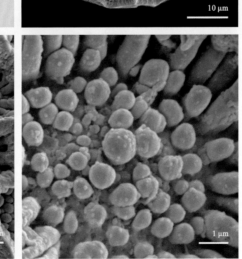

1 μm

1 μm

★形状大小

花粉单元：单粒

花粉大小：中等大小

★萌发区

萌发区个数：大于6

萌发区类型：孔

状态及特性：散孔，全面萌发区

★极性及形状

极性：等极

形状：等径球状

极面观外廓：圆形

★干花粉形状

形状：球状

极面观外廓：圆形

折叠：不折叠

★纹饰

光镜纹饰：网状

电镜纹饰：具脊的，未覆盖柱状体

★其他

花粉包被：–

乌氏体：无

注释：–

石生蝇子草

Silene tatarinowii Regel

多年生草本。叶卵状披针形或披针形，基部近圆，基出脉 3。二歧聚伞花序多花，疏散。花梗细，被柔毛；苞片披针形；花萼筒状，10 纵脉绿色，有时紫色，萼齿三角状卵形；花瓣白色，爪倒披针形，内藏或微伸出花萼，瓣片两侧中部各具 1 小裂片，副花冠椭圆形；雄蕊及花柱伸出。蒴果卵圆形或长卵圆形，短于宿萼。种子肾形，具小瘤，脊圆钝。

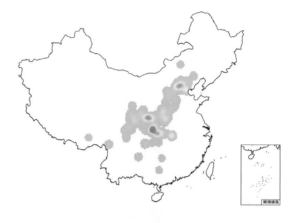

生境 生于海拔 800 ~ 2900 米灌丛中、疏林下多石质的山坡或岩石缝中。

物候 花期 7—8 月，果期 8—10 月。

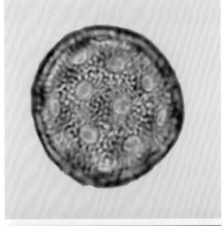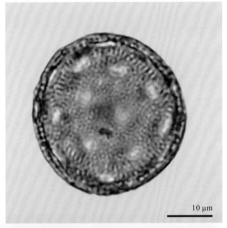

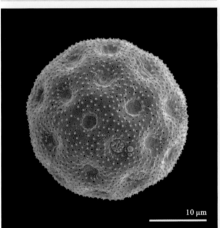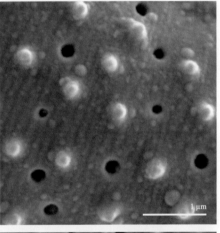

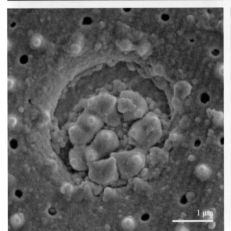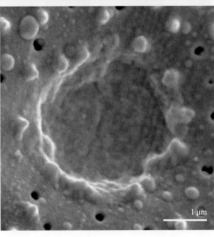

★ **形状大小**

花粉单元：单粒

花粉大小：中等大小

★ **萌发区**

萌发区个数：大于6

萌发区类型：孔

状态及特性：散孔，全面萌
发区，赤道萌发区

★ **极性及形状**

极性：等极

形状：等径球状

极面观外廓：圆形

★ **干花粉形状**

形状：等径球状

极面观外廓：圆形

折叠：不折叠

★ **纹饰**

光镜纹饰：具刺

电镜纹饰：具微刺，穿孔的

★ **其他**

花粉包被：－

乌氏体：无

注释：孔膜上具疣状纹饰，
明显大于外壁次

瞿麦

Dianthus superbus L.

多年生草本。叶线状披针形，基部鞘状，绿色，有时带粉绿色。花1~2朵顶生，有时顶下腋生。苞片2~3对，倒卵形；花萼筒形，常带红紫色，萼齿披针形；花瓣淡红或带紫色，稀白色，内藏，瓣片宽倒卵形，边缘缝裂至中部或中部以上，喉部具髯毛；雄蕊及花柱微伸出。蒴果筒形，与宿萼等长或稍长，顶端4裂。种子扁卵圆形。

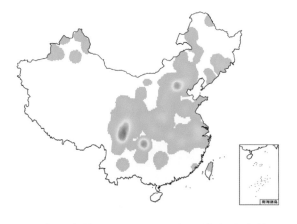

生境　生于海拔400~3700米丘陵山地疏林下、林缘、草甸、沟谷溪边。

物候　花期6—9月，果期8—10月。

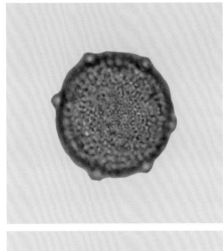

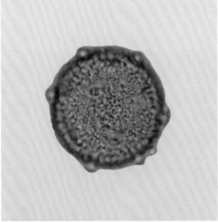
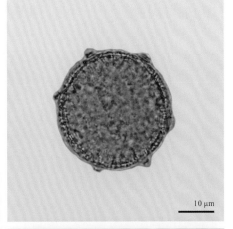

★ 形状大小

花粉单元：单粒

花粉大小：中等大小

★ 萌发区

萌发区个数：大于6

萌发区类型：孔

状态及特性：散孔，全面萌
发区，萌发区膜具纹饰

10 μm

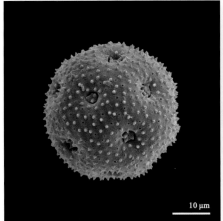
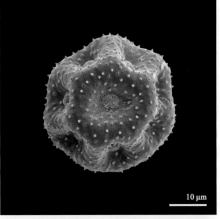

★ 极性及形状

极性：等极

形状：球状

极面观外廓：圆形

★ 干花粉形状

形状：球状

极面观外廓：圆形

折叠：萌发区凹陷

10 μm

10 μm

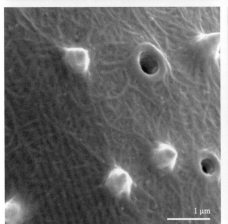
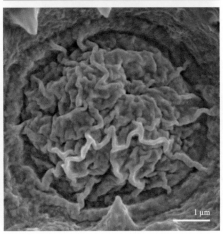

★ 纹饰

光镜纹饰：粗糙状

电镜纹饰：具微刺，微孔

★ 其他

花粉包被：-

乌氏体：无

注释：-

1 μm

1 μm

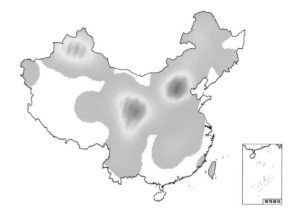

石竹科 卷耳属

卷耳

Cerastium arvense subsp. *strictum* Gaudin

多年生草本。叶线状披针形，基部楔形，抱茎，疏被柔毛。聚伞花序具 3～7 花；苞片披针形，被柔毛。花梗密被白色腺毛；萼片披针形，密被长柔毛；花瓣倒卵形，2 裂；花柱 5。蒴果圆筒形，具10 齿。种子多数，褐色，肾形，稍扁，具小瘤。

生境　生于海拔 1200～2600 米高山草地、林缘或丘陵区。

物候　花期 5—8 月，果期 7—9 月。

★ 形状大小

花粉单元：单粒

花粉大小：中等大小

★ 萌发区

萌发区个数：大于6

萌发区类型：孔

状态及特性：散孔，全面萌
发区

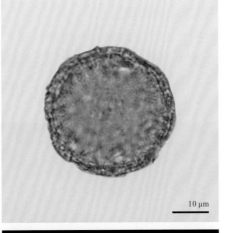

10 μm

★ 极性及形状

极性：等极

形状：等径球状

极面观外廓：圆形

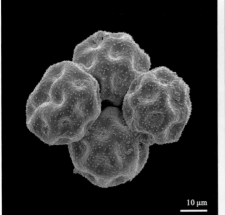
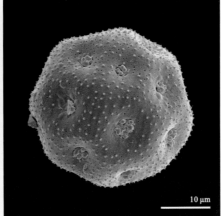

10 μm

10 μm

★ 干花粉形状

形状：等径球状

极面观外廓：圆形

折叠：萌发区凹陷

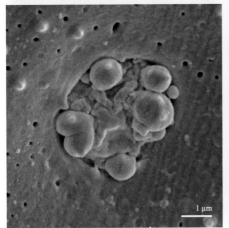
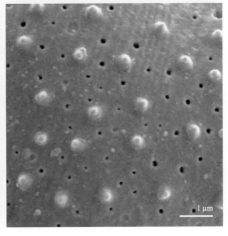

1 μm

1 μm

★ 纹饰

光镜纹饰：具刺

电镜纹饰：具微刺，穿孔的

★ 其他

花粉包被：–

乌氏体：无

注释：孔膜上具疣状纹饰，
明显大于外壁次

反枝苋

Amaranthus retroflexus L.

一年生草本。叶菱状卵形或椭圆状卵形，先端锐尖或尖凹，具小凸尖，基部楔形，全缘或波状，两面及边缘被柔毛，下面毛较密；叶柄被柔毛。穗状圆锥花序顶生花穗较侧生者长；苞片钻形。花被片长圆形或长圆状倒卵形，薄膜质，中脉淡绿色，具凸尖；雄蕊较花被片稍长；柱头（2）3。胞果扁卵形，环状横裂，包在宿存花被片内。种子近球形。

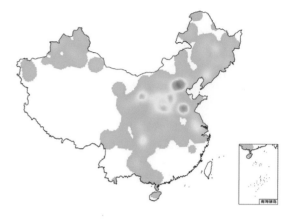

生境 原产于美洲热带，现广泛传播并归化于世界各地。

物候 花期7—8月，果期8—9月。

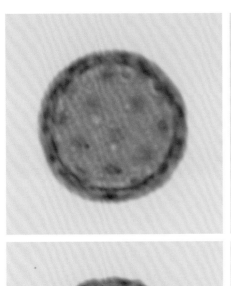
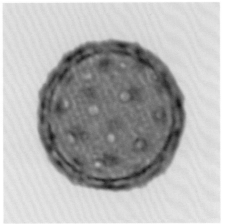

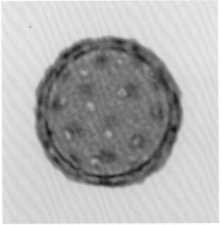
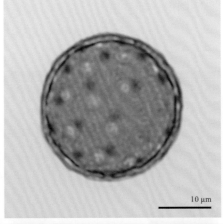

10 μm

★ 形状大小

花粉单元：单粒

花粉大小：中等大小

★ 萌发区

萌发区个数：大于6

萌发区类型：孔

状态及特性：散孔，全面萌
发区

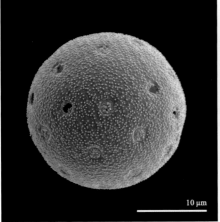
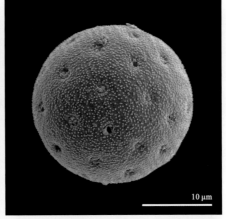

10 μm　　　　10 μm

★ 极性及形状

极性：等极

形状：等径球状

极面观外廓：圆形

★ 干花粉形状

形状：等径球状

极面观外廓：圆形

折叠：萌发区凹陷

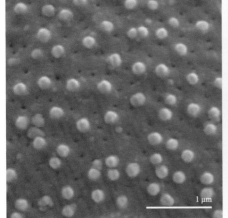
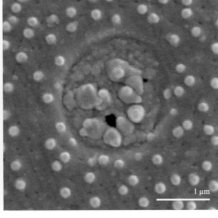

1 μm　　　　1 μm

★ 纹饰

光镜纹饰：粗糙状

电镜纹饰：微网状，穿孔的

★ 其他

花粉包被：-

乌氏体：无

注释：-

打碗花

Calystegia hederacea Wall. ex. Roxb.

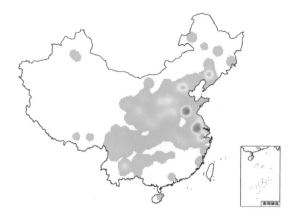

一年生草本。茎平卧，具细棱。茎基部叶长圆形，先端圆，基部戟形；茎上部叶三角状戟形，侧裂片常2裂，中裂片披针状或卵状三角形。花单生叶腋；苞片2，卵圆形，包被花萼，宿存；萼片长圆形；花冠漏斗状，淡红色。蒴果卵圆形。种子黑褐色，被小疣。

生境　常见于草坡、荒地、田地或疏林下。
物候　花果期6—9月。

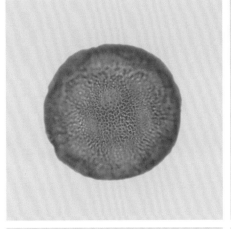
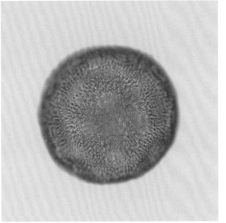

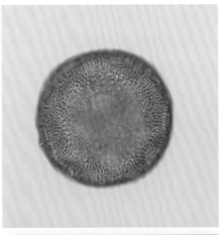
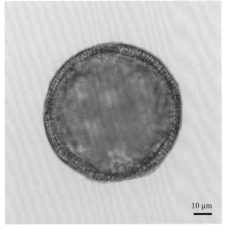

★ 形状大小

花粉单元：单粒

花粉大小：大

★ 萌发区

萌发区个数：大于6

萌发区类型：孔

状态及特性：散孔，全面萌
发区，萌发区膜具纹饰

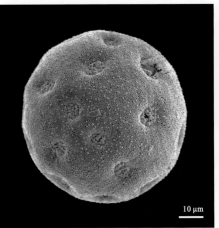
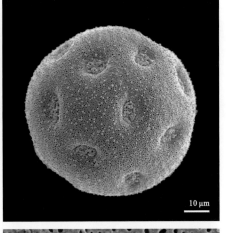

★ 极性及形状

极性：等极

形状：等径球状

极面观外廓：圆形

★ 干花粉形状

形状：球状

极面观外廓：圆形

折叠：萌发区凹陷

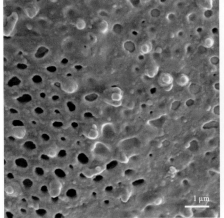
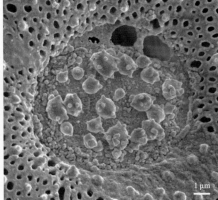

★ 纹饰

光镜纹饰：具刺

电镜纹饰：具微刺，穿孔的

★ 其他

花粉包被：–

乌氏体：无

注释：–

牵牛

Ipomoea nil (L.) Roth

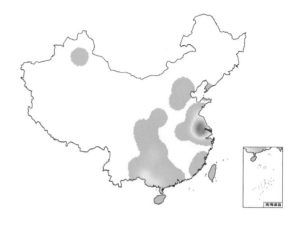

一年生缠绕草本。叶宽卵形或近圆形，3（~5）裂，先端渐尖，基部心形。花序腋生，具 1 至少花；苞片线形或丝状，小苞片线形。萼片披针状线形，内 2 片较窄，密被开展刚毛；花冠蓝紫或紫红色，筒部色淡，无毛；雄蕊及花柱内藏；子房 3 室。蒴果近球形。种子卵状三棱形，黑褐或米黄色，被微柔毛。

生境　生于海拔 100 ~ 1600 米的山坡灌丛、干燥河谷路边、园边宅旁、山地路边，或为栽培。

物候　花果期 6—9 月。

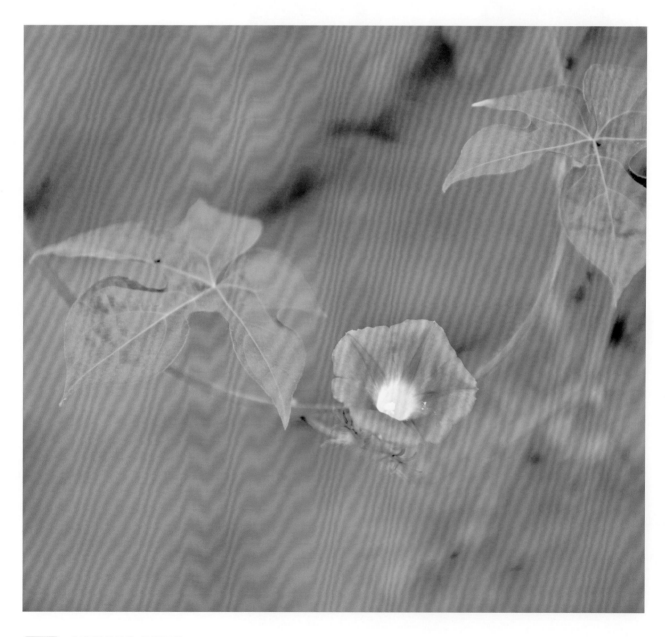

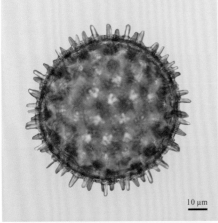
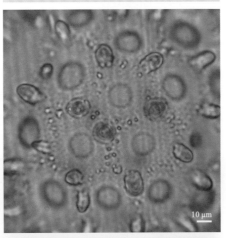

★ 形状大小

花粉单元：单粒

花粉大小：大

★ 萌发区

萌发区个数：多大于6

萌发区类型：孔

状态及特性：散孔，全面萌发区，萌发区膜具纹饰，具盖

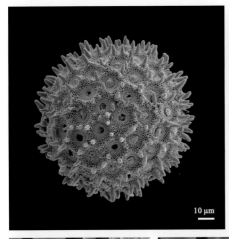
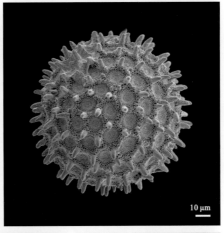

★ 极性及形状

极性：等极

形状：等径球状

极面观外廓：圆形

★ 干花粉形状

形状：等径球状

极面观外廓：圆形

折叠：不折叠

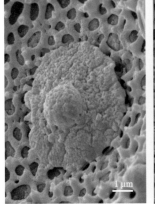

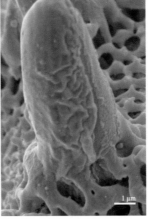

★ 纹饰

光镜纹饰：具刺

电镜纹饰：具刺，网状

★ 其他

花粉包被：-

乌氏体：无

注释：-

圆叶牵牛

Ipomoea purpurea (L.) Roth

一年生缠绕草本。叶圆心形或宽卵状心形，基部圆，心形。花腋生，单一或 2~5 朵着生于花序梗顶端成伞形聚伞花序；苞片线形；花梗被倒向短柔毛及长硬毛；萼片近等长，外面 3 片长椭圆形，渐尖；花冠漏斗状，紫红色、红色或白色，花冠管通常白色；雄蕊与花柱内藏；雄蕊不等长，花丝基部被柔毛；子房无毛，3 室，每室 2 胚珠，柱头头状；花盘环状。蒴果近球形，3 瓣裂。种子卵状三棱形，黑褐色或米黄色，被极短的糠粃状毛。

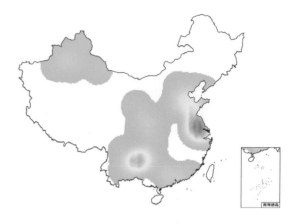

生境 本种原产热带美洲，广泛引植于世界各地，或已成为归化植物。

物候 花期 5—10 月。

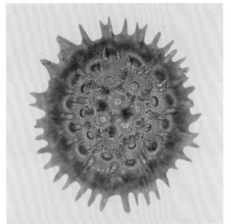

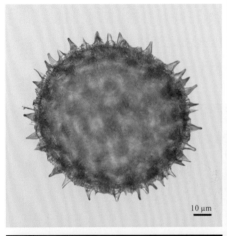
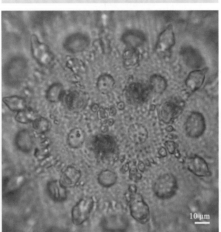

★ 形状大小

花粉单元：单粒

花粉大小：大

★ 萌发区

萌发区个数：大于6

萌发区类型：孔

状态及特性：散孔，全面萌
发区，萌发区膜具纹饰

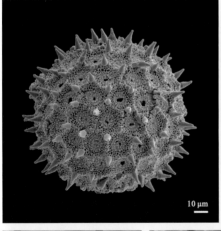
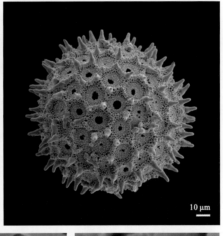

★ 极性及形状

极性：等极

形状：等径球状

极面观外廓：圆形

★ 干花粉形状

形状：等径球状

极面观外廓：圆形

折叠：不折叠

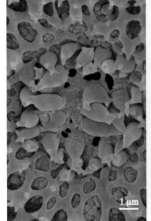
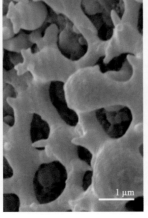
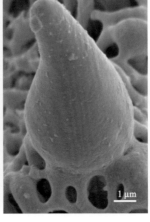

★ 纹饰

光镜纹饰：具刺

电镜纹饰：具刺，网状

★ 其他

花粉包被：－

乌氏体：无

注释：－

车前

Plantago asiatica L.

二年生或多年生草本。叶基生呈莲座状，薄纸质或纸质，宽卵形或宽椭圆形，先端钝圆或急尖，基部宽楔形或近圆，多少下延，边缘波状、全缘或中部以下有锯齿、牙齿或裂齿，两面疏生短柔毛；脉5~7条；叶柄上面具凹槽，无翅，基部扩大成鞘，疏生短柔毛。穗状花序3~10个，细圆柱状，紧密或稀疏，下部常间断；花序梗疏生白色短柔毛。

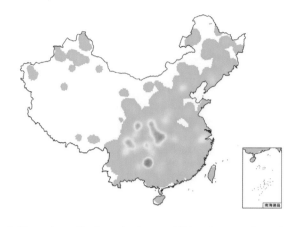

生境　生于草地、沟边、河岸湿地、田边、路旁或村边空旷处，海拔3~3200米。

物候　花期4—8月，果期6—9月。

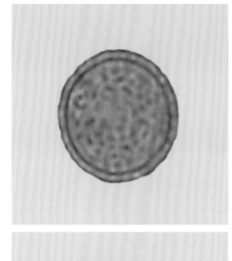
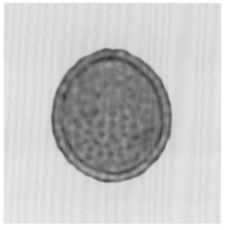

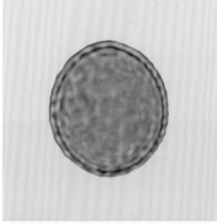
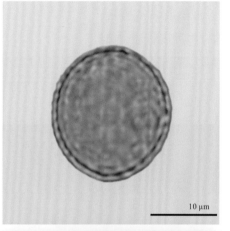

★ 形状大小

花粉单元：单粒

花粉大小：小

★ 萌发区

萌发区个数：多大于6

萌发区类型：孔

状态及特性：散孔，全面萌
发区，萌发区膜具纹饰

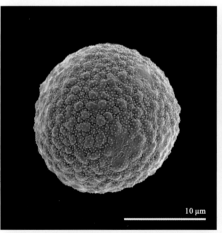
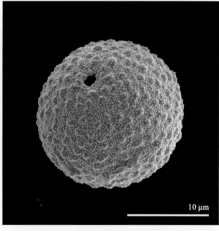

★ 极性及形状

极性：等极

形状：球状

极面观外廓：圆形

★ 干花粉形状

形状：等径球状

极面观外廓：圆形

折叠：不折叠

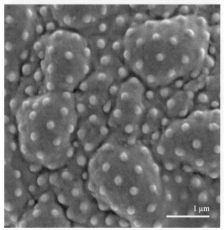
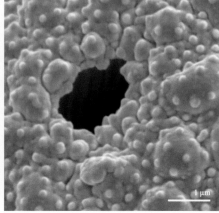

★ 纹饰

光镜纹饰：具刺

电镜纹饰：岛状，具微刺

★ 其他

花粉包被：－

乌氏体：无

注释：－

银杏

Ginkgo biloba L.

乔木。叶扇形，上缘有浅或深的波状缺刻，有时中部缺裂较深，基部楔形，有长柄；在短枝上3~8叶簇生。雄球花4~6生于短枝顶端叶腋或苞腋，长圆形，下垂，淡黄色；雌球花数个生于短枝叶丛中，淡绿色。种子椭圆形，成熟时黄或橙黄色，被白粉，外种皮肉质有臭味，中种皮骨质，白色，有2（~3）纵脊，内种皮膜质，黄褐色；胚乳肉质，胚绿色。

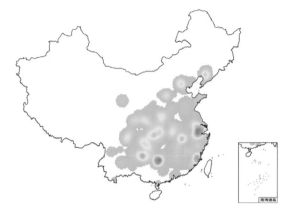

生境　广泛栽培用作园林树种。

物候　花期3—4月中旬，种子9—10月成熟。

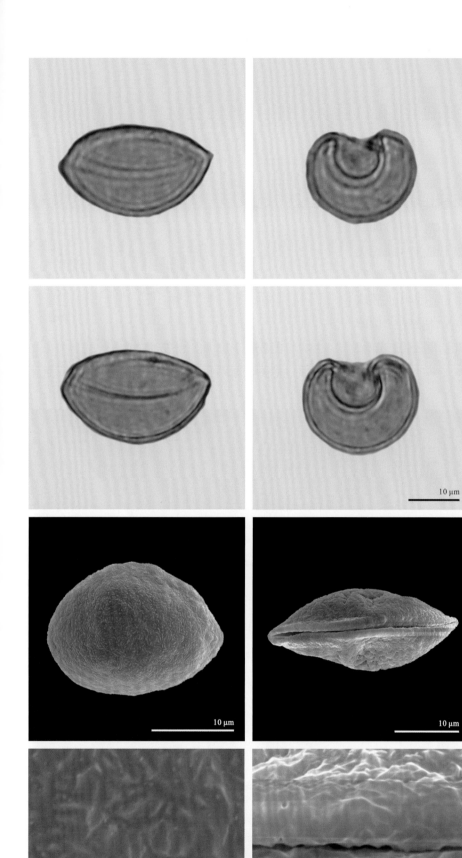

★ 形状大小

花粉单元：单粒

花粉大小：中等大小

★ 萌发区

萌发区个数：1

萌发区类型：远极沟

状态及特性：萌发区膜光滑

★ 极性及形状

极性：异极

形状：长球状

极面观外廓：圆形

★ 干花粉形状

形状：船形

极面观外廓：圆形

折叠：萌发区凹陷

★ 纹饰

光镜纹饰：平滑

电镜纹饰：蠕虫状

★ 其他

花粉包被：－

乌氏体：无

注释：－

苏铁

Cycas revoluta Thunb.

茎干圆柱状。叶一回羽裂；叶柄具刺；羽片直或近镰刀状，革质，基部微扭曲。小孢子叶球卵状圆柱形；小孢子叶窄楔形，先端圆状截形，具短尖头。大孢子叶密被灰黄色绒毛，不育顶片卵形或窄卵形，边缘深裂，裂片每侧 10～17，钻状；胚珠 4～6，密被淡褐色绒毛。种子 2～5，橘红色，倒卵状或长圆状，明显压扁，疏被绒毛，中种皮光滑，两侧不具槽。

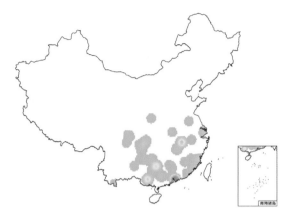

生境　多栽植于庭园。北方多盆栽、室内越冬。
物候　孢子叶球期 5—7 月，种子 9—10 月成熟。

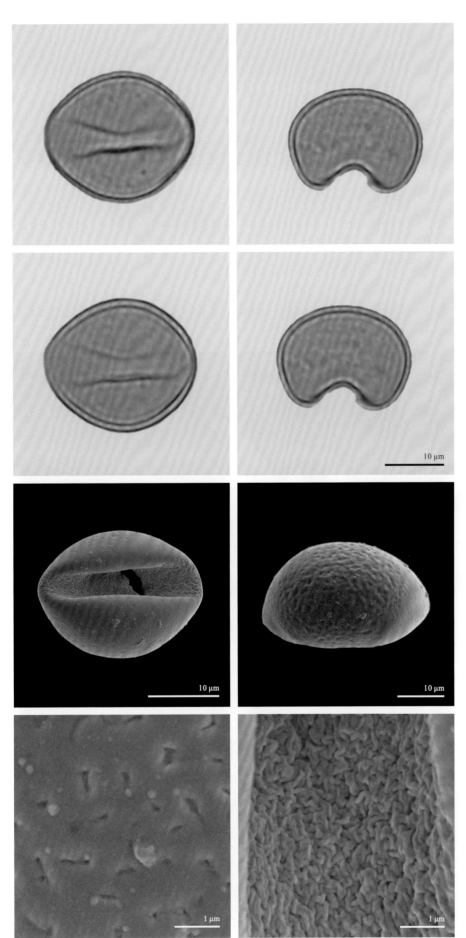

★ 形状大小

花粉单元：单粒

花粉大小：中等大小

★ 萌发区

萌发区个数：1

萌发区类型：远极沟

状态及特性：萌发区膜具纹饰

★ 极性及形状

极性：异极

形状：长球状

极面观外廓：椭圆形

★ 干花粉形状

形状：船形

极面观外廓：椭圆形

折叠：萌发区凹陷

★ 纹饰

光镜纹饰：平滑

电镜纹饰：微网状

★ 其他

花粉包被：－

乌氏体：无

注释：萌发区微蠕虫状纹饰

二乔玉兰 二乔木兰

Yulania × soulangeana (Soulange-Bodin) D. L. Fu

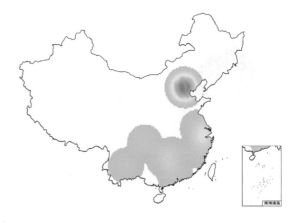

小乔木。叶倒卵圆形至宽椭圆形，表面绿色，具光泽，背面淡绿色，被柔毛；叶柄短，被柔毛。拟花蕾卵圆体形。花先叶开放；花被片9枚，外轮花被片长度为内轮花被片的2/3，淡紫红色、玫瑰色或白色，具紫红色晕或条纹；雄蕊药室侧向纵裂；离生单雌蕊无毛或有毛；果为蓇葖果。

生境 常栽培。

物候 花期3—4月；果熟期9—10月。

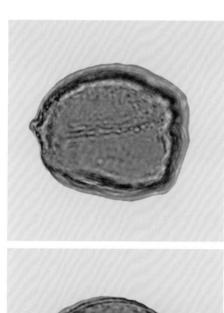
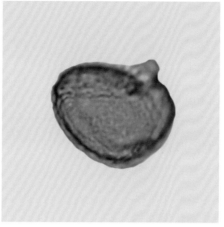

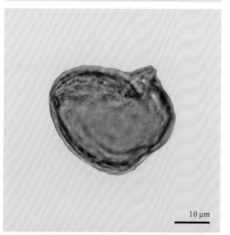

★ 形状大小

花粉单元：单粒

花粉大小：中等大小

★ 萌发区

萌发区个数：1

萌发区类型：远极沟

状态及特性：萌发区膜具纹饰

10 μm

★ 极性及形状

极性：异极

形状：长球状

极面观外廓：椭圆形

★ 干花粉形状

形状：长球状

极面观外廓：椭圆形

折叠：萌发区凹陷

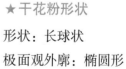
10 μm

10 μm

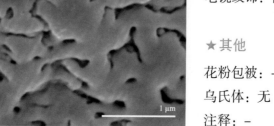

★ 纹饰

光镜纹饰：粗糙状

电镜纹饰：微孔

1 μm

1 μm

★ 其他

花粉包被：－

乌氏体：无

注释：－

玉兰

Yulania denudata (Desr.) D. L. Fu

乔木。叶纸质，倒卵形、宽倒卵形或倒卵状椭圆形；花蕾卵圆形，花先叶开放，直立，芳香；花梗显著膨大，密被淡黄色长绢毛；花被片9片，白色，基部常带粉红色，近相似，长圆状倒卵形；花药侧向开裂；药隔顶端伸出成短尖头；雌蕊群淡绿色，无毛，圆柱形；雌蕊狭卵形，具锥尖花柱。聚合果圆柱形；蓇葖厚木质，褐色，具白色皮孔；种子心形，侧扁，外种皮红色，内种皮黑色。

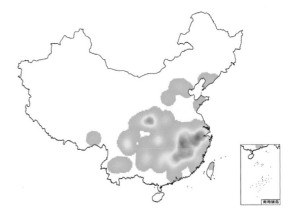

生境 广泛栽培用作观赏。

物候 花期2—3月，果期8—9月。

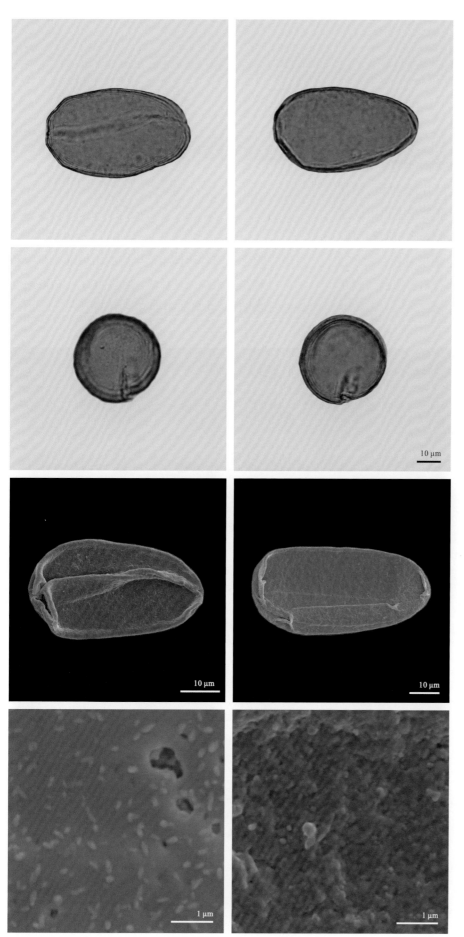

★ 形状大小

花粉单元：单粒

花粉大小：中等大小

★ 萌发区

萌发区个数：1

萌发区类型：远极沟

状态及特性：–

★ 极性及形状

极性：异极

形状：长球状

极面观外廓：椭圆形

★ 干花粉形状

形状：长球状

极面观外廓：椭圆形

折叠：不规则折叠

★ 纹饰

光镜纹饰：–

电镜纹饰：平滑

★ 其他

花粉包被：–

乌氏体：有

注释：–

穿龙薯蓣

Dioscorea nipponica Makino

多年生缠绕草质藤本。茎左旋。叶掌状心形，三角状浅裂、中裂或深裂，顶端叶片近全缘。雄花无梗，常 2~4 花簇生，集成小聚伞花序再组成穗状花序，花序顶端常为单花；花被碟形，顶端 6 裂，雄蕊 6。雌花序穗状，常单生。蒴果具翅；每室 2 种子，生于果轴基部。种子四周有不等宽的薄膜状翅，上方呈正方形，长约 2 倍于宽。

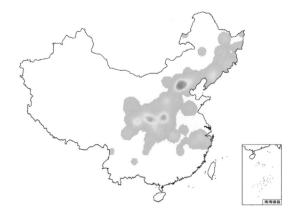

生境　常生于河谷两侧半阴半阳的山坡灌木丛中和稀疏杂木林内及林缘，海拔 100~1700 米。

物候　花期 6—8 月，果期 8—10 月。

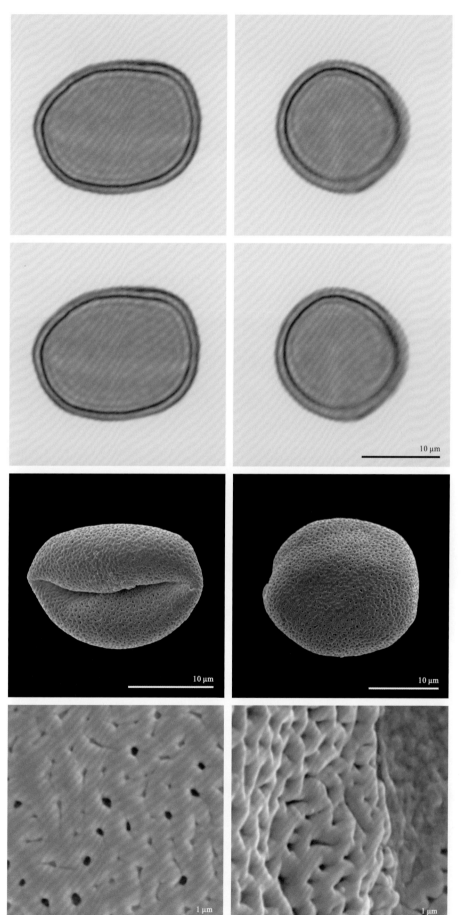

★ 形状大小

花粉单元：单粒

花粉大小：小

★ 萌发区

萌发区个数：1

萌发区类型：沟

状态及特性：萌发区膜具纹饰

★ 极性及形状

极性：异极

形状：长球状

极面观外廓：圆形

★ 干花粉形状

形状：船形

极面观外廓：不规则的

折叠：萌发区凹陷

★ 纹饰

光镜纹饰：平滑

电镜纹饰：微网状

★ 其他

花粉包被：—

乌氏体：无

注释：—

渥丹

Lilium concolor Salisb.

多年生草本。鳞茎卵球形。叶散生，线形，3~7脉，边缘有小乳头状突起，两面无毛。花1~5成近伞形或总状花序。花直立；星状开展，深红色，无斑点，有光泽；花被片长圆状披针形，蜜腺两侧具乳头状突起；花丝无毛；花柱稍短于子房，柱头稍膨大。蒴果长圆形。

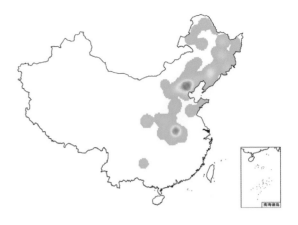

生境　生于山坡草丛、路旁，灌木林下，海拔350~2000米。

物候　花期6—7月，果期8—9月。

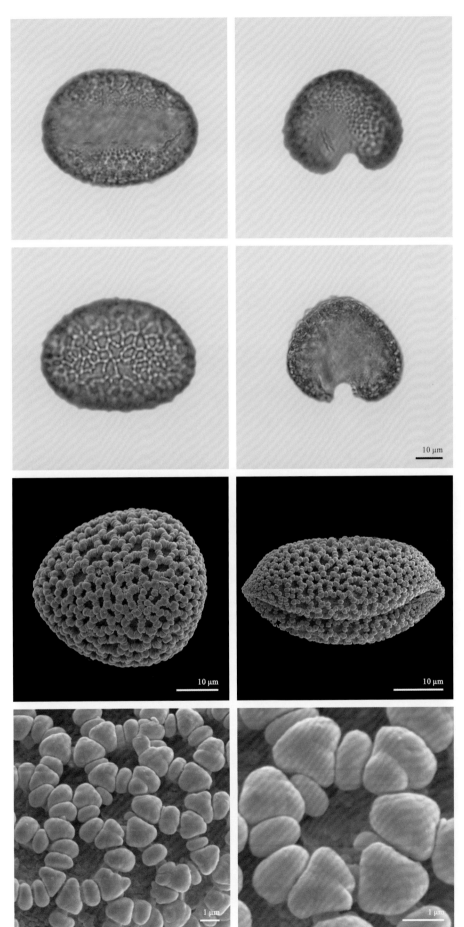

★ 形状大小

花粉单元：单粒

花粉大小：大

★ 萌发区

萌发区个数：1

萌发区类型：沟

状态及特性：萌发区膜具纹饰

★ 极性及形状

极性：异极

形状：扁球状

极面观外廓：椭圆形

★ 干花粉形状

形状：船形

极面观外廓：椭圆形

折叠：萌发区凹陷

★ 纹饰

光镜纹饰：网状

电镜纹饰：巴豆状

★ 其他

花粉包被：－

乌氏体：无

注释：－

萱草

Hemerocallis fulva (L.) L.

多年生草本。叶条形。花葶粗壮；圆锥花序具6～12朵花或更多，苞片卵状披针形。花橘红或橘黄色，无香味；花梗短，下部合生成花被管。外轮花被裂片长圆状披针形，具平行脉，内轮裂片长圆形，下部有"A"形彩斑，具分枝脉，边缘波状皱褶，盛开时裂片反曲；雄蕊伸出，上弯，比花被裂片短；花柱伸出，上弯，比雄蕊长。蒴果长圆形。

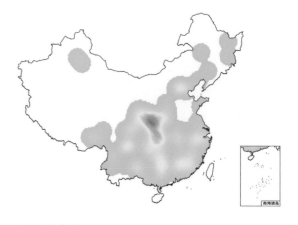

生境 常栽培。
物候 花果期5—8月。

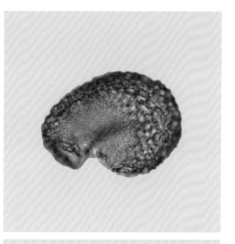

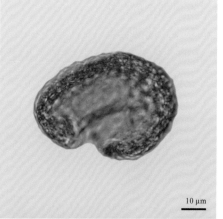

★形状大小

花粉单元：单粒

花粉大小：大

★萌发区

萌发区个数：1

萌发区类型：远极沟

状态及特性：萌发区膜光滑

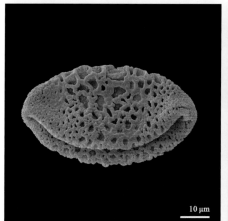
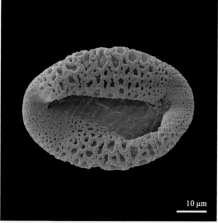

★极性及形状

极性：异极

形状：长球状

极面观外廓：椭圆形

★干花粉形状

形状：船形

极面观外廓：椭圆形

折叠：萌发区凹陷

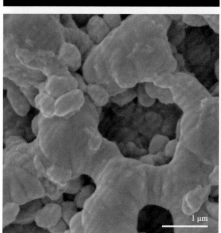

★纹饰

光镜纹饰：网状

电镜纹饰：网状，未覆盖柱状体

★其他

花粉包被：-

乌氏体：无

注释：-

山韭

Allium senescens L.

多年生草本。鳞茎单生或数枚聚生。叶线形或宽线形。花葶圆柱状；总苞2裂，宿存；伞形花序半球状或近球状。花梗近等长，长为花被片2~4倍，稀更短，具小苞片；花淡紫或紫红色；内轮花被片长圆状卵形或卵形，先端常具不规则小齿，外轮卵形，舟状，稍短于内轮；花丝等长，基部合生并与花被片贴生，内轮披针状三角形，外轮锥形；子房倒卵圆形，基部无凹陷蜜穴，花柱伸出花被。

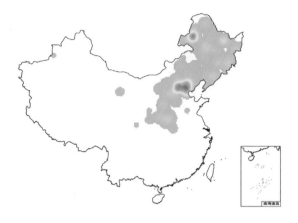

生境　生于海拔2000米以下的草原、草甸或山坡上。
物候　花果期7—9月。

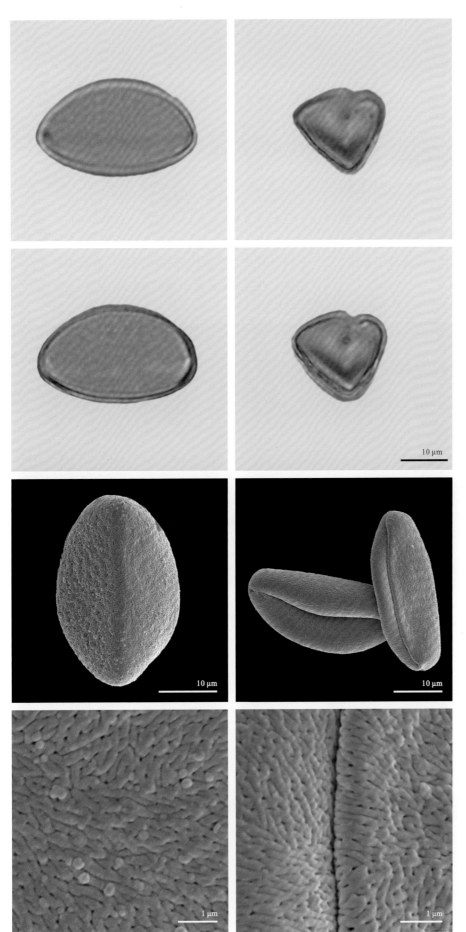

★形状大小

花粉单元：单粒

花粉大小：中等大小

★萌发区

萌发区个数：1

萌发区类型：沟

状态及特性：萌发区膜光滑

★极性及形状

极性：异极

形状：长球状

极面观外廓：三角形

★干花粉形状

形状：船形

极面观外廓：－

折叠：萌发区凹陷

★纹饰

光镜纹饰：粗糙状

电镜纹饰：蠕虫状，穿孔的

★其他

花粉包被：－

乌氏体：无

注释：－

石蒜

Lycoris radiata (L'Her.) Herb.

多年生草本。鳞茎近球形。叶深绿色，秋季出叶，窄带状，先端钝，中脉具粉绿色带。花茎高约30厘米，顶生伞形花序有4~7花；总苞片2，披针形。花两侧对称，鲜红色，花被筒绿色；花被裂片窄倒披针形，外弯，边缘皱波状；雄蕊伸出花被，比花被长约1倍。

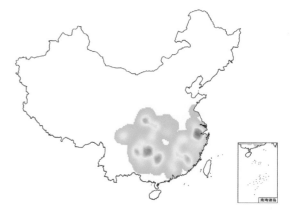

生境　野生于阴湿山坡和溪沟边；庭院也栽培。
物候　花期8—9月，果期10月。

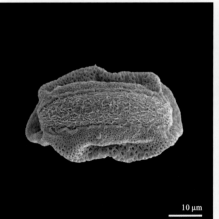
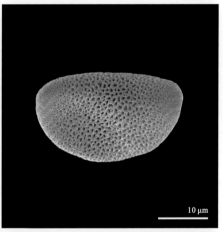

★ 形状大小

花粉单元：单粒

花粉大小：大

★ 萌发区

萌发区个数：1

萌发区类型：远极沟

状态及特性：萌发区膜具纹饰，具缘

★ 极性及形状

极性：异极

形状：长球状

极面观外廓：椭圆形

★ 干花粉形状

形状：船形

极面观外廓：椭圆形

折叠：萌发区凹陷

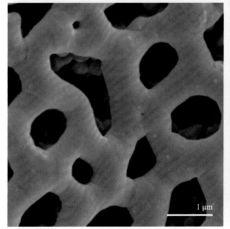
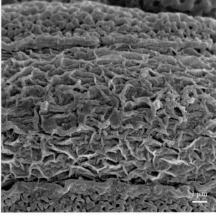

★ 纹饰

光镜纹饰：网状

电镜纹饰：网状

★ 其他

花粉包被：-

乌氏体：无

注释：-

鹿药

Maianthemum japonicum (A. Gray) La Frankie

多年生草本。叶纸质，卵状椭圆形、椭圆形或矩圆形，先端近短渐尖，两面疏生粗毛或近无毛，具短柄。圆锥花序有毛，具 10～20 朵花；花单生，白色；花被片分离或仅基部稍合生，矩圆形或矩圆状倒卵形；雄蕊基部贴生于花被片上，花药小；花柱与子房近等长，柱头几不裂。浆果近球形，熟时红色，具 1～2 颗种子。

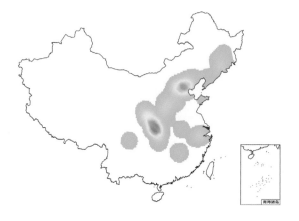

生境　生于林下荫湿处或岩缝中，海拔 900～1950 米。
物候　花期 5—6 月，果期 8—9 月。

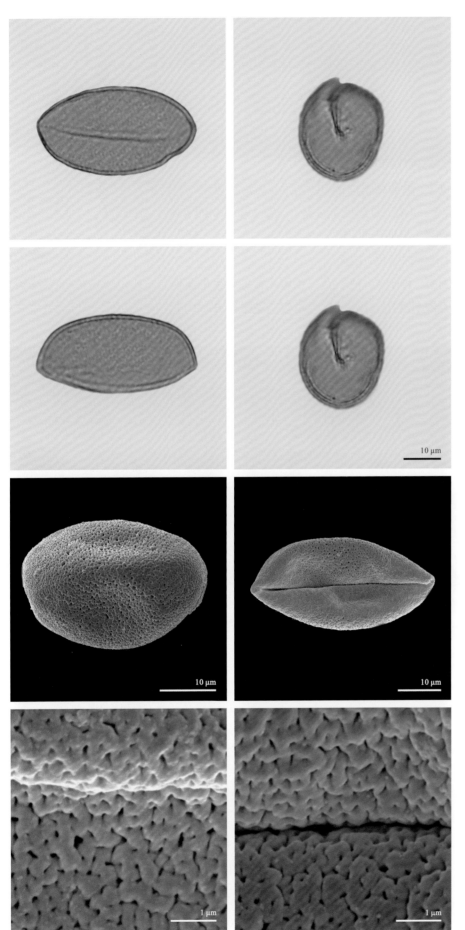

★ 形状大小

花粉单元：单粒

花粉大小：中等大小

★ 萌发区

萌发区个数：1

萌发区类型：沟

状态及特性：萌发区膜具纹饰

★ 极性及形状

极性：异极

形状：长球状

极面观外廓：圆形

★ 干花粉形状

形状：船形

极面观外廓：–

折叠：不规则折叠

★ 纹饰

光镜纹饰：粗糙状

电镜纹饰：蠕虫状

★ 其他

花粉包被：–

乌氏体：无

注释：–

鸭跖草

Commelina communis L.

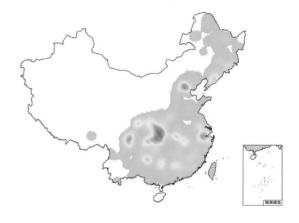

草本。叶披针形或卵状披针形。总苞片佛焰苞状，顶端短尖，基部心形，边缘常有硬毛；聚伞花序，下面一枝有 1 花，不孕；上面一枝具 3～4 花，具短梗，几不伸出总苞片。花梗花期长 3 毫米，果期弯曲；萼片膜质，内面 2 枚常靠近或合生；花瓣深蓝色，内面 2 枚具爪。蒴果椭圆形，2 室，2 月裂，种子 4。种子棕黄色，一端平截，腹面平，有不规则窝孔。

生境　常见，生于湿地。
物候　花果期 6—9 月。

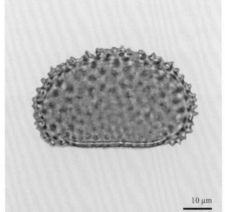

★ 形状大小

花粉单元：单粒

花粉大小：中等大小

★ 萌发区

萌发区个数：1

萌发区类型：远极沟

状态及特性：萌发区膜具纹饰

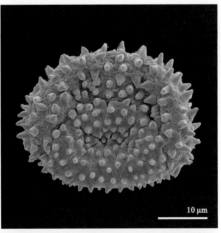

★ 极性及形状

极性：异极

形状：长球状

极面观外廓：椭圆形

★ 干花粉形状

形状：船形

极面观外廓：椭圆形

折叠：萌发区凹陷

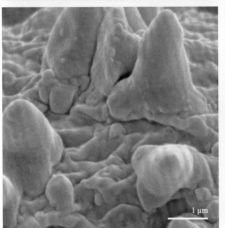
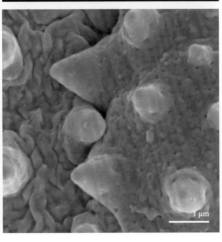

★ 纹饰

光镜纹饰：具刺

电镜纹饰：具刺，穿孔的

★ 其他

花粉包被：−

乌氏体：无

注释：−

蜡梅 *腊梅*

Chimonanthus praecox (L.) Link

小乔木或灌木状。叶纸质，卵圆形、椭圆形、宽椭圆形或椭圆形，先端尖或渐尖，稀尾尖，下面脉疏被微毛。花被片 15～21，黄色，无毛，内花被片较短，基部具爪；雄蕊 5～7，花丝较花药长或近等长，花药内弯，无毛，药隔顶端短尖，退化雄蕊长 3 毫米；心皮 7～14，基部疏被硬毛，花柱较子房长 3 倍。果托坛状，近木质，口部缢缩。

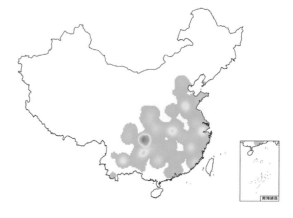

生境 生于山地林中，常栽培。

物候 花期 11 月—翌年 3 月，果期 4—11 月。

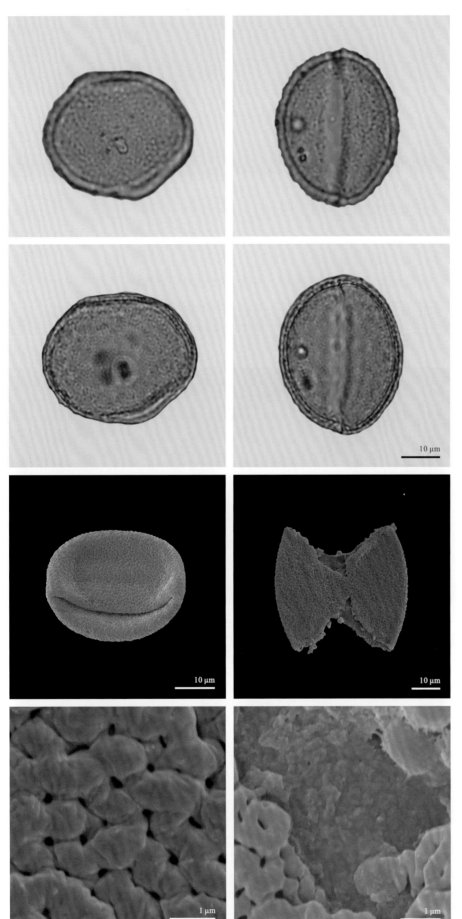

★ 形状大小

花粉单元：单粒

花粉大小：中等大小

★ 萌发区

萌发区个数：2

萌发区类型：沟

状态及特性：萌发区膜具纹饰

★ 极性及形状

极性：等极

形状：长球状

极面观外廓：椭圆形

★ 干花粉形状

形状：长球状

极面观外廓：椭圆形

折叠：萌发区凹陷，不规则折叠

★ 纹饰

光镜纹饰：粗糙状

电镜纹饰：微孔

★ 其他

花粉包被：–

乌氏体：无

注释：–

野罂粟

Papaver nudicaule L.

多年生草本。叶基生,卵形或窄卵形,羽状浅裂、深裂或全裂,裂片2～4对;叶柄基部鞘状,被刚毛。花葶1至数枝,被刚毛,花单生花葶顶端。花芽密被褐色刚毛。萼片2,早落;花瓣4,宽楔形或倒卵形,具浅波状圆齿及短爪;花丝钻形;柱头4～8,辐射状。果窄倒卵圆形、倒卵圆形或倒卵状长圆形,具肋;柱头盘状,具缺刻状圆齿。种子近肾形,褐色,具条纹及蜂窝小孔穴。

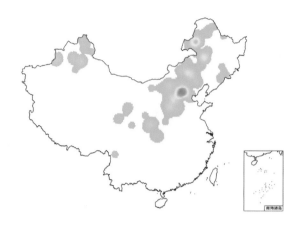

生境　生于海拔600～2500米的林下、林缘、山坡草地,许多地区有栽培。

物候　花果期5—9月。

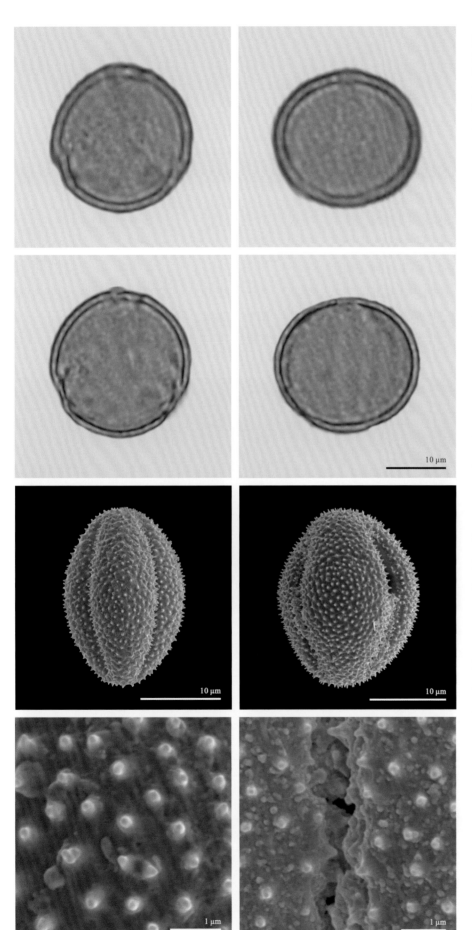

★ 形状大小

花粉单元：单粒

花粉大小：小

★ 萌发区

萌发区个数：3

萌发区类型：沟

状态及特性：萌发区膜具纹饰

★ 极性及形状

极性：等极

形状：长球状

极面观外廓：圆形，浅裂

★ 干花粉形状

形状：长球状

极面观外廓：圆形，浅裂

折叠：萌发区凹陷

★ 纹饰

光镜纹饰：粗糙状

电镜纹饰：具微刺

★ 其他

花粉包被：—

乌氏体：无

注释：沟膜上具刺状纹饰

白屈菜

Chelidonium majus L.

多年生草本。基生叶倒卵状长圆形或宽倒卵形，羽状全裂，倒卵状长圆形；茎生叶互生，具短柄。花多数，伞形花序腋生；具苞片。花瓣 4，倒卵形，黄色；雄蕊多数，花丝丝状，子房 1 室，2 心皮，无毛，胚珠多数，花柱明显，柱头 2 裂。蒴果窄圆柱形，近念珠状，无毛，具柄，自基部向顶端 2 瓣裂，柱头宿存。种子多数，具蜂窝状小网格及鸡冠状种阜。

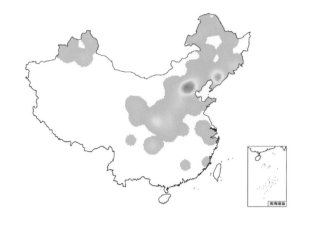

生境　生于海拔 500～2200 米的山坡、山谷林缘草地或路旁、石缝。

物候　花果期 4—9 月。

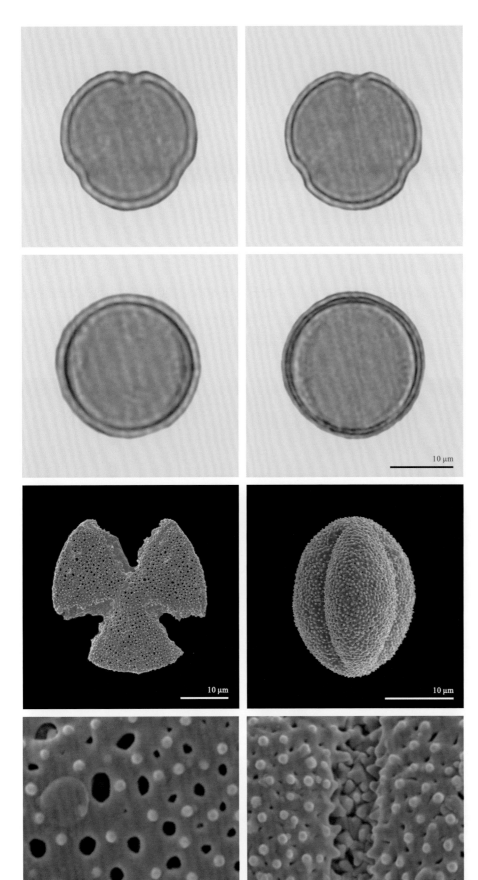

★ 形状大小

花粉单元：单粒

花粉大小：小

★ 萌发区

萌发区个数：3

萌发区类型：沟

状态及特性：萌发区膜具纹饰

★ 极性及形状

极性：等极

形状：等径球状

极面观外廓：圆形，浅裂

★ 干花粉形状

形状：长球状

极面观外廓：圆形，浅裂

折叠：萌发区凹陷

★ 纹饰

光镜纹饰：粗糙状

电镜纹饰：具微刺，穿孔的

★ 其他

花粉包被：－

乌氏体：无

注释：－

角茴香

Hypecoum erectum L.

一年生草本。基生叶多数,叶片轮廓倒披针形,多回羽状细裂;茎生叶同基生叶,但较小。二歧聚伞花序多花;苞片钻形。萼片卵形;花瓣淡黄色;雄蕊 4,花丝宽线形,扁平,下半部加宽,花药狭长圆形;子房狭圆柱形,柱头 2 深裂,裂片细,向两侧伸展。蒴果长圆柱形,直立,先端渐尖,两侧稍压扁,成熟时分裂成 2 果瓣。种子多数,近四棱形,两面均具"十"字形的突起。

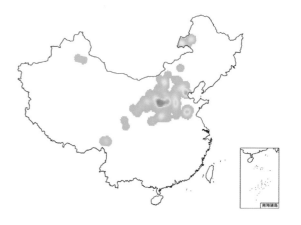

生境　生于海拔 400 ~ 1200 米的山坡草地或河边砂地。

物候　花果期 5—8 月。

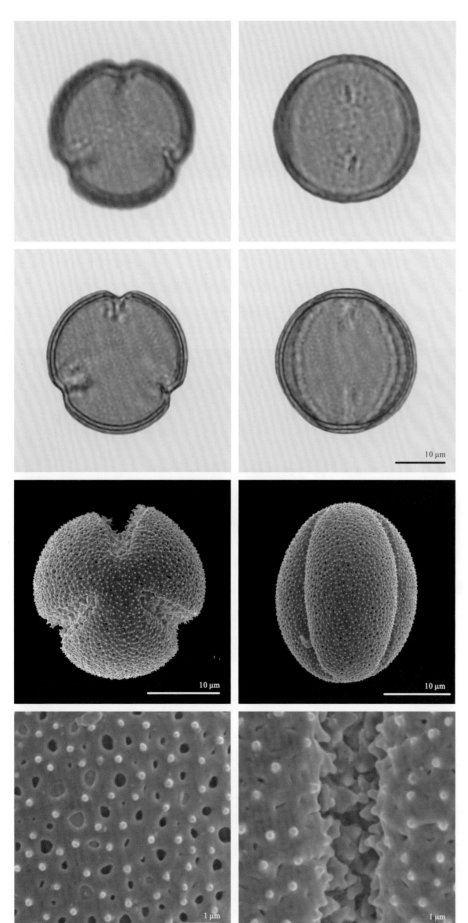

★ 形状大小

花粉单元：单粒

花粉大小：小

★ 萌发区

萌发区个数：3

萌发区类型：沟

状态及特性：萌发区膜具纹饰

★ 极性及形状

极性：等极

形状：球状

极面观外廓：圆形，浅裂

★ 干花粉形状

形状：长球状

极面观外廓：圆形，浅裂

折叠：萌发区凹陷

★ 纹饰

光镜纹饰：具刺

电镜纹饰：具微刺，穿孔的

★ 其他

花粉包被：—

乌氏体：无

注释：—

棉团铁线莲

Clematis hexapetala Pall.

多年生直立草本。一至二回羽状全裂，裂片革质，线状披针形、线形或长椭圆形，基部楔形，全缘，网脉隆起。花序顶生并腋生，3至多花；苞片叶状或披针形。萼片（4）5~6（~8），白色，平展，窄倒卵形，被绒毛；雄蕊无毛，花药窄长圆形，顶端具小尖头。瘦果倒卵圆形，被柔毛；花柱宿存，羽毛状。

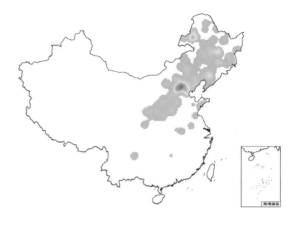

生境　生于固定沙丘、干山坡或山坡草地，尤以东北及内蒙古草原地区较为普遍。

物候　花期6—8月。

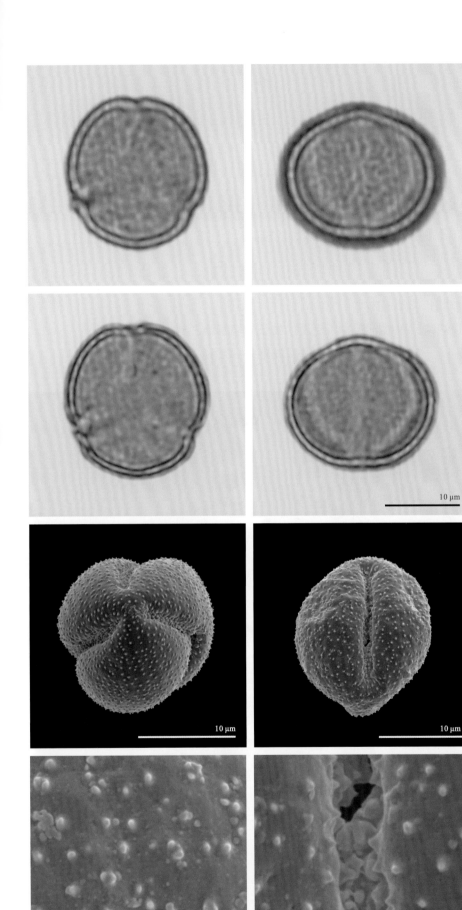

★ 形状大小

花粉单元：单粒

花粉大小：小

★ 萌发区

萌发区个数：3

萌发区类型：沟

状态及特性：萌发区膜具纹饰

★ 极性及形状

极性：等极

形状：扁球状

极面观外廓：圆形，浅裂

★ 干花粉形状

形状：长球状

极面观外廓：圆形，浅裂

折叠：萌发区凹陷

★ 纹饰

光镜纹饰：具刺

电镜纹饰：具微刺

★ 其他

花粉包被：—

乌氏体：无

注释：—

太行铁线莲

Clematis kirilowii Maxim.

木质藤本。二回或一回羽状复叶；小叶革质，椭圆形、长圆形、窄卵形或卵形，基部圆、平截或宽楔形，全缘，不裂或 2～3 裂，两面网脉隆起。花序腋生并顶生，3 至多花；苞片三角形或椭圆形。萼片 4（5～6），白色，平展，倒卵状长圆形，被柔毛；雄蕊无毛，花药窄长圆形，顶端钝。瘦果椭圆形，被柔毛；花柱宿存，羽毛状。

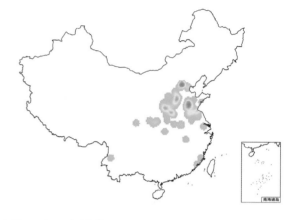

生境　生于山坡草地、丛林中或路旁。
物候　花期 6—8 月。

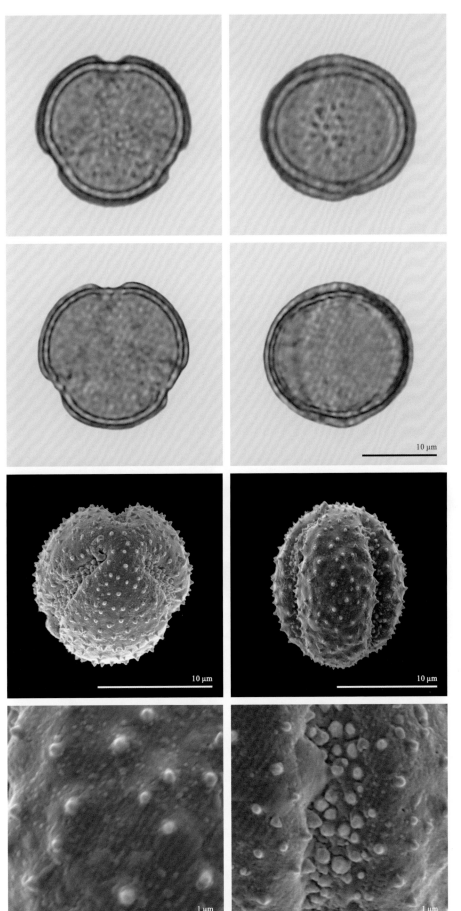

★ 形状大小

花粉单元：单粒

花粉大小：小

★ 萌发区

萌发区个数：3

萌发区类型：沟

状态及特性：萌发区膜具纹饰

★ 极性及形状

极性：等极

形状：长球状

极面观外廓：圆形，浅裂

★ 干花粉形状

形状：长球状

极面观外廓：圆形

折叠：萌发区凹陷

★ 纹饰

光镜纹饰：具刺

电镜纹饰：具微疣，具微刺

★ 其他

花粉包被：—

乌氏体：无

注释：萌发区具颗粒状纹饰

水毛茛

Batrachium bungei (Steud.) L. Liou

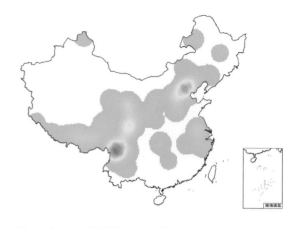

多年生水生草本。茎长 30 厘米以上，无毛或节被毛。叶半圆形或扇状半圆形，三至五回细裂，丝状小裂片在水外通常收拢，无毛或近无毛。花梗无毛；花托被毛；萼片卵状椭圆形，无毛；花瓣白色，基部黄色，倒卵形；雄蕊 10 余枚。聚合果卵圆形；瘦果斜倒卵圆形。

生境　生于山谷溪流、河滩积水地、平原湖中或水塘中，海拔自平原至 3000 多米的高山。

物候　花期 5—8 月。

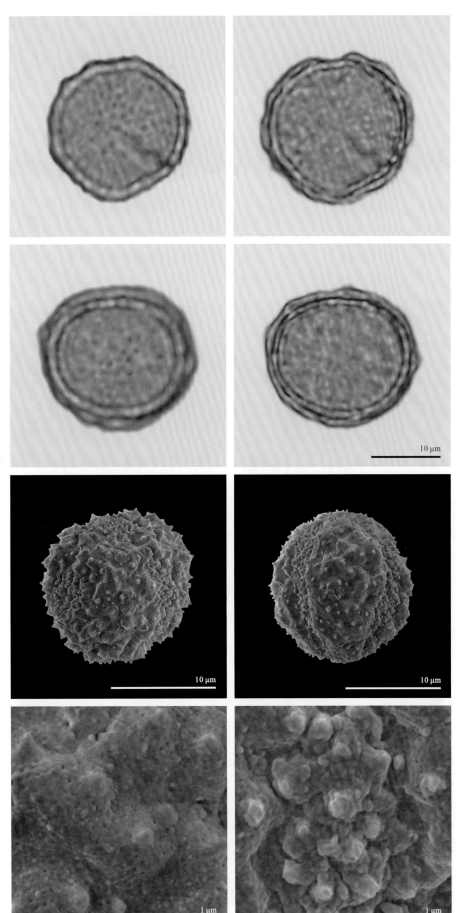

★ 形状大小

花粉单元：单粒

花粉大小：小

★ 萌发区

萌发区个数：3

萌发区类型：沟

状态及特性：萌发区膜具纹饰

★ 极性及形状

极性：等极

形状：球状

极面观外廓：圆形

★ 干花粉形状

形状：球状

极面观外廓：圆形

折叠：不折叠

★ 纹饰

光镜纹饰：具刺

电镜纹饰：具刺，穿孔的

★ 其他

花粉包被：–

乌氏体：无

注释：萌发区具微刺

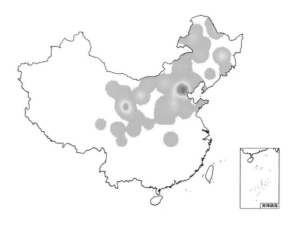

耧斗菜

Aquilegia viridiflora Pall.

多年生草本。基生叶具长柄,二回三出复叶;小叶楔状倒卵形,宽长近相等或更宽,3裂,疏生圆齿,上面无毛,下面被短柔毛或近无毛;茎生叶较小。花序具3~7花。萼片黄绿色,窄卵形;花瓣黄绿色,瓣片宽长圆形,与萼片近等长,距直或稍弯;雄蕊长达2厘米,伸出花外,退化雄蕊长7~8毫米;心皮(4)5(6),子房密被腺毛。蓇葖果。

生境 生于海拔200~2300米山地路旁、河边和潮湿草地。

物候 花期5—7月。

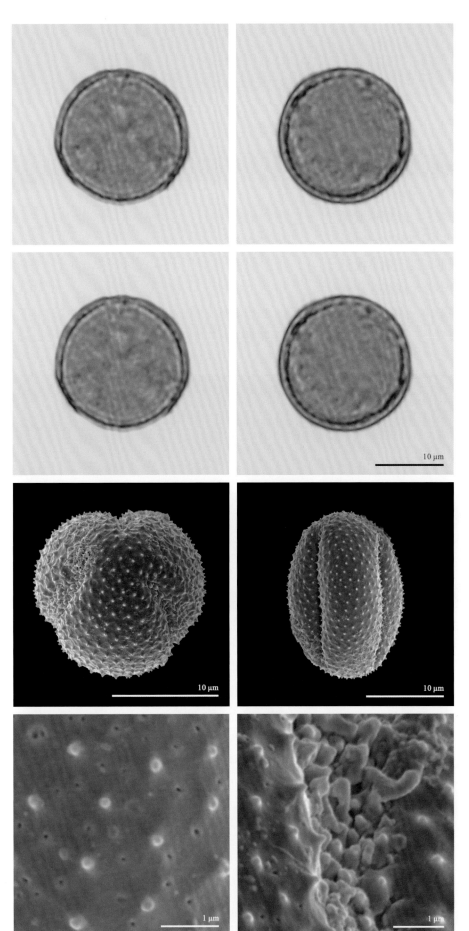

★ 形状大小

花粉单元：单粒

花粉大小：小

★ 萌发区

萌发区个数：3

萌发区类型：沟

状态及特性：萌发区膜具纹饰

★ 极性及形状

极性：等极

形状：等径球状

极面观外廓：圆形

★ 干花粉形状

形状：长球状

极面观外廓：圆形

折叠：萌发区凹陷

★ 纹饰

光镜纹饰：平滑

电镜纹饰：具微刺，穿孔的

★ 其他

花粉包被：—

乌氏体：无

注释：沟膜上密布微刺

金莲花

Trollius chinensis Bunge

一年或多年生草本。叶五角形，基部心形，3裂达中部或稍过中部；叶柄基部具窄鞘；茎生叶似基生叶，下部叶具长柄，上部叶较小，具短柄或无柄。单花顶生或 2~3 朵成聚伞花序；萼片金黄色，椭圆状倒卵形或倒卵形，先端圆形，具三角形或不明显小牙齿；花瓣 18~21，稍长于萼片或与萼片近等长，稀较萼片稍短，条形；心皮 20~30。花柱宿存。种子近倒卵圆形。

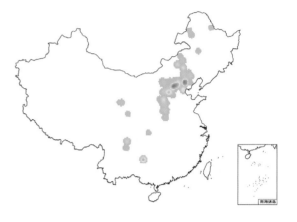

生境　生于海拔 1000~2200 米山地草坡或疏林下。

物候　花期 6—7 月，果期 8—9 月。

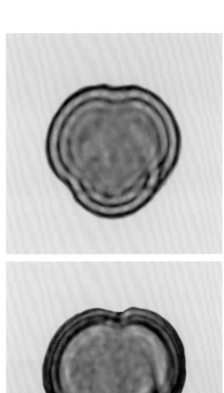

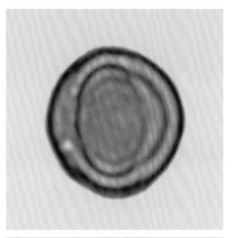

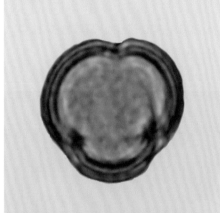

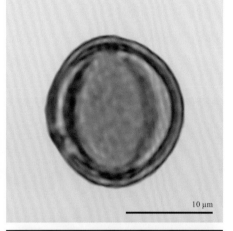

★ 形状大小

花粉单元：单粒

花粉大小：小

★ 萌发区

萌发区个数：3

萌发区类型：沟

状态及特性：萌发区膜具纹饰，具缘

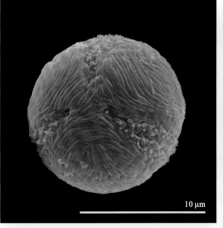

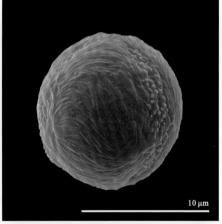

★ 极性及形状

极性：等极

形状：球状

极面观外廓：圆形，浅裂

★ 干花粉形状

形状：球状

极面观外廓：圆形

折叠：不折叠

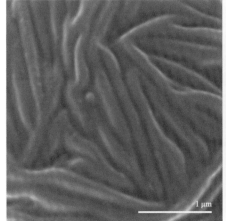

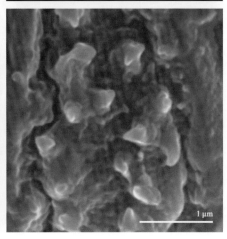

★ 纹饰

光镜纹饰：平滑

电镜纹饰：条纹状

★ 其他

花粉包被：−

乌氏体：有

注释：−

黄花乌头

Aconitum coreanum (Levl.) Rapaics

多年生草本。茎下部叶在开花时枯萎；叶片宽菱状卵形，3全裂。顶生总状花序短，有2~7花；萼片淡黄色，密被曲柔毛，上萼片船状盔形或盔形，下萼片斜椭圆状卵形；花瓣无毛，爪细，瓣片窄长，距极短，头形；花丝疏被短毛；心皮3，子房密被紧贴短柔毛。蓇葖直。种子椭圆形，具3纵棱，表面稍皱，沿棱具窄翅。

生境 生于海拔200~900米山地草坡或疏林中。
物候 花果期8—9月。

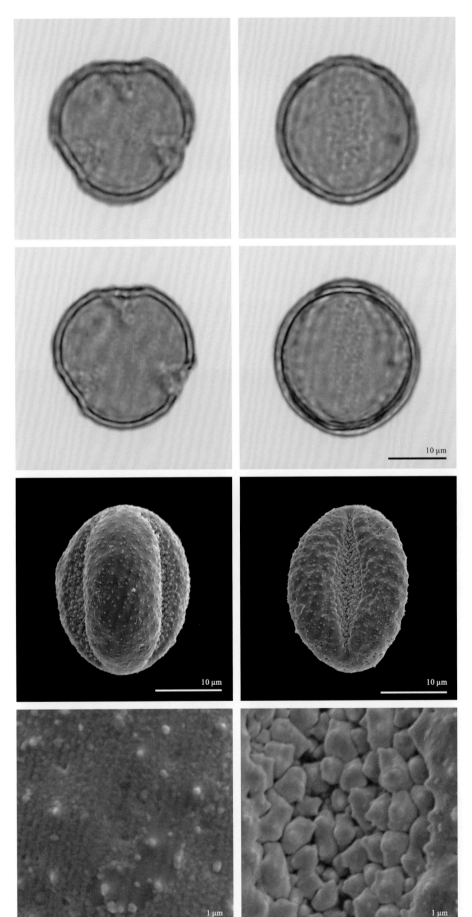

★ 形状大小

花粉单元：单粒

花粉大小：小

★ 萌发区

萌发区个数：3

萌发区类型：沟

状态及特性：萌发区膜具纹饰

★ 极性及形状

极性：等极

形状：球状

极面观外廓：圆形，浅裂

★ 干花粉形状

形状：长球状

极面观外廓：圆形，浅裂

折叠：萌发区凹陷

★ 纹饰

光镜纹饰：平滑

电镜纹饰：具微刺，穿孔的

★ 其他

花粉包被：－

乌氏体：无

注释：沟膜上具刺状纹饰

北乌头

Aconitum kusnezoffii Reichb.

多年生草本。叶片纸质或近革质，五角形，基部心形，3全裂。顶生总状花序，通常与其下的腋生花序形成圆锥花序；下部苞片3裂；小苞片生花梗中部或下部；萼片紫蓝色，上萼片盔形或高盔形，有短或长喙，下萼片长圆形；花瓣无毛，向后弯曲或近拳卷；雄蕊无毛，花丝全缘或有2小齿；心皮（4～）5枚，无毛。蓇葖直；种子扁椭圆球形，沿棱具狭翅，只在一面生横膜翅。

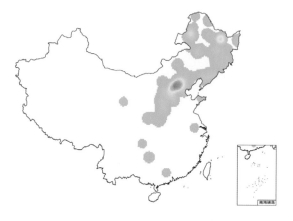

生境　生于山地草坡、疏林中或草甸上。

物候　花果期7—9月。

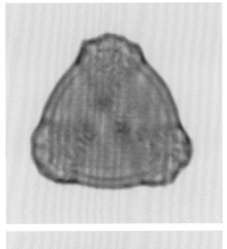
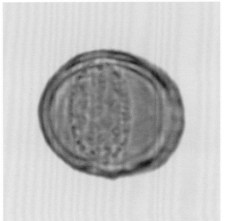

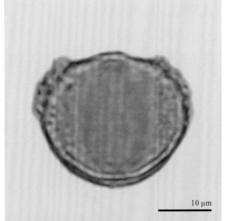

10 μm

★ 形状大小

花粉单元：单粒

花粉大小：中等大小

★ 萌发区

萌发区个数：3

萌发区类型：沟

状态及特性：萌发区膜具纹饰

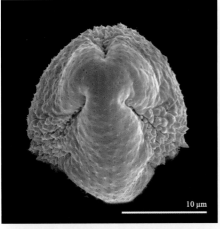
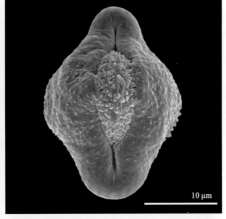

10 μm

10 μm

★ 极性及形状

极性：等极

形状：扁球状

极面观外廓：三角形

★ 干花粉形状

形状：长球状

极面观外廓：三角形

折叠：不折叠

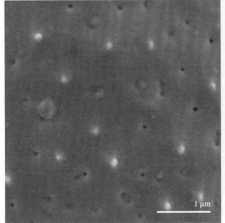

1 μm

1 μm

★ 纹饰

光镜纹饰：平滑

电镜纹饰：具微刺，穿孔的

★ 其他

花粉包被：－

乌氏体：无

注释：沟宽；光镜下沟膜粗糙，突出外壁；电镜下沟膜上密布刺；两极无刺

翠雀

Delphinium grandiflorum L.

多年生草本。基生叶及茎下部叶具长柄；叶圆五角形，3 全裂，中裂片近菱形，一至二回 3 裂至近中脉，侧裂片扇形，不等 2 深裂近基部。总状花序。花梗与序轴密被平伏白色柔毛；小苞片生于花梗中部或上部，与花分开，线形或丝形；萼片紫蓝色，椭圆形或宽椭圆形，距钻形；退化雄蕊的瓣片近圆形或宽倒卵形，腹面中央被黄色髯毛，雄蕊无毛；心皮 3。种子沿棱具翅。

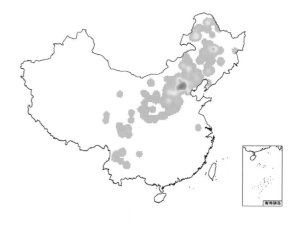

生境　生于海拔 500～2800 米山地草坡或丘陵砂地。

物候　花期 5—10 月。

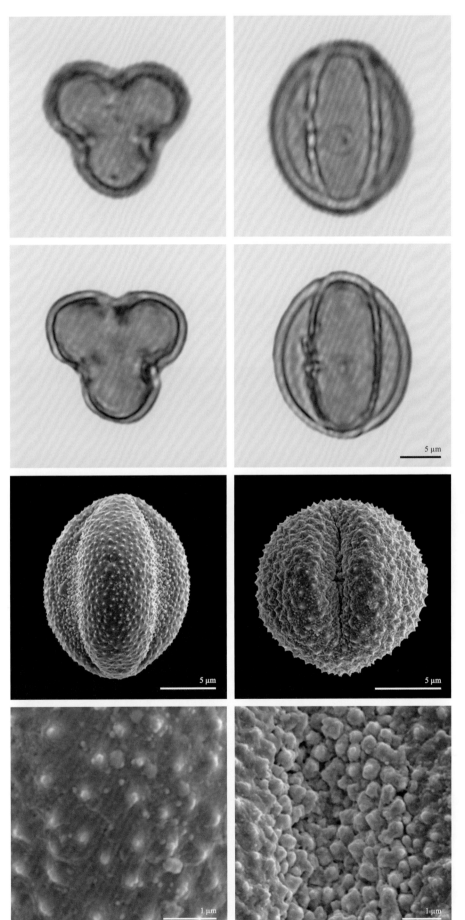

★ 形状大小

花粉单元：单粒

花粉大小：中等大小

★ 萌发区

萌发区个数：3

萌发区类型：沟

状态及特性：萌发区膜具纹饰

★ 极性及形状

极性：等极

形状：长球状

极面观外廓：三角形

★ 干花粉形状

形状：长球状

极面观外廓：—

折叠：萌发区凹陷

★ 纹饰

光镜纹饰：平滑

电镜纹饰：具微刺

★ 其他

花粉包被：—

乌氏体：无

注释：沟膜上密布刺

芹叶铁线莲

Clematis aethusifolia Turcz.

多年生草质藤本。二至三回羽状复叶或羽状细
裂，末回裂片线形。聚伞花序腋生，常1（~3）花；
苞片羽状细裂；花钟状下垂；萼片4枚，淡黄色；
雄蕊长为萼片之半，花丝扁平，线形或披针形，两
端渐窄，中上部被稀疏柔毛，其余无毛；子房扁平，
卵形，被短柔毛，花柱被绢状毛。瘦果扁平，宽卵
形或圆形，成熟后棕红色，被短柔毛，宿存花柱密
被白色柔毛。

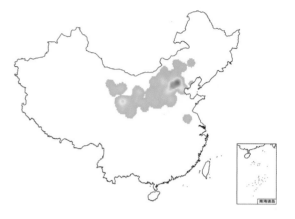

生境　生于山坡及水沟边。

物候　花期7—8月，果期9月。

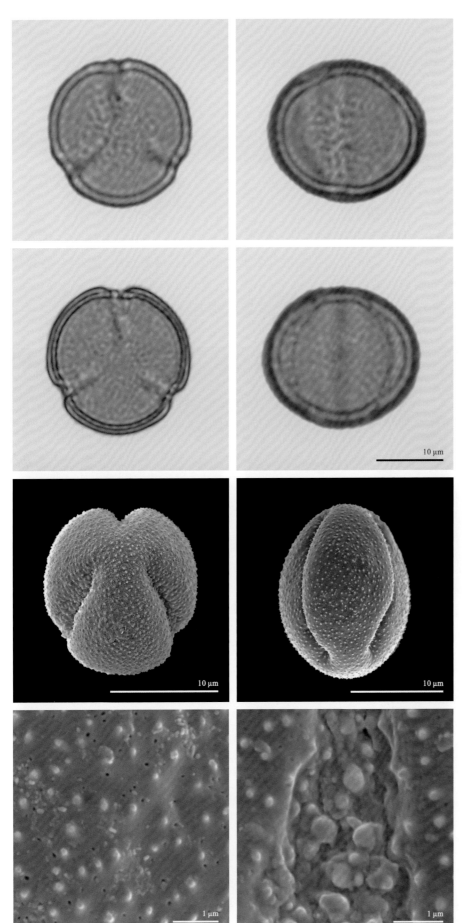

★ 形状大小

花粉单元：单粒

花粉大小：小

★ 萌发区

萌发区个数：3

萌发区类型：沟

状态及特性：萌发区膜具纹饰

★ 极性及形状

极性：等极

形状：扁球状

极面观外廓：圆形，浅裂

★ 干花粉形状

形状：长球状

极面观外廓：圆形，浅裂

折叠：萌发区凹陷

★ 纹饰

光镜纹饰：具刺

电镜纹饰：具微刺，穿孔的

★ 其他

花粉包被：–

乌氏体：无

注释：沟膜上密布微刺

铁线莲

Clematis florida Thunb.

草质藤本。茎，具纵沟，节膨大。二回或一回三出复叶，小叶纸质。窄卵形或披针形，先端尖，基部圆或宽楔形，全缘。花序腋生，1花；苞片宽卵形或卵状三角形；萼片6，白色，平展，倒卵形或菱状倒卵形，沿中脉被绒毛；雄蕊无毛，花药长圆形或线形，顶端钝。瘦果宽倒卵圆形，被柔毛；花柱宿存，下部被开展柔毛，上部无毛。

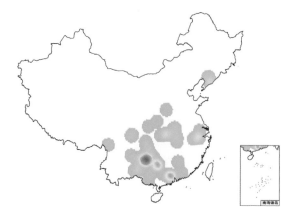

生境　生于低山区的丘陵灌丛中，山谷、路旁及小溪边。常见栽培用作观赏。

物候　花期4—6月。

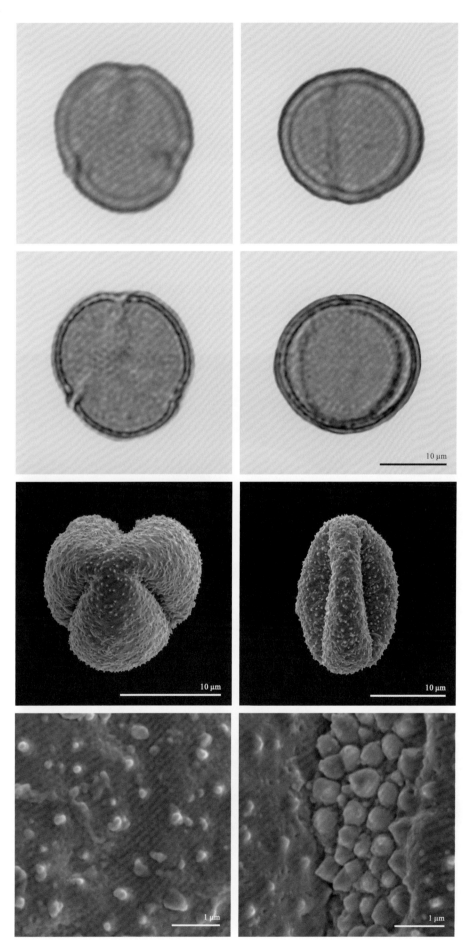

★ 形状大小

花粉单元：单粒

花粉大小：小

★ 萌发区

萌发区个数：3

萌发区类型：沟

状态及特性：萌发区膜具纹饰

★ 极性及形状

极性：等极

形状：球状

极面观外廓：圆形，浅裂

★ 干花粉形状

形状：长球状

极面观外廓：圆形，浅裂

折叠：萌发区凹陷

★ 纹饰

光镜纹饰：具刺

电镜纹饰：具微刺

★ 其他

花粉包被：－

乌氏体：无

注释：－

莲

Nelumbo nucifera Gaertner

多年生水生草本。根茎肥厚，横生地下，节长。叶盾状圆形，伸出水面；叶柄长，中空，常具刺。花单生于花葶顶端。萼片 4~5，早落；花瓣多数，红、粉红或白色，有时变态成雄蕊；雄蕊多数，花丝细长，药隔棒状心皮多数，离生，埋于倒圆锥形花托穴内。坚果椭圆形或卵形，黑褐色。种子卵形或椭圆形，种子红或白色。

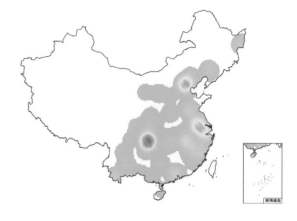

生境　常栽培在池塘或水田内。
物候　花期 6—8 月，果期 8—10 月。

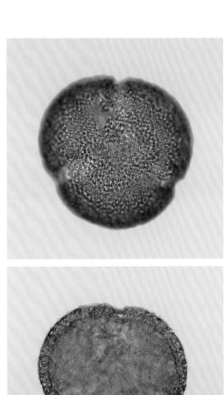
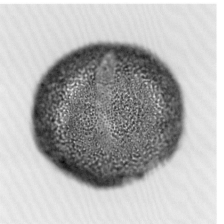

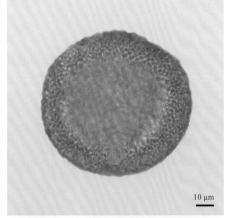

10 μm

★ 形状大小

花粉单元：单粒

花粉大小：大

★ 萌发区

萌发区个数：3

萌发区类型：沟

状态及特性：萌发区膜具纹饰

10 μm   10 μm

★ 极性及形状

极性：等极

形状：球状

极面观外廓：圆形，浅裂

★ 干花粉形状

形状：长球状

极面观外廓：圆形，浅裂

折叠：不折叠

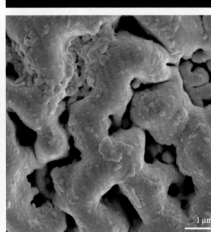

1 μm   1 μm

★ 纹饰

光镜纹饰：棒状

电镜纹饰：具槽（缝）的，穿孔的

★ 其他

花粉包被：—

乌氏体：无

注释：亦可见四合体；沟膜上具大颗粒

连香树

Cercidiphyllum japonicum Sieb. et Zucc.

乔木。短枝叶近圆形、宽卵形或心形，长枝之叶椭圆形或三角形，具圆钝腺齿，两面无毛，下面灰绿色，掌状脉7；叶柄无毛。花两性，雄花常4朵簇生，近无梗，苞片花期红色，膜质，卵形；雌花2~5（~8）朵，簇生。蓇葖果2~4，荚果状，褐或黑色，微弯，先端渐细，花柱宿存。种子数个，扁平四角形，褐色。

生境　生于山谷边缘或林中开阔地的杂木林中，海拔650~2700米。常见园林栽培。

物候　花期4月，果期8月。

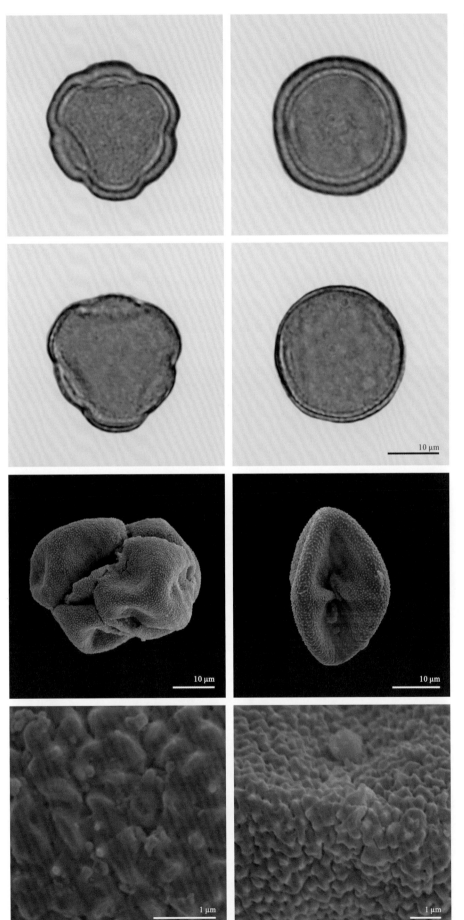

★ 形状大小

花粉单元：单粒

花粉大小：中等大小

★ 萌发区

萌发区个数：3

萌发区类型：沟

状态及特性：萌发区膜具纹饰

★ 极性及形状

极性：等极

形状：球状

极面观外廓：圆形，浅裂

★ 干花粉形状

形状：长球状

极面观外廓：圆形

折叠：萌发区凹陷，不规则折叠

★ 纹饰

光镜纹饰：粗糙状

电镜纹饰：颗粒状

★ 其他

花粉包被：-

乌氏体：无

注释：-

落新妇

Astilbe chinensis (Maxim.) Franch. et Savat.

多年生草本。基生叶为二或三回3出羽状复叶；顶生小叶菱状椭圆形，侧生小叶卵形或椭圆形，基部楔形、浅心形或圆形，上面沿脉生硬毛，下面沿脉疏生硬毛和腺毛；茎生叶2~3，较小。圆锥花序，花序轴密被褐色卷曲长柔毛；苞片卵形。花梗几无；花密集；萼片5，卵形，无毛，边缘具微腺毛；花瓣5，淡紫色，线形，单脉；雄蕊10；心皮2；基部合生。蒴果。

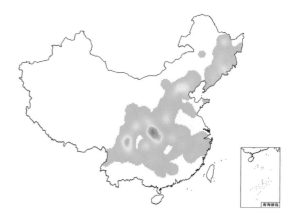

生境　生于海拔390~3600米的山谷、溪边、林下、林缘和草甸等处。

物候　花果期6—9月。

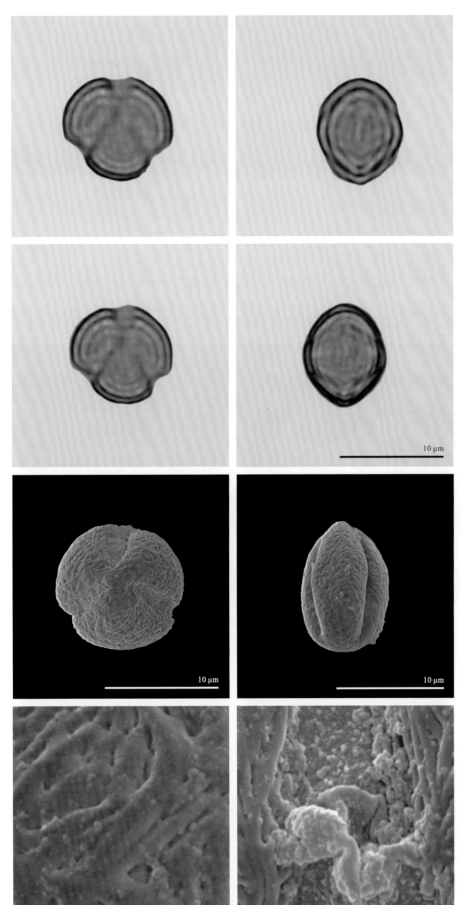

★ 形状大小

花粉单元：单粒

花粉大小：极小

★ 萌发区

萌发区个数：3

萌发区类型：沟

状态及特性：萌发区膜具纹饰

★ 极性及形状

极性：等极

形状：长球状

极面观外廓：圆形，浅裂

★ 干花粉形状

形状：长球状

极面观外廓：圆形，浅裂

折叠：萌发区凹陷

★ 纹饰

光镜纹饰：平滑

电镜纹饰：条纹状，条纹–微孔状

★ 其他

花粉包被：–

乌氏体：无

注释：–

垂柳

Salix babylonica L.

乔木。叶窄披针形或线状披针形，基部楔形。花序先叶开放，或与叶同放；雄花有短梗，轴有毛；雄蕊 2，花丝与苞片近等长或较长，基部多少有长毛，花药红黄色；苞片披针形，外面有毛；腺体 2；雌花序有梗，基部有 3～4 小叶，轴有毛；子房无柄或近无柄，花柱短，柱头 2～4 深裂；苞片披针形，外面有毛；腺体 1。蒴果。

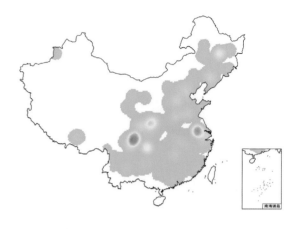

生境　耐水湿，也能生于干旱处。常见绿化栽培。
物候　花期 3—4 月，果期 4—5 月。

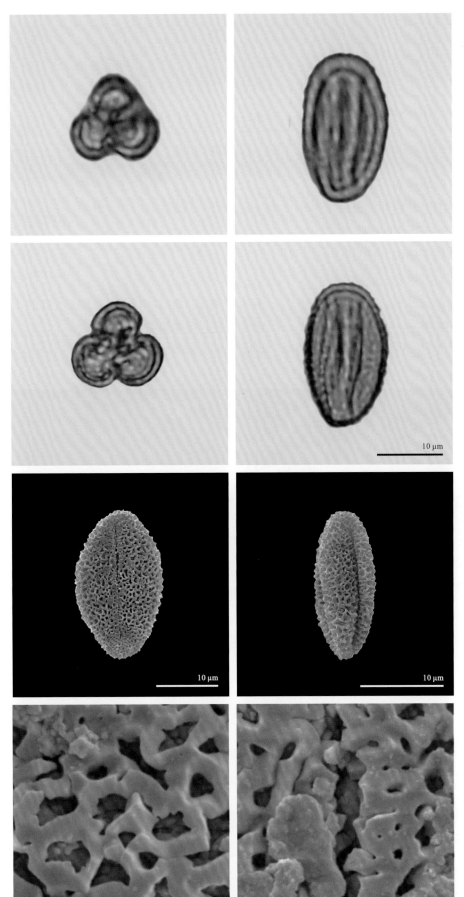

★ 形状大小

花粉单元：单粒

花粉大小：中等大小

★ 萌发区

萌发区个数：3

萌发区类型：沟

状态及特性：–

★ 极性及形状

极性：等极

形状：长球状

极面观外廓：三角形

★ 干花粉形状

形状：长球状

极面观外廓：–

折叠：萌发区凹陷

★ 纹饰

光镜纹饰：网状

电镜纹饰：微网状

★ 其他

花粉包被：–

乌氏体：无

注释：–

细裂枫 细裂槭

Acer pilosum var. *stenolobum* (Rehder) W. P. Fang

　　小乔木。叶纸质，深3裂；叶柄细瘦。伞房花序无毛。雄花与两性花同株；萼片5，卵形，边缘或近先端有纤毛，花瓣5；雄蕊5，花药卵圆形；两性花的子房有疏柔毛，花柱2裂达于中段，柱头反卷，雄花的雄蕊不发育。翅果嫩时淡绿色，成熟后淡黄色，小坚果凸起，近于卵圆形或球形，直径约6毫米，翅近于长圆形，宽8~10毫米，连同小坚果长约2.0~2.5厘米，张开成钝角或近于直角。

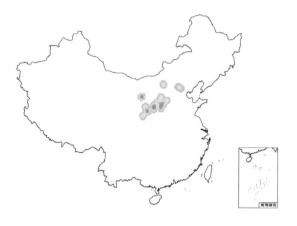

生境　多生于海拔1000~1500米比较阴湿的山坡或沟底。也常见栽培。

物候　花期4月，果期9月。

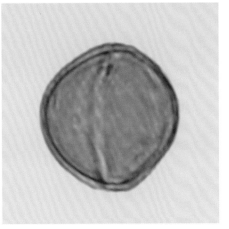

★ 形状大小

花粉单元：单粒

花粉大小：小

★ 萌发区

萌发区个数：3

萌发区类型：沟

状态及特性：–

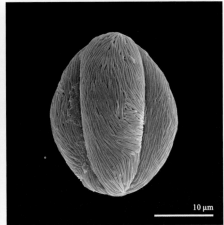

★ 极性及形状

极性：等极

形状：球状

极面观外廓：圆形，浅裂

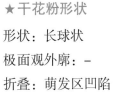

★ 干花粉形状

形状：长球状

极面观外廓：–

折叠：萌发区凹陷

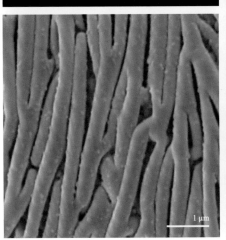

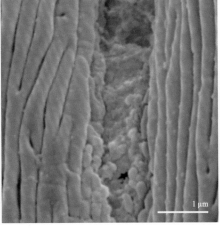

★ 纹饰

光镜纹饰：条纹状

电镜纹饰：条纹状

★ 其他

花粉包被：–

乌氏体：无

注释：–

天山枫 天山槭

Acer tataricum subsp. *semenovii* (Regel & Herder) A. E. Murray

小乔木或灌木状。叶近革质，长卵形或三角状卵形，基部3片较大，侧裂片小，疏生不规则圆齿及重锯齿，下面淡绿色；叶柄细，无毛。伞房花序多花密集，被腺毛。花淡绿色。翅果两翅成直角，小坚果幼时疏被柔毛及腺毛，果翅基部较窄，上部半圆形，幼时淡红色，熟后淡黄色。

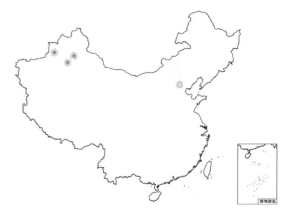

生境　生于海拔 2000 ~ 2200 米的河谷和斜坡的疏林中。也常见栽培。

物候　花期 5—6 月，果期 9 月。

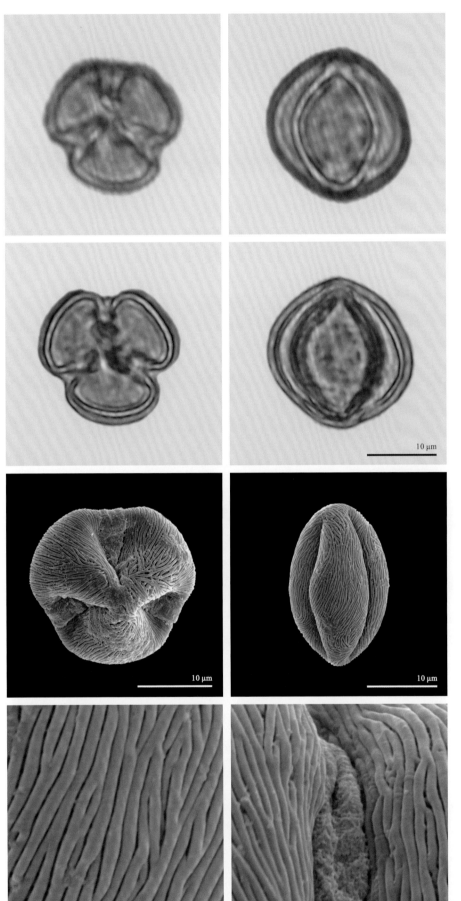

★ 形状大小

花粉单元：单粒

花粉大小：小

★ 萌发区

萌发区个数：3

萌发区类型：沟

状态及特性：萌发区膜光滑

★ 极性及形状

极性：等极

形状：球状

极面观外廓：圆形，浅裂

★ 干花粉形状

形状：长球状

极面观外廓：圆形，浅裂

折叠：萌发区凹陷

★ 纹饰

光镜纹饰：平滑

电镜纹饰：条纹状

★ 其他

花粉包被：—

乌氏体：无

注释：光镜下刺明显

元宝枫 元宝槭

Acer truncatum Bunge

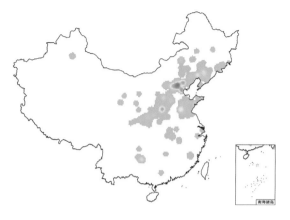

　　落叶乔木。单叶，深裂。伞房花序顶生；雄花与两性花同株。萼片5，黄绿色；花瓣5，黄或白色，矩圆状倒卵形；雄蕊8，着生于花盘内缘。小坚果果核扁平，脉纹明显，基部平截或稍圆，翅矩圆形，常与果核近等长，两翅成钝角。

生境　生于海拔400～1000米的疏林中。常见栽培。

物候　花期5月，果期9月。

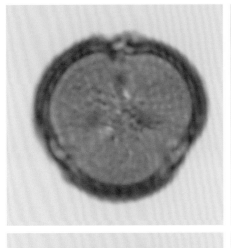
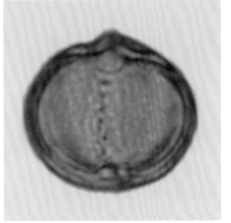

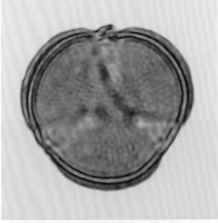
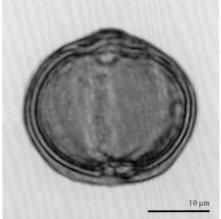

★ 形状大小

花粉单元：单粒

花粉大小：中等大小

★ 萌发区

萌发区个数：3

萌发区类型：沟

状态及特性：萌发区膜具纹饰

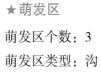 10 μm

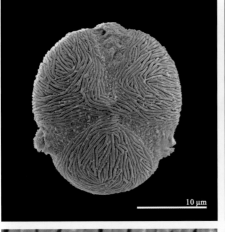

★ 极性及形状

极性：等极

形状：扁球状

极面观外廓：圆形，浅裂

★ 干花粉形状

形状：长球状

极面观外廓：圆形，浅裂

折叠：萌发区凹陷

 10 μm

★ 纹饰

光镜纹饰：条纹状

电镜纹饰：条纹状

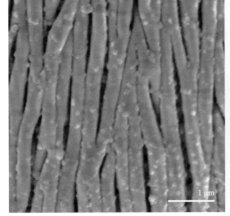
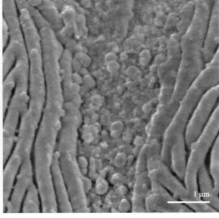

★ 其他

花粉包被：—

乌氏体：无

注释：条纹上有小颗粒

诸葛菜 二月兰

Orychophragmus violaceus (L.) O. E. Schulz

一年生或二年生草本。基生叶心形，锯齿不整齐；下部茎生叶大头羽状深裂或全裂，顶裂片卵形或三角状卵形，全缘、有牙齿、钝齿或缺刻，基部心形，有不规则钝齿，侧裂片 2～6 对，斜卵形、卵状心形或三角形，全缘或有齿；上部叶长圆形或窄卵形，基部耳状抱茎，锯齿不整齐。花紫或白色；萼片紫色；花瓣宽倒卵形。长角果线形，具 4 棱。种子卵圆形或长圆形，黑棕色，有纵条纹。

生境　生于平原、山地、路旁或地边。
物候　花期3—5月，果期5—6月。

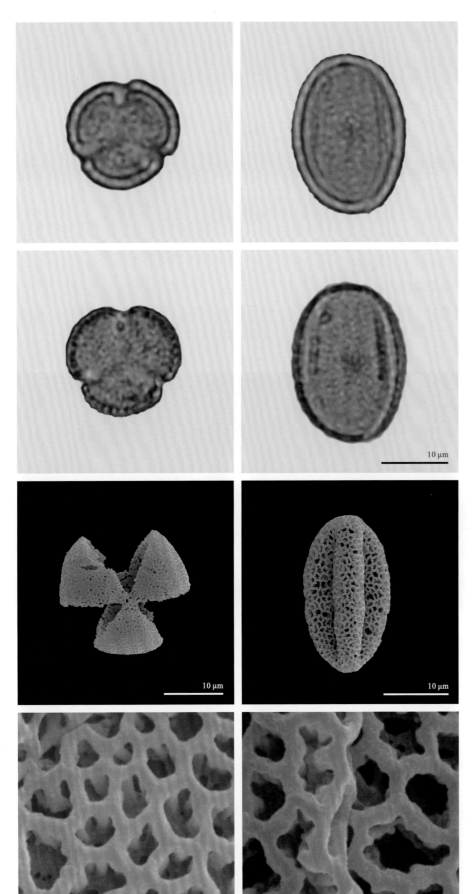

★ 形状大小

花粉单元：单粒

花粉大小：小

★ 萌发区

萌发区个数：3

萌发区类型：沟

状态及特性：–

★ 极性及形状

极性：等极

形状：长球状

极面观外廓：圆形，浅裂

★ 干花粉形状

形状：长球状

极面观外廓：圆形，浅裂

折叠：萌发区凹陷

★ 纹饰

光镜纹饰：网状

电镜纹饰：微网状

★ 其他

花粉包被：–

乌氏体：无

注释：–

荠

Capsella bursa-pastoris (L.) Medic.

一年或二年生草本。基生叶丛生呈莲座状，大头羽状分裂，顶裂片卵形至长圆形，侧裂片 3~8 对，长圆形至卵形，顶端渐尖，浅裂；茎生叶窄披针形或披针形，基部箭形，抱茎，边缘有缺刻或锯齿。总状花序顶生及腋生；花萼片长圆形；花瓣白色，卵形，有短爪。短角果倒三角形或倒心状三角形，扁平，无毛，裂瓣具网脉。种子 2 行，长椭圆形，浅褐色。

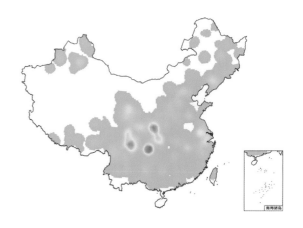

生境　生于山坡、田边及路旁。
物候　花果期 4—6 月。

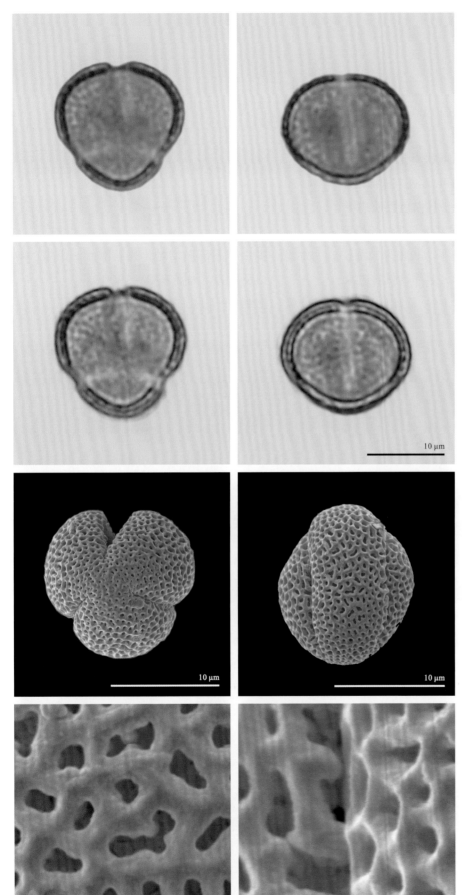

★ 形状大小

花粉单元：单粒

花粉大小：小

★ 萌发区

萌发区个数：3

萌发区类型：沟

状态及特性：−

★ 极性及形状

极性：等极

形状：扁球状

极面观外廓：圆形，浅裂

★ 干花粉形状

形状：长球状

极面观外廓：圆形，浅裂

折叠：萌发区凹陷

★ 纹饰

光镜纹饰：网状

电镜纹饰：微网状

★ 其他

花粉包被：−

乌氏体：无

注释：−

花旗杆

Dontostemon dentatus (Bunge) Ledeb.

二年生草本。叶互生，椭圆状披针形，边缘具疏齿，两面微被毛，具柄或部分叶具柄。总状花序顶生。萼片椭圆形，背面稍被毛，具白色膜质边缘；花瓣淡紫色，倒卵形，先端钝，基部具爪；长雄蕊花丝成对连合几达花药，花丝扁平。长角果长圆柱形，无毛。种子褐色，长椭圆形，上部具膜质边缘；子叶缘倚胚根。

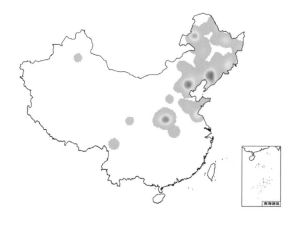

生境　多生于石砾质山地、岩石隙间、山坡、林边及路旁，海拔 870 ~ 1900 米。

物候　花期 5—7 月，果期 7—8 月。

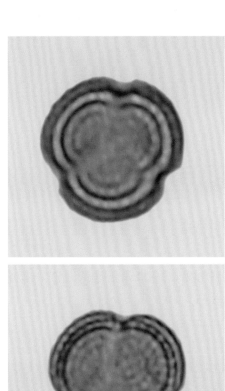
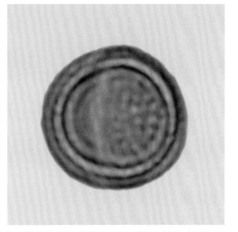

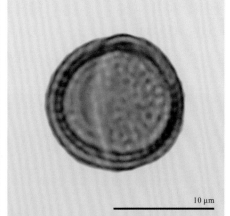

★ 形状大小

花粉单元：单粒

花粉大小：极小

★ 萌发区

萌发区个数：3

萌发区类型：沟

状态及特性：–

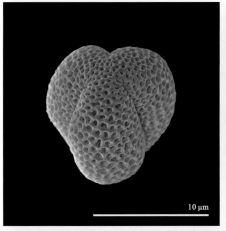

★ 极性及形状

极性：等极

形状：长球状

极面观外廓：圆形，浅裂

★ 干花粉形状

形状：长球状

极面观外廓：圆形，浅裂

折叠：萌发区凹陷

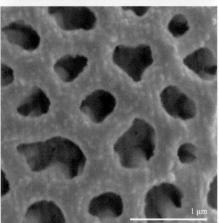

★ 纹饰

光镜纹饰：网状

电镜纹饰：网状

★ 其他

花粉包被：–

乌氏体：无

注释：–

小花糖芥

Erysimum cheiranthoides L.

一年生草本。茎被丁字毛。基生叶莲座状，被丁字毛和 3 叉毛；茎生叶披针形或线形，具波状疏齿或近全缘，两面具 3 叉毛。总状花序。萼片长圆形或线形，外面有 3 叉毛；花瓣淡黄色，匙形，先端圆或平截，基部具爪。长角果圆柱形，具 4 棱，长 2～4 厘米，具 3 叉毛；柱头头状；果柄粗。种子卵圆形，淡褐色。

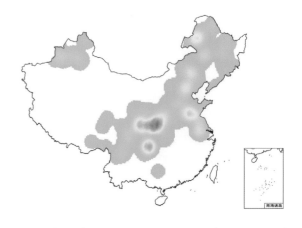

生境　生于海拔 500～2000 米山坡、山谷、路旁及村旁荒地。

物候　花果期 5—6 月。

★ 形状大小

花粉单元：单粒

花粉大小：小

★ 萌发区

萌发区个数：3

萌发区类型：沟

状态及特性：–

★ 极性及形状

极性：等极

形状：长球状

极面观外廓：圆形，浅裂

★ 干花粉形状

形状：长球状

极面观外廓：圆形，浅裂

折叠：萌发区凹陷

★ 纹饰

光镜纹饰：网状

电镜纹饰：微网状

★ 其他

花粉包被：–

乌氏体：无

注释：–

柽柳

Tamarix chinensis Lour.

　　小乔木或灌木。叶鲜绿色,钻形或卵状披针形,背面有龙骨状突起,先端内弯。每年开花 2～3 次;春季总状花序侧生于去年生小枝,下垂;夏秋总状花序,生于当年生枝顶端,组成顶生长圆形或窄三角形。花梗纤花瓣卵状椭圆形或椭圆－裂片再裂成 10 裂片状,紫红色,肉质;雄蕊 5,花丝着生于花盘裂片间;花柱 3,棍棒状。蒴果圆锥形。

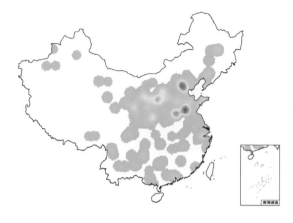

生境　喜生于河流冲积平原,海滨、滩头、潮湿盐碱地和沙荒地。

物候　花果期 4—9 月。

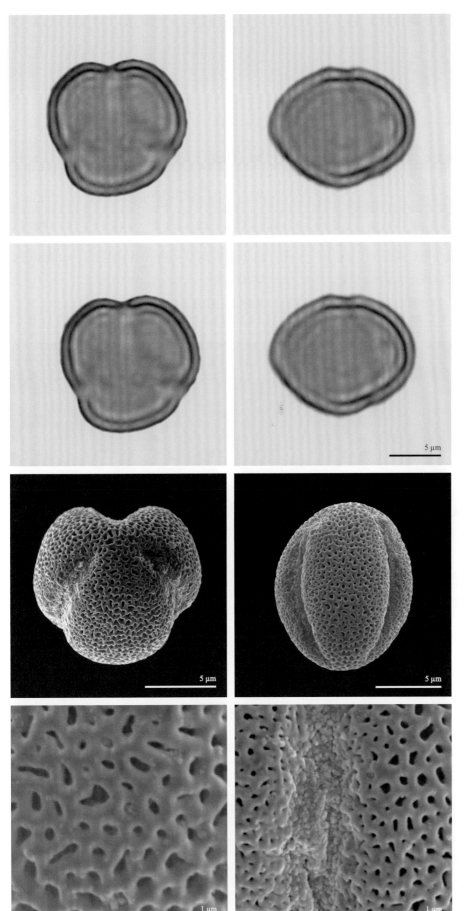

★ 形状大小

花粉单元：单粒

花粉大小：小

★ 萌发区

萌发区个数：3

萌发区类型：沟

状态及特性：萌发区膜具纹饰

★ 极性及形状

极性：等极

形状：扁球状

极面观外廓：圆形，浅裂

★ 干花粉形状

形状：长球状

极面观外廓：圆形，浅裂

折叠：萌发区凹陷

★ 纹饰

光镜纹饰：平滑

电镜纹饰：微网状

★ 其他

花粉包被：-

乌氏体：无

注释：-

商陆

Phytolacca acinosa Roxb.

多年生草本。叶薄纸质，椭圆形或披针状椭圆形，先端尖或渐尖，基部楔形。总状花序圆柱状，直立，多花密生。花两性；花被片5，白或黄绿色，椭圆形或卵形；雄蕊8~10，花丝白色，钻形，宿存，花药椭圆形，粉红色；心皮分离，花柱短，直立，顶端下弯。果序直立；浆果扁球形，径约7毫米，紫黑色。种子肾形，黑色，具3棱，平滑。

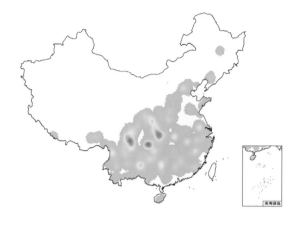

生境　生于海拔500~3400米的沟谷、山坡林下、林缘路旁。

物候　花期5—8月，果期6—10月。

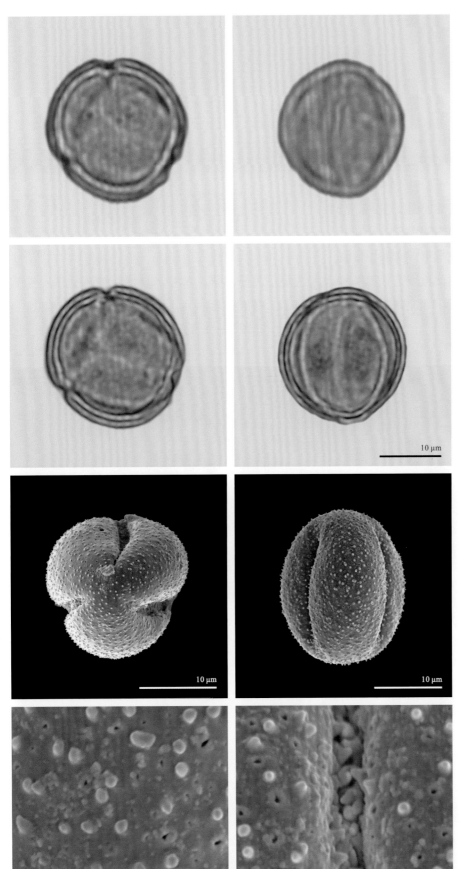

★ 形状大小

花粉单元：单粒

花粉大小：中等大小

★ 萌发区

萌发区个数：3

萌发区类型：沟

状态及特性：萌发区膜具纹饰

★ 极性及形状

极性：等极

形状：长球状

极面观外廓：圆形，浅裂

★ 干花粉形状

形状：长球状

极面观外廓：圆形，浅裂

折叠：萌发区凹陷

★ 纹饰

光镜纹饰：粗糙状

电镜纹饰：具微刺，穿孔的

★ 其他

花粉包被：—

乌氏体：无

注释：—

鸡矢藤

Paederia foetida L.

藤本。叶卵形、卵状长圆形或披针形，先端短尖或渐尖，基部楔形、近圆或平截，侧脉 4~6 对；托叶三角形。圆锥聚伞花序腋生和顶生，宽展，分枝对生，末次分枝着生的花常蝎尾状排列；小苞片披针形。花梗短或无梗；萼筒陀螺形，萼裂片 5；花冠浅紫色，外面被粉状柔毛，内面被绒毛，裂片 5。果球形，成熟时近黄色，有光泽；小坚果无翅，浅黑色。

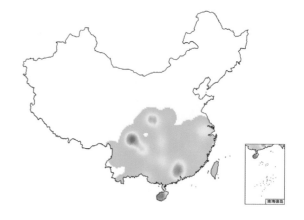

生境　生于山坡、林中、林缘、沟谷边灌丛中或缠绕在灌木上。入侵种、北京野外常见。

物候　花期 5—7 月，果期 8—10 月。

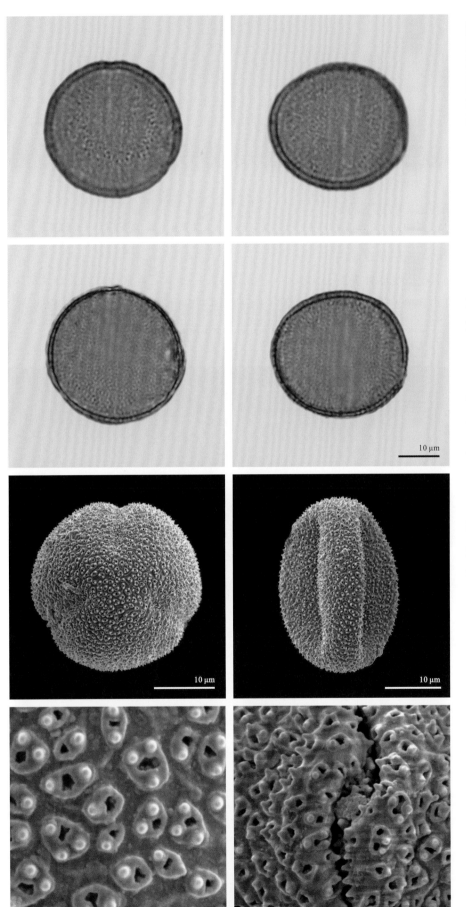

★ 形状大小

花粉单元：单粒

花粉大小：中等大小

★ 萌发区

萌发区个数：3

萌发区类型：沟

状态及特性：萌发区膜具纹饰

★ 极性及形状

极性：等极

形状：球状

极面观外廓：圆形

★ 干花粉形状

形状：长球状

极面观外廓：圆形，浅裂

折叠：萌发区凹陷

★ 纹饰

光镜纹饰：粗糙状

电镜纹饰：具微刺，穿孔的

★ 其他

花粉包被：−

乌氏体：无

注释：−

薄皮木

Leptodermis oblonga Bunge

灌木。叶纸质，披针形、椭圆形或近卵形；托叶基部宽三角形。花无梗，常 3 ~ 7 朵簇生枝顶，稀枝上部腋生；小苞片卵形，合生，萼裂片宽卵形；花冠淡紫红色，漏斗状，裂片窄三角形或披针形；短柱花雄蕊微伸出，花药线形，长柱花雄蕊内藏，花药线状长圆形；花柱具 4 ~ 5 个线形柱头裂片，长柱花微伸出，短柱花内藏。蒴果。假种皮与种皮分离。

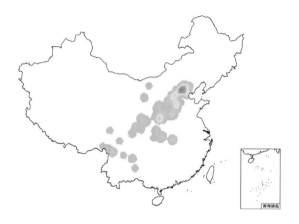

生境　生于山坡、路边等向阳处，亦见于灌丛中。

物候　花期 6—8 月，果期 10 月。

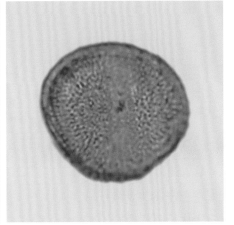

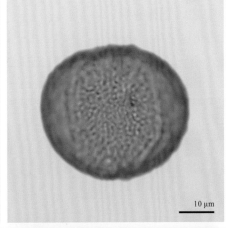

★ 形状大小

花粉单元：单粒

花粉大小：中等大小

★ 萌发区

萌发区个数：3

萌发区类型：沟

状态及特性：萌发区膜具纹饰

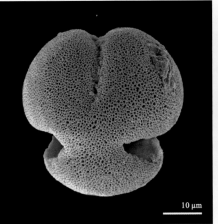
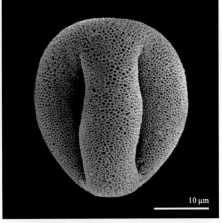

★ 极性及形状

极性：等极

形状：扁球状

极面观外廓：圆形，浅裂

★ 干花粉形状

形状：长球状

极面观外廓：圆形，浅裂

折叠：萌发区凹陷

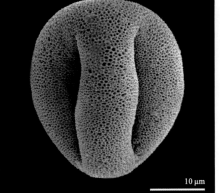
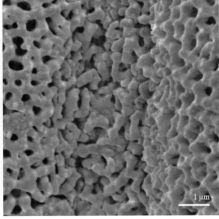

★ 纹饰

光镜纹饰：网状

电镜纹饰：微网状

★ 其他

花粉包被：－

乌氏体：无

注释：－

田旋花

Convolvulus arvensis L.

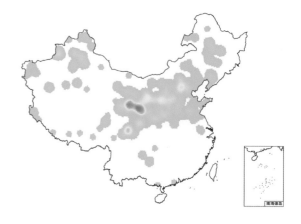

多年生草本。具木质根状茎。茎平卧或缠绕。叶卵形、卵状长圆形或披针形，先端钝，基部戟形、箭形或心形，全缘或 3 裂。聚伞花序腋生，具 1~3 花；苞片 2，线形。萼片，外 2 片长圆状椭圆形，内萼片近圆形；花冠白或淡红色，宽漏斗形，冠檐 5 浅裂；雄蕊稍不等长，长约花冠之半，花丝被小鳞毛；柱头线形。蒴果无毛。

生境　生于耕地及荒坡草地上。

物候　花期 5—8 月，果期 7—9 月。

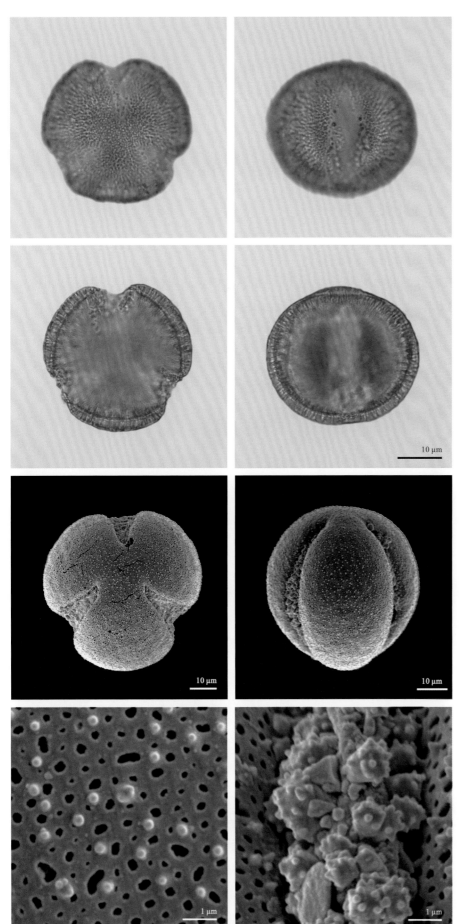

★ 形状大小

花粉单元：单粒

花粉大小：中等大小

★ 萌发区

萌发区个数：3

萌发区类型：沟

状态及特性：萌发区膜具纹饰

★ 极性及形状

极性：等极

形状：球状

极面观外廓：圆形，浅裂

★ 干花粉形状

形状：长球状

极面观外廓：圆形，浅裂

折叠：萌发区凹陷

★ 纹饰

光镜纹饰：网状

电镜纹饰：具微刺，穿孔的

★ 其他

花粉包被：–

乌氏体：无

注释：–

连翘

Forsythia suspensa (Thunb.) Vahl

落叶灌木。小枝略呈四棱形。叶通常为单叶，或 3 裂至三出复叶，叶片卵形、宽卵形或椭圆状卵形。花通常单生或 2 至数朵着生于叶腋，先于叶开放；花萼绿色，裂片长圆形或长圆状椭圆形，先端钝或锐尖，边缘具睫毛，与花冠管近等长；花冠黄色，裂片倒卵状长圆形或长圆形。果卵球形、卵状椭圆形或长椭圆形，先端喙状渐尖，表面疏生皮孔。

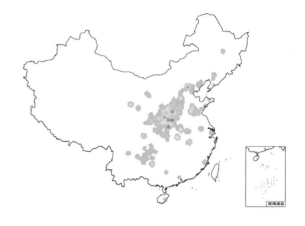

生境　生于山坡灌丛、林下或草丛中，或山谷、山沟疏林中。常见绿化栽培。

物候　花期 3—4 月，果期 7—9 月。

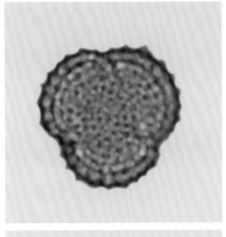
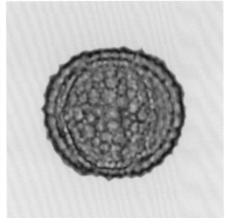

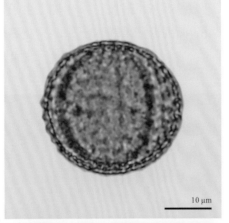

10 μm

10 μm

10 μm

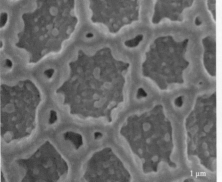
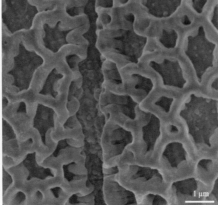

1 μm

1 μm

★形状大小

花粉单元：单粒

花粉大小：中等大小

★萌发区

萌发区个数：3

萌发区类型：沟

状态及特性：–

★极性及形状

极性：等极

形状：球状

极面观外廓：圆形，浅裂

★干花粉形状

形状：球状

极面观外廓：圆形，浅裂

折叠：萌发区凹陷

★纹饰

光镜纹饰：网状

电镜纹饰：网状

★其他

花粉包被：–

乌氏体：无

注释：–

迎春花

Jasminum nudiflorum Lindl.

落叶灌木。小枝棱上多少具窄翼。叶对生，三出复叶，小枝基部常具单叶；叶柄窄翼；小叶卵形或椭圆形，先端具短尖头，基部楔形：顶生小叶无柄或有短柄，侧生小叶无柄。花单生于去年生小枝叶腋；苞片小叶状。花萼绿色，裂片 5~6，窄披针形；花冠黄色，花冠筒裂片 5~6，椭圆形。果椭圆形。

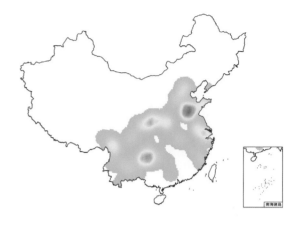

生境　生于山坡灌丛中，海拔 800~2000 米。常见绿化栽培。

物候　花果期 4—5 月。

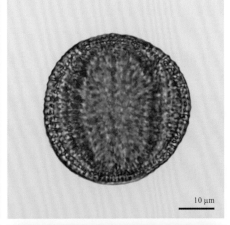

★ 形状大小

花粉单元：单粒

花粉大小：中等大小

★ 萌发区

萌发区个数：3

萌发区类型：沟

状态及特性：–

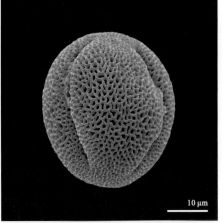

★ 极性及形状

极性：等极

形状：长球状，球状

极面观外廓：圆形，浅裂

★ 干花粉形状

形状：长球状

极面观外廓：圆形，浅裂

折叠：萌发区凹陷

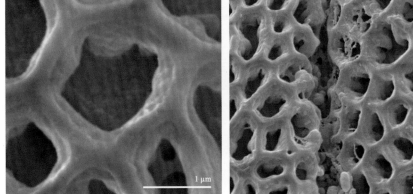

★ 纹饰

光镜纹饰：网状

电镜纹饰：网状

★ 其他

花粉包被：–

乌氏体：无

注释：–

细叶穗花 细叶婆婆纳

Pseudolysimachion linariifolium (Pall. ex Link) T. Yamaz.

多年生草本。根状茎短。叶全部互生或下部的对生，条形至条状长椭圆形，下端全缘而中上端边缘有三角状锯齿，极少整片叶全缘的，两面无毛或被白色柔毛。总状花序单支或数支复出，长穗状；花梗被柔毛；花冠蓝色、紫色，少白色，后方裂片卵圆形，其余3枚卵形；花丝无毛，伸出花冠。蒴果。

生境　生于草甸、草地、灌丛及疏林下。
物候　花期6—9月。

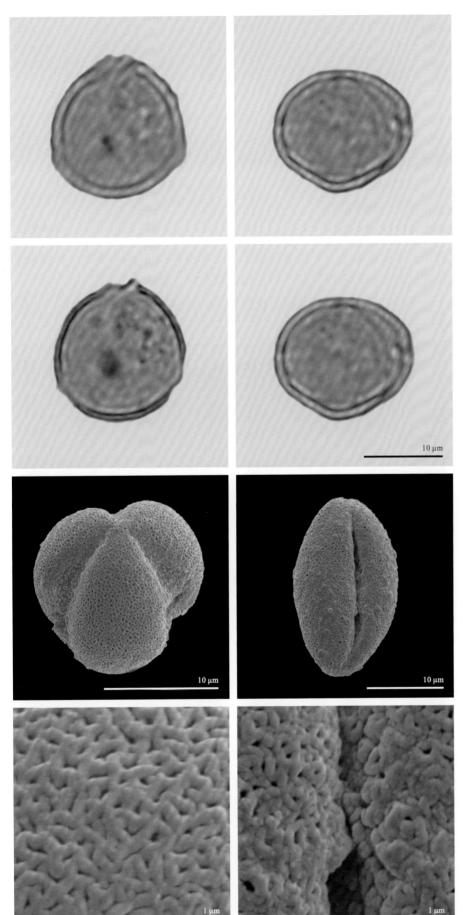

★ 形状大小

花粉单元：单粒

花粉大小：小

★ 萌发区

萌发区个数：3

萌发区类型：沟

状态及特性：萌发区膜具纹饰

★ 极性及形状

极性：等极

形状：扁球状

极面观外廓：圆形

★ 干花粉形状

形状：长球状

极面观外廓：圆形，浅裂

折叠：萌发区凹陷

★ 纹饰

光镜纹饰：平滑

电镜纹饰：蠕虫状，穿孔的

★ 其他

花粉包被：－

乌氏体：无

注释：－

紫珠

Callicarpa bodinieri Levl.

灌木。小枝、叶柄及花序被星状毛。叶卵状长椭圆形或椭圆形，先端渐尖或尾尖，基部楔形，具细锯齿，上面被短柔毛，下面被星状绒毛，两面被深红色腺点。花序4~5歧分枝。花萼被星状毛及深红色腺点，萼齿钝三角形；花冠紫色，被星状柔毛及深红色腺点；花药椭圆形，药隔被红色腺点；子房被毛。果球形，紫色。

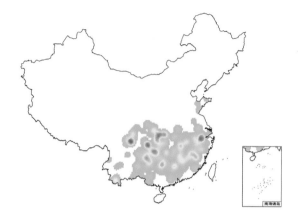

生境　生于海拔200~2300米的林中、林缘及灌丛中。常见绿化栽培。

物候　花期6—7月，果期8—11月。

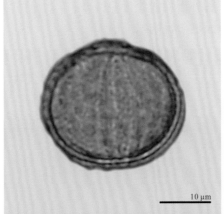

★ 形状大小

花粉单元：单粒

花粉大小：中等大小

★ 萌发区

萌发区个数：3

萌发区类型：沟

状态及特性：萌发区膜具纹饰

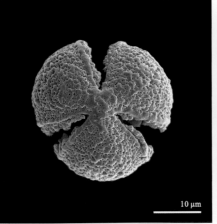
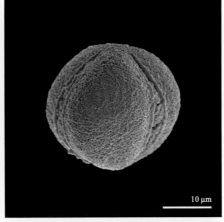

★ 极性及形状

极性：等极

形状：球状

极面观外廓：圆形

★ 干花粉形状

形状：球状

极面观外廓：圆形

折叠：不折叠

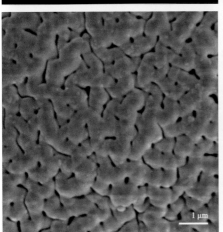
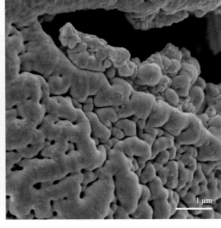

★ 纹饰

光镜纹饰：粗糙状

电镜纹饰：微网状

★ 其他

花粉包被：－

乌氏体：无

注释：沟宽

糙苏

Phlomis umbrosa Turcz.

多年生草本。茎四棱。叶近圆形、圆卵形至卵状长圆形。轮伞花序通常 4～8 花，多数；苞片线状钻形，常紫红色。花萼管状，外面被星状微柔毛，齿先端具小刺尖。花冠通常粉红色，下唇较深色，常具红色斑点，冠檐二唇形，下唇外面除边缘无毛外密被绢状柔毛，3 圆裂，裂片卵形或近圆形，中裂片较大。雄蕊内藏，花丝无毛，无附属器。小坚果无毛。

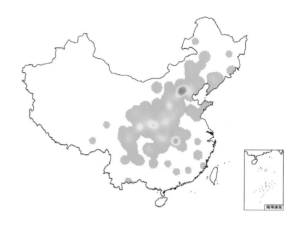

生境　生于疏林下或草坡上，海拔 200～3200 米。

物候　花期 6—9 月，果期 9 月。

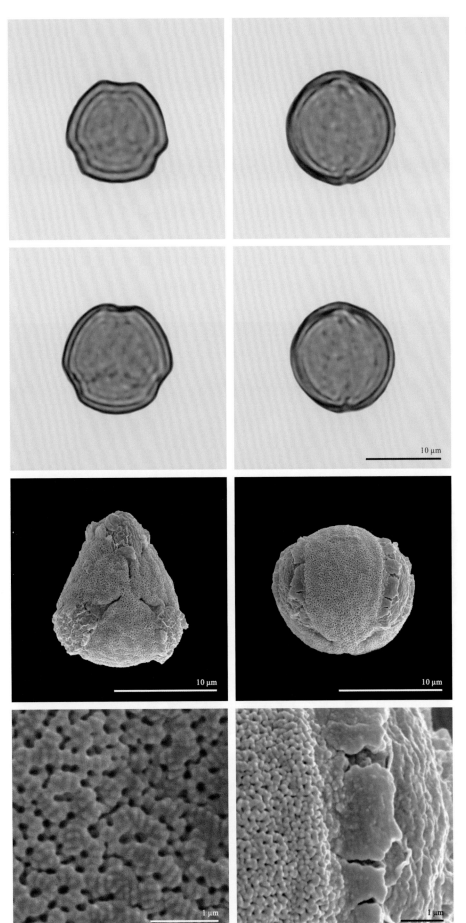

★ 形状大小

花粉单元：单粒

花粉大小：小

★ 萌发区

萌发区个数：3

萌发区类型：沟

状态及特性：萌发区膜具纹饰，具缘

★ 极性及形状

极性：等极

形状：球状

极面观外廓：圆形，浅裂

★ 干花粉形状

形状：球状

极面观外廓：三角形

折叠：不折叠

★ 纹饰

光镜纹饰：粗糙状

电镜纹饰：微网状

★ 其他

花粉包被：－

乌氏体：无

注释：－

海州常山

Clerodendrum trichotomum Thunb.

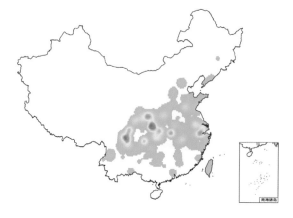

小乔木或灌木状。叶卵形或卵状椭圆形，先端渐尖，基部宽楔形或平截，全缘，稀波状，两面幼时被白色柔毛。伞房状聚伞花序；苞片椭圆形，早落。花萼绿白或紫红色，5棱，裂片三角状披针形；花冠白或粉红，芳香，裂片长椭圆形。核果近球形，蓝紫色，为宿萼包被。

生境　生于海拔 2400 米以下的山坡灌丛中。
物候　花果期 6—11 月。

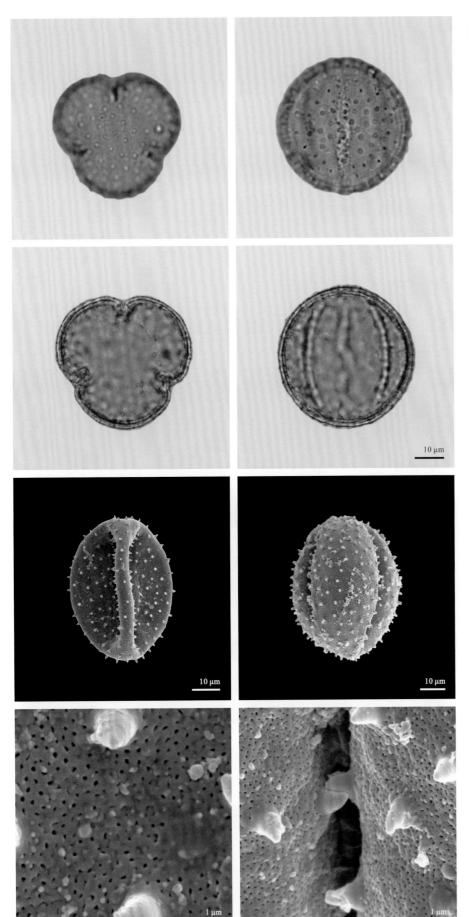

★ 形状大小

花粉单元：单粒

花粉大小：中等大小

★ 萌发区

萌发区个数：3

萌发区类型：沟

状态及特性：萌发区膜具纹饰

★ 极性及形状

极性：等极

形状：球状

极面观外廓：圆形，浅裂

★ 干花粉形状

形状：球状

极面观外廓：圆形，浅裂

折叠：萌发区凹陷

★ 纹饰

光镜纹饰：具刺

电镜纹饰：具微刺，穿孔的

★ 其他

花粉包被：－

乌氏体：无

注释：－

黄芩

Scutellaria baicalensis Georgi

多年生草本。根茎肉质，分枝。叶披针形或线状披针形，先端钝，基部圆，全缘，两面无毛或疏被微柔毛，下面密被凹腺点；叶柄被微柔毛。总状花序；下部苞叶叶状，上部卵状披针形或披针形。花梗被微柔毛；花萼密被微柔毛，具缘毛；花冠紫红或蓝色，密被腺柔毛，冠筒近基部膝曲，下唇中裂片三角状卵形。小坚果黑褐色，卵球形，被瘤点，腹面近基部具脐状突起。

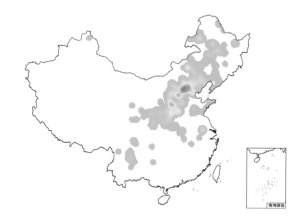

生境　生于海拔 60～1300 米向阳草坡地、荒地上。
物候　花期 7—8 月，果期 8—9 月。

★ 形状大小

花粉单元：单粒

花粉大小：小

★ 萌发区

萌发区个数：3

萌发区类型：沟

状态及特性：–

★ 极性及形状

极性：等极

形状：球状

极面观外廓：圆形，浅裂

★ 干花粉形状

形状：长球状

极面观外廓：–

折叠：萌发区凹陷

★ 纹饰

光镜纹饰：平滑

电镜纹饰：复网状

★ 其他

花粉包被：–

乌氏体：无

注释：–

透骨草

Phryma leptostachya subsp. *asiatica* (Hara) Kitamura

多年生草本。茎四棱。叶卵状长圆形，先端渐尖、尾状急尖或急尖。穗状花序被微柔毛或短柔毛；苞片钻形或线形。小苞片2，具短梗，花后反折；花萼筒状，萼筒5纵棱；花冠漏斗状筒形；檐部上唇直立，先端2浅裂，下唇平伸，3浅裂，中央裂片较大；雄蕊远轴2枚较长；子房斜长圆状披针形；柱头下唇较长。瘦果窄椭圆形。

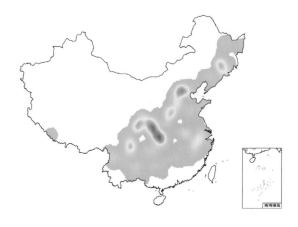

生境　生于海拔380～2800米阴湿山谷或林下。
物候　花期6—10月，果期8—12月。

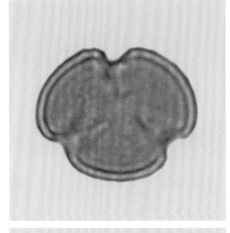
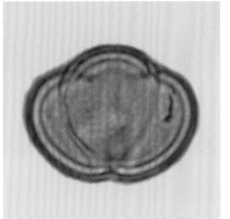

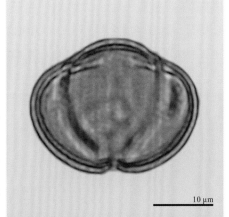

10 μm

★形状大小

花粉单元：单粒

花粉大小：中等大小

★萌发区

萌发区个数：3

萌发区类型：沟

状态及特性：萌发区膜具纹饰

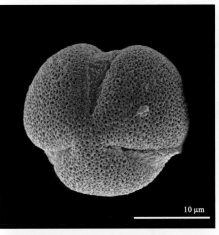
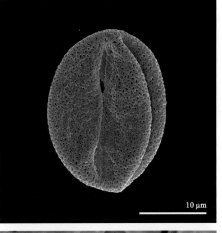

10 μm

10 μm

★极性及形状

极性：等极

形状：长球状

极面观外廓：圆形，浅裂

★干花粉形状

形状：长球状

极面观外廓：圆形，浅裂

折叠：萌发区凹陷

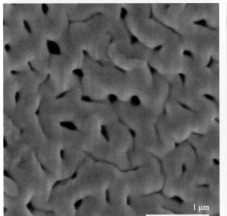
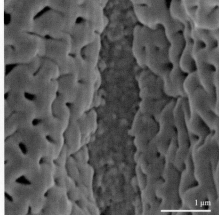

1 μm

1 μm

★纹饰

光镜纹饰：平滑

电镜纹饰：微网状

★其他

花粉包被：-

乌氏体：无

注释：-

荇菜 莕菜

Nymphoides peltata (Gmel.) Kuntze

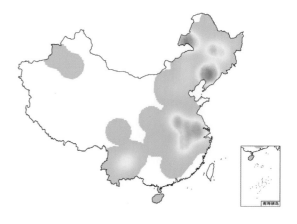

多年生水生草本。叶卵形。花大而明显，是莕菜属中花形最大的种类，花冠黄色，5 裂，裂片边缘成须状，花冠裂片中间有一明显的皱痕，裂片口两侧有毛，裂片基部各有一丛毛，具有五枚腺体；雄蕊 5 枚，雌蕊柱头 2 裂。子房基部具 5 个蜜腺，柱头 2 裂，片状。蒴果椭圆形，不开裂。种子多数，圆形，扁平。果实扁平。

生境　生于池塘或不甚流动的河溪中，海拔 60 ～ 1800 米。

物候　花果期 4—10 月。

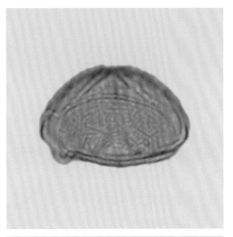

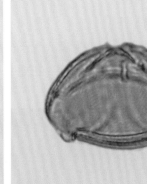

★ 形状大小

花粉单元：单粒

花粉大小：中等大小

★ 萌发区

萌发区个数：3

萌发区类型：沟

状态及特性：聚合萌发区

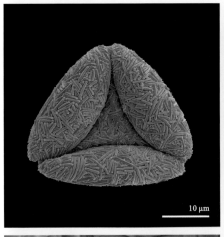
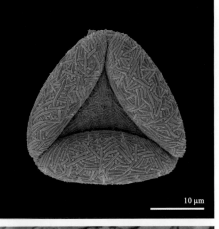

★ 极性及形状

极性：异极

形状：扁球状

极面观外廓：三角形

★ 干花粉形状

形状：扁球状

极面观外廓：三角形

折叠：萌发区凹陷

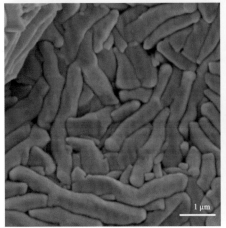
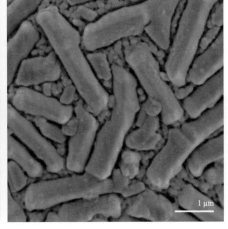

★ 纹饰

光镜纹饰：粗糙状

电镜纹饰：棒状

★ 其他

花粉包被：–

乌氏体：无

注释：–

郁香忍冬

Lonicera fragrantissima Lindl. et Paxt.

灌木。叶厚纸质或带革质,倒卵状椭圆形、椭圆形、圆卵形、卵形或卵状长圆形。花先叶或与叶同放,芳香;苞片披针形或近线形,长为萼筒 2～4 倍。相邻两萼筒连合至中部,萼檐近平截或微 5 裂;花冠白或淡红色,无毛,稀有疏糙毛,唇形,冠筒内面密生柔毛,基部有浅囊,上唇裂片达中部,下唇舌状,反曲;雄蕊内藏;花柱无毛。果熟时鲜红色,长圆形,部分连合。

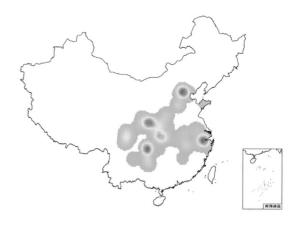

生境　生于山坡灌丛中,海拔 200～700 米。

物候　花期 2—4 月,果期 4—5 月。

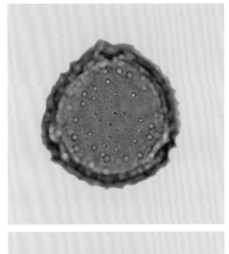
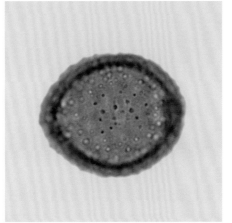

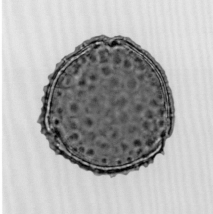
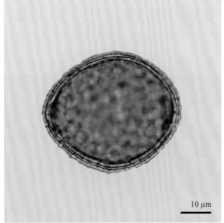

★ **形状大小**

花粉单元：单粒

花粉大小：中等大小

★ **萌发区**

萌发区个数：3

萌发区类型：沟

状态及特性：短沟，角萌发区

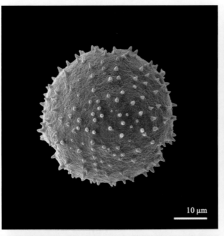
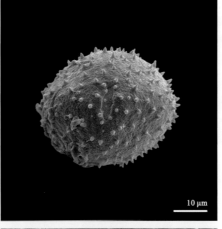

★ **极性及形状**

极性：等极

形状：球状

极面观外廓：三角形

★ **干花粉形状**

形状：球状

极面观外廓：圆形

折叠：不折叠

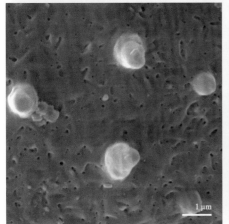
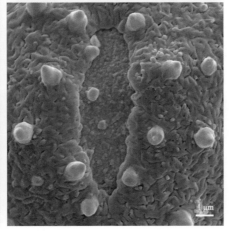

★ **纹饰**

光镜纹饰：具刺

电镜纹饰：具微刺，蠕虫状

★ **其他**

花粉包被：—

乌氏体：无

注释：—

糙叶败酱

Patrinia scabra Bunge

忍冬科 / 败酱属

多年生草本。茎生叶长圆形或椭圆形。花密生，顶生伞房状聚伞花序；萼齿 5，截形、波状或卵圆形；花冠黄色，漏斗状钟形；花药长圆形，另 2 花丝稍短；柱头盾头状；子房圆柱状。瘦果倒卵圆柱状；果顶端有时浅 3 裂或微 3 裂，网脉常具 2 条主脉，极少为 3 主脉。

生境 生于草原带、森林草原带的石质丘陵坡地石缝或较干燥的阳坡草丛中，海拔 500～1700 米。

物候 花期 7—8 月，果期 8—9 月。

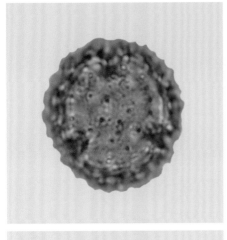
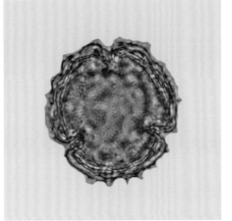

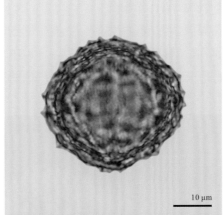

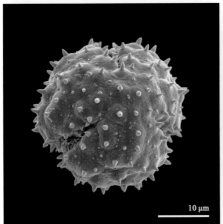
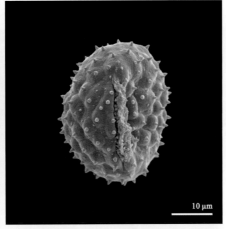

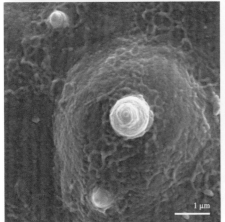
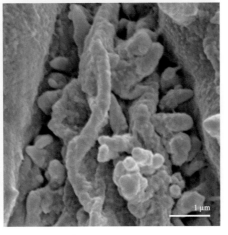

★ 形状大小

花粉单元：单粒

花粉大小：中等大小

★ 萌发区

萌发区个数：3

萌发区类型：沟

状态及特性：萌发区膜具纹饰

★ 极性及形状

极性：等极

形状：球状

极面观外廓：圆形，浅裂

★ 干花粉形状

形状：球状

极面观外廓：圆形，浅裂

折叠：萌发区凹陷

★ 纹饰

光镜纹饰：具刺

电镜纹饰：具刺

★ 其他

花粉包被：-

乌氏体：无

注释：萌发沟上有明显的棒状纹饰

缬草

Valeriana officinalis L.

多年生草本。根茎头状,须根簇生。茎有纵棱。匍枝叶、基出叶和基部叶花期常凋萎。茎生叶卵形或宽卵形,羽状深裂,裂片披针形或线形,基部下延,全缘或有疏锯齿,两面及柄轴稍被毛。伞房状3出聚伞圆锥花序顶生。小苞片两侧膜质,先端芒状突尖,边缘多少有粗缘毛;花冠淡紫红或白色,裂片椭圆形;雌、雄蕊约与花冠等长。瘦果长卵圆形,基部近平截,光秃或两面被毛。

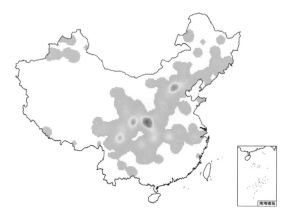

生境　生于山坡草地、林下、沟边,海拔2500米以下。

物候　花期5—7月,果期6—10月。

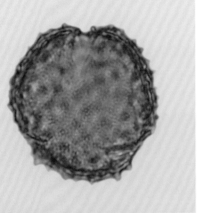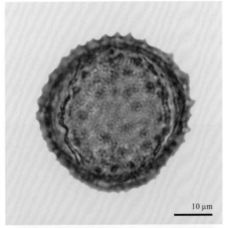

10 μm

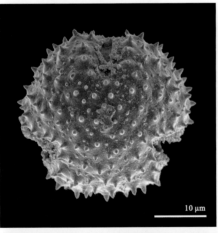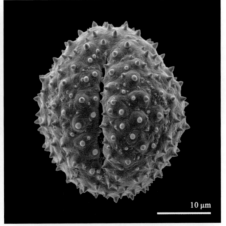

10 μm

10 μm

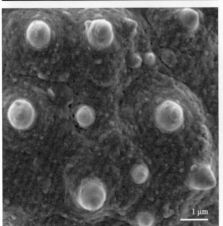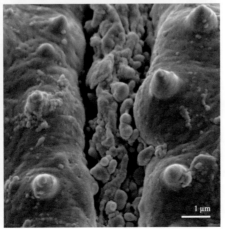

1 μm

1 μm

★ 形状大小

花粉单元：单粒

花粉大小：中等大小

★ 萌发区

萌发区个数：3

萌发区类型：沟

状态及特性：萌发区膜具纹饰

★ 极性及形状

极性：等极

形状：球状

极面观外廓：圆形

★ 干花粉形状

形状：长球状

极面观外廓：圆形，浅裂

折叠：萌发区凹陷

★ 纹饰

光镜纹饰：具刺

电镜纹饰：具刺

★ 其他

花粉包被：－

乌氏体：无

注释：－

蓝盆花　华北蓝盆花

Scabiosa comosa Fisch. ex Roem. & Schult.

多年生草本。基生叶簇生，卵状披针形；茎生叶对生，羽状深裂或全裂；近上部叶羽状全裂。头状花序在茎上部成 3 出聚伞状，扁球形。小总苞倒圆锥形、方柱形；花萼裂片刚毛状，棕褐色；边花花冠二唇形，蓝紫色，裂片 5，上唇 2 裂，下唇 3 裂，中裂片倒卵状长圆形；雄蕊伸出冠筒，花药紫色；花柱伸出花冠。瘦果椭圆形；果序卵圆形或卵状椭圆形，果脱落时花序托长圆棒状。

生境　生于海拔 300 ~ 1500 米山坡草地或荒坡上。

物候　花期 7—8 月，果期 8—9 月。

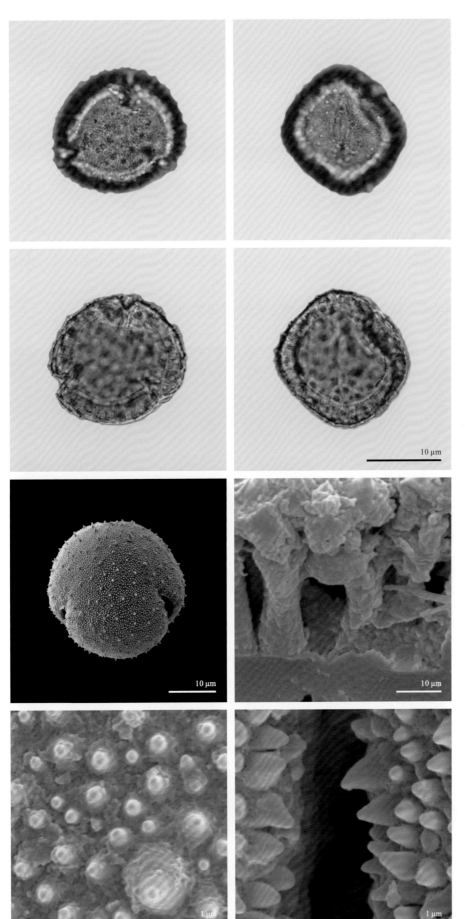

★ 形状大小

花粉单元：单粒

花粉大小：大

★ 萌发区

萌发区个数：3

萌发区类型：沟

状态及特性：短沟，萌发区膜具纹饰

★ 极性及形状

极性：等极

形状：球状

极面观外廓：圆形，浅裂

★ 干花粉形状

形状：球状

极面观外廓：圆形，浅裂

折叠：萌发区凹陷

★ 纹饰

光镜纹饰：具刺

电镜纹饰：具刺，具微刺，穿孔的

★ 其他

花粉包被：-

乌氏体：无

注释：外壁厚

水金凤

Impatiens noli-tangere L.

一年生草本。茎下部节常膨大。叶互生；叶片卵形或卵状椭圆形。最上部的叶柄更短或近无柄。总状花序；花黄色；侧生 2 萼片卵形或宽卵形；唇瓣宽漏斗状，喉部散生橙红色斑点，基部渐狭成内弯的距。雄蕊 5，花丝线形，上部稍膨大，花药卵球形，顶端尖；子房纺锤形，直立，具短喙尖。蒴果线状圆柱形。种子多数，长圆球形，褐色。

生境　生于海拔 900～2400 米的山坡林下、林缘草地或沟边。

物候　花期 7—9 月。

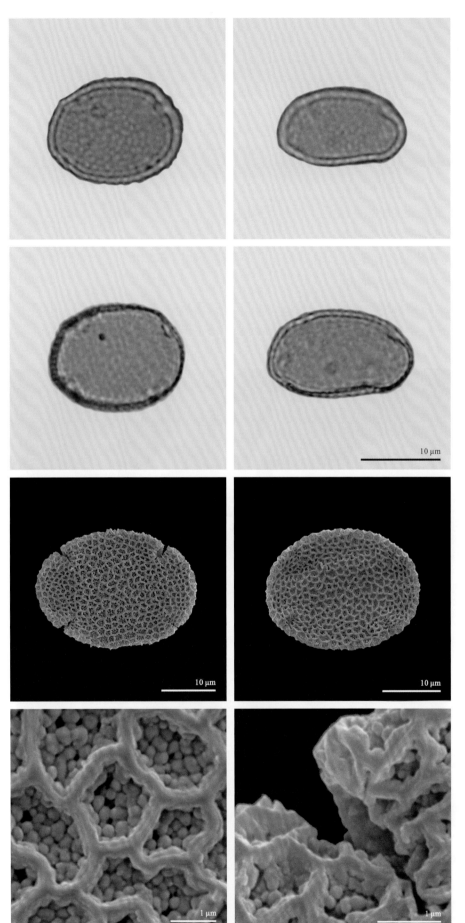

★形状大小

花粉单元：单粒

花粉大小：小

★萌发区

萌发区个数：4

萌发区类型：沟

状态及特性：赤道萌发区

★极性及形状

极性：等极

形状：扁球状

极面观外廓：椭圆形

★干花粉形状

形状：扁球状

极面观外廓：椭圆形

折叠：极面观扁平

★纹饰

光镜纹饰：网状

电镜纹饰：网状，未覆盖柱

状体

★其他

花粉包被：–

乌氏体：无

注释：–

笔龙胆

Gentiana zollingeri Fawcett

一年生草本。叶宽卵形或宽卵状匙形，先端钝或圆，具小尖头，边缘软骨质；基生叶花期不枯萎；茎生叶密集。花单生枝顶，花枝密集呈伞房状。花萼漏斗形，裂片窄三角形或卵状椭圆形，先端具短尖头，边缘膜质；花冠淡蓝色，具黄绿色宽条纹，漏斗形，裂片卵形，先端2浅裂或具不整齐细齿。蒴果倒卵状长圆形，顶端具宽翅，两侧具窄翅。种子具细网纹。

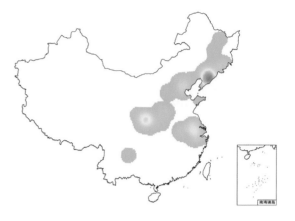

生境　生于草甸、灌丛中、林下，海拔500~1650米。
物候　花果期4—6月。

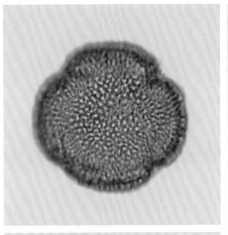

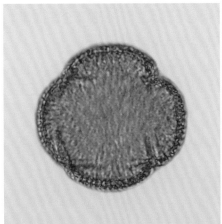
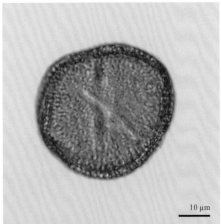

★ **形状大小**

花粉单元：单粒

花粉大小：中等大小

★ **萌发区**

萌发区个数：4

萌发区类型：沟

状态及特性：赤道萌发区，
萌发区膜具纹饰

★ **极性及形状**

极性：等极

形状：球状

极面观外廓：圆形，浅裂

★ **干花粉形状**

形状：球状

极面观外廓：圆形，浅裂

折叠：萌发区凹陷

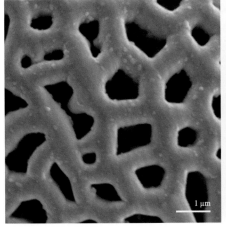
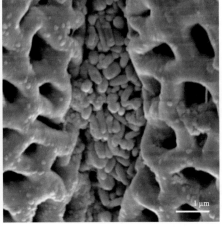

★ **纹饰**

光镜纹饰：网状

电镜纹饰：网状

★ **其他**

花粉包被：–

乌氏体：无

注释：沟膜上具棒状纹饰

美国红梣

Fraxinus pennsylvanica Marsh.

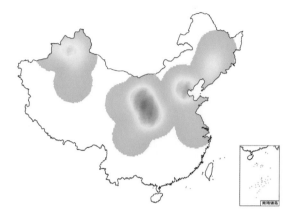

乔木。羽状复叶；小叶 7~9，薄革质，长圆状披针形或椭圆形，先端渐尖或尖，基部宽楔形，具不明显钝齿或近全缘，上面无毛，下面疏被绢毛；小叶近无柄。圆锥花序生于去年生枝上；雄花与两性花异株，与叶同放；花梗纤细，被柔毛；具花萼；无花冠。翅果窄倒披针形，中上部最宽，先端钝圆或具短尖头，翅下延至坚果中部。

生境　我国引种栽培已久，分布遍及全国各地，多见于庭园与行道树。

物候　花期 4 月，果期 8—10 月。

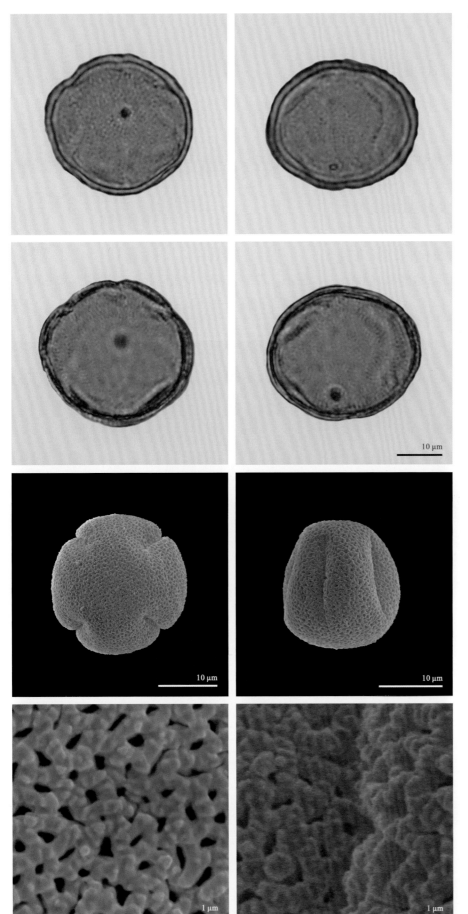

★ 形状大小

花粉单元：单粒

花粉大小：中等大小

★ 萌发区

萌发区个数：4或5

萌发区类型：沟

状态及特性：−

★ 极性及形状

极性：等极

形状：球状

极面观外廓：圆形，浅裂

★ 干花粉形状

形状：球状

极面观外廓：圆形，浅裂

折叠：萌发区凹陷

★ 纹饰

光镜纹饰：网状

电镜纹饰：微网状

★ 其他

花粉包被：−

乌氏体：无

注释：−

茜草

Rubia cordifolia L.

草质攀援藤本。茎4棱，棱有倒生皮刺。叶4片轮生，纸质，披针形或长圆状披针形，脉有小皮刺，基出脉3，稀外侧有1对很小的基出脉；叶柄有倒生皮刺。聚伞花序腋生和顶生，多4分枝，有花十余朵至数十朵，花序梗和分枝有小皮刺；花冠淡黄色，干后淡褐色，裂片近卵形，微伸展，无毛。果球形，成熟时桔黄色。

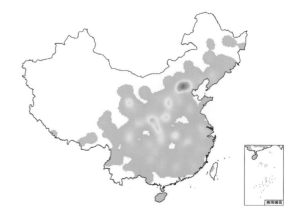

生境　常生于疏林、林缘、灌丛或草地上。常见栽培。
物候　花期8—9月，果期10—11月。

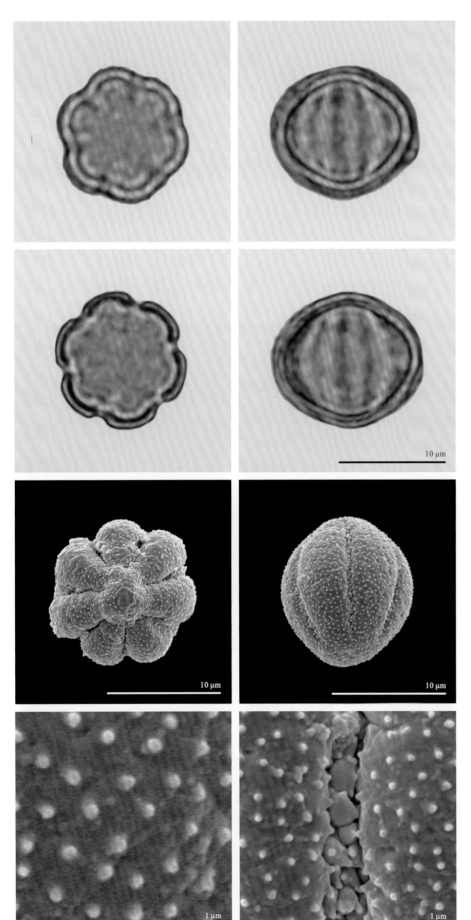

★ 形状大小

花粉单元：单粒

花粉大小：小

★ 萌发区

萌发区个数：6

萌发区类型：沟

状态及特性：萌发区膜具纹
饰，赤道萌发区

★ 极性及形状

极性：等极

形状：球状

极面观外廓：圆形，浅裂

★ 干花粉形状

形状：球状

极面观外廓：圆形，浅裂

折叠：萌发区凹陷

★ 纹饰

光镜纹饰：粗糙状

电镜纹饰：具微疣

★ 其他

花粉包被：–

乌氏体：无

注释：–

茜草科 / 拉拉藤属

蓬子菜

Galium verum L.

多年生草本。茎 4 棱。叶纸质，6～10 片轮生，线形，先端短尖，边缘常卷成管状，1 脉；无柄。聚伞花序顶生和腋生，多花，常在枝顶组成圆锥状花序，花序梗密被柔毛。花稠密；花梗有疏柔毛或无毛；萼筒无毛；花冠黄色，辐状，无毛，裂片卵形或长圆形。果爿双生，近球状，无毛。

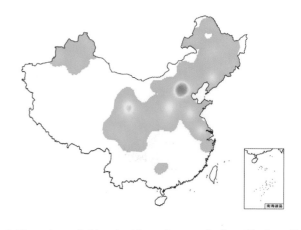

生境　生于山地、河滩、旷野、沟边、草地、灌丛或林下，海拔 40～4000 米。

物候　花期 4—8 月，果期 5—10 月。

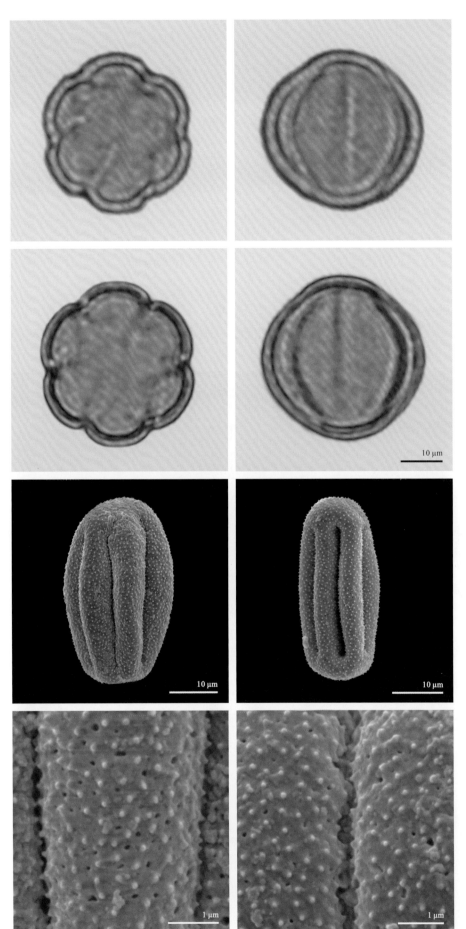

10 μm

10 μm

10 μm

1 μm

1 μm

★ 形状大小

花粉单元：单粒

花粉大小：中等大小

★ 萌发区

萌发区个数：6

萌发区类型：沟

状态及特性：赤道萌发区，
萌发区膜具纹饰

★ 极性及形状

极性：等极

形状：球状

极面观外廓：圆形，浅裂

★ 干花粉形状

形状：长球状

极面观外廓：圆形，浅裂

折叠：萌发区凹陷

★ 纹饰

光镜纹饰：具刺

电镜纹饰：具微刺，穿孔的

★ 其他

花粉包被：－

乌氏体：无

注释：－

荫生鼠尾草

Salvia umbratica Hance

一年生或二年生草本。叶三角形或卵状三角形。轮伞花序具2花，疏散，组成总状花序。花萼钟形，内被微硬毛，上唇具3短尖头，下唇具2斜三角形齿；花冠蓝紫或紫色，稍被短柔毛，冠筒内具不完全柔毛环，冠筒向上弯曲，上唇长圆状倒心形，中裂片宽扇形，侧裂片新月形；花丝无毛，药隔弧曲，花柱伸出或与花冠上唇等长。小坚果椭圆形。

生境　生于山坡、谷地或路旁。
物候　花期8—10月。

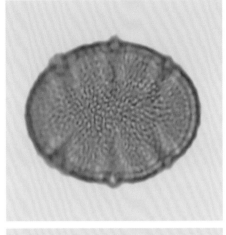

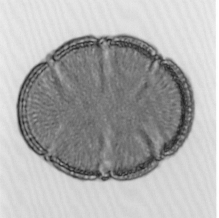
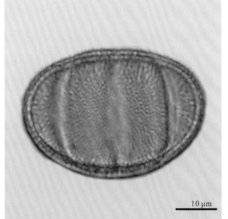

★ 形状大小

花粉单元：单粒

花粉大小：中等大小

★ 萌发区

萌发区个数：6

萌发区类型：沟

状态及特性：赤道萌发区，萌发区膜具纹饰

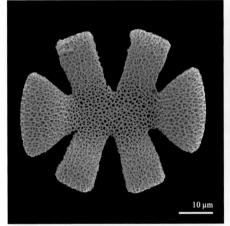
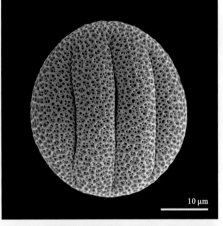

★ 极性及形状

极性：等极

形状：扁球状

极面观外廓：椭圆形

★ 干花粉形状

形状：长球状

极面观外廓：椭圆形

折叠：萌发区间凹陷

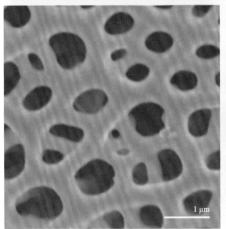
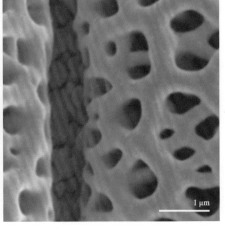

★ 纹饰

光镜纹饰：网状

电镜纹饰：复网状

★ 其他

花粉包被：－

乌氏体：无

注释：－

香青兰

Dracocephalum moldavica L.

一年生草本。基生叶草质，卵状三角形，上部叶披针形或线状披针形。轮伞花序具 4 花，疏散，生于茎或分枝上部 5~12 节；苞片长圆形，疏被平伏柔毛，具 2~3 对细齿。花梗长平展；花萼被黄色腺点及短柔毛，脉带紫色，上唇 3 浅裂，三角状卵形，下唇 2 深裂近基部，萼齿披针形；花冠淡蓝紫色，被白色短柔毛；上唇舟状，下唇淡中裂片具深紫色斑点。小坚果长圆形，顶端平截。

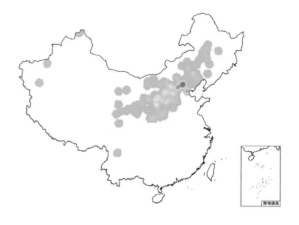

生境　生于海拔 220~1600 米干燥山地、山谷、河滩多石处。

物候　花期 7—8 月，果期 8—9 月。

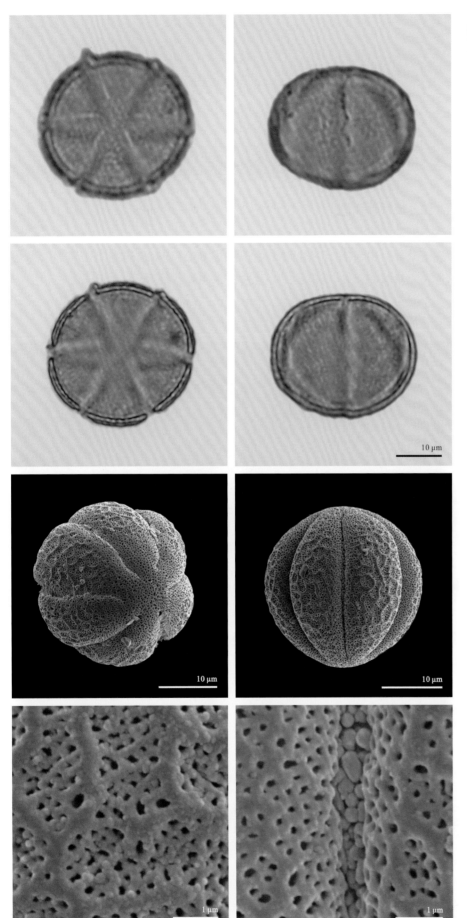

★ 形状大小

花粉单元：单粒

花粉大小：小

★ 萌发区

萌发区个数：6

萌发区类型：沟

状态及特性：萌发区膜具纹饰，赤道萌发区

★ 极性及形状

极性：等极

形状：扁球状

极面观外廓：圆形

★ 干花粉形状

形状：球状

极面观外廓：圆形，浅裂

折叠：萌发区凹陷

★ 纹饰

光镜纹饰：网状

电镜纹饰：复网状

★ 其他

花粉包被：−

乌氏体：无

注释：−

毛建草

Dracocephalum rupestre Hance

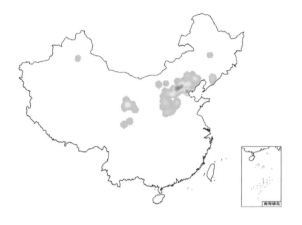

　　多年生草本。基生叶多数，叶三角状卵形，先端钝，基部心形，具圆齿。轮伞花序密集成头状，稀穗状；苞叶无柄或具鞘状短柄，苞片披针形或倒卵形，疏被短柔毛，具2~6对长达2毫米刺齿。花萼带紫色，被短柔毛，上唇2深裂至基部，中齿倒卵状椭圆形，侧齿披针形，下唇2齿窄披针形；花冠紫蓝色，被短柔毛。

生境　生于海拔650~2400米的高山草原、草坡或疏林下阳处。

物候　花果期7—9月。

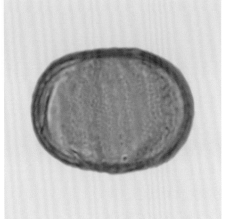

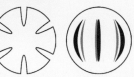

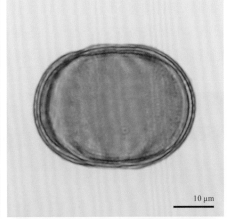

10 μm

★ 形状大小

花粉单元：单粒

花粉大小：中等大小

★ 萌发区

萌发区个数：6

萌发区类型：沟

状态及特性：赤道萌发区

10 μm

10 μm

★ 极性及形状

极性：等极

形状：扁球状

极面观外廓：圆形

★ 干花粉形状

形状：长球状

极面观外廓：圆形，浅裂

折叠：萌发区凹陷

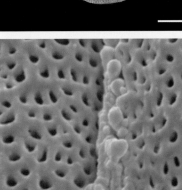

1 μm

1 μm

★ 纹饰

光镜纹饰：网状

电镜纹饰：复网状

★ 其他

花粉包被：－

乌氏体：无

注释：－

藿香

Agastache rugosa (Fisch. et Mey.) O. Ktze.

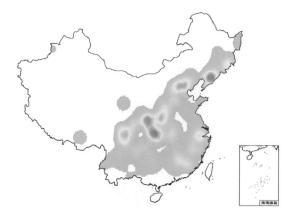

多年生草本。叶心状卵形或长圆状披针形，先端尾尖，基部心形，稀平截，具粗齿。穗状花序密集；苞叶披针状线形。花萼稍带淡紫或紫红色，管状倒锥形，喉部微斜，萼齿三角状披针形；花冠淡紫蓝色，被微柔毛，冠筒基径，上唇先端微缺，下唇中裂片边缘波状，侧裂片半圆形。小坚果褐色，卵球状长圆形，腹面具棱，顶端被微硬毛。

生境　各地广泛分布，常见栽培，供药用。

物候　花期6—9月，果期9—11月。

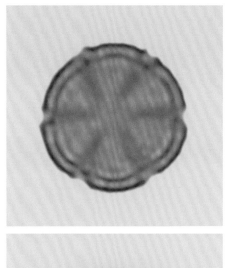
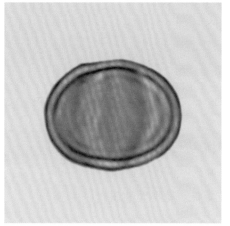

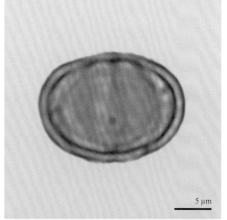

★ 形状大小

花粉单元：单粒

花粉大小：中等大小

★ 萌发区

萌发区个数：6

萌发区类型：沟

状态及特性：赤道萌发区，
萌发区膜具纹饰

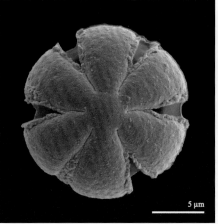
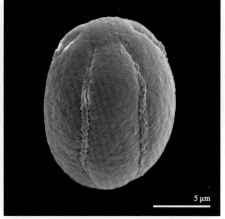

★ 极性及形状

极性：等极

形状：扁球状

极面观外廓：圆形

★ 干花粉形状

形状：长球状

极面观外廓：圆形，浅裂

折叠：萌发区凹陷

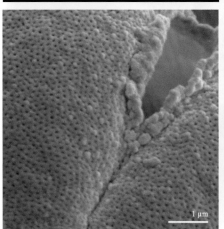
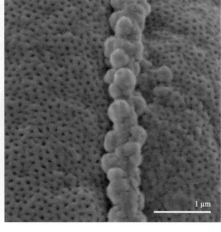

★ 纹饰

光镜纹饰：平滑

电镜纹饰：穿孔的

★ 其他

花粉包被：—

乌氏体：无

注释：沟膜上疣状

异株百里香 百里香

Thymus marschallianus Willd.

多年生草本。叶长圆状椭圆形或线状长圆形，基部渐窄，全缘，稀具细齿。轮伞花序组成长达20厘米以上穗状花序；雌花两性花异株。花萼管状钟形，被开展柔毛，果时腺点明显，上唇齿三角形，具缘毛；花冠红紫、紫或白色，被短柔毛，伸出，两性花花冠下唇开展，雌花下唇近直伸。小坚果黑褐色，卵球形。

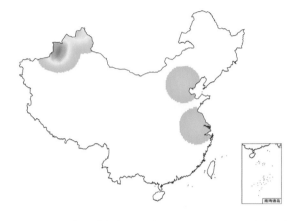

生境 生于多石斜坡、盆地、山沟及水边。有栽培。

物候 花果期8月。

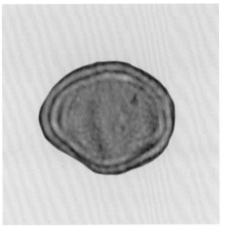

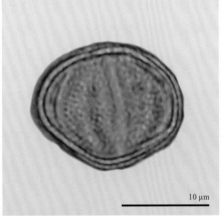

10 μm

★ 形状大小

花粉单元：单粒

花粉大小：小

★ 萌发区

萌发区个数：6

萌发区类型：沟

状态及特性：赤道萌发区

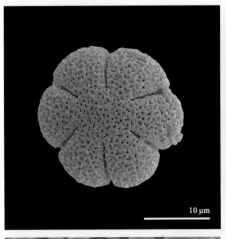
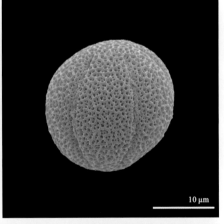

10 μm

10 μm

★ 极性及形状

极性：等极

形状：球状

极面观外廓：圆形，浅裂

★ 干花粉形状

形状：球状

极面观外廓：圆形，浅裂

折叠：萌发区凹陷

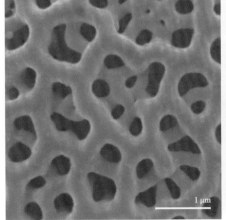
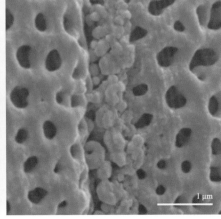

1 μm

1 μm

★ 纹饰

光镜纹饰：网状

电镜纹饰：复网状

★ 其他

花粉包被：－

乌氏体：无

注释：－

香薷

Elsholtzia ciliata (Thunb.) Hyland.

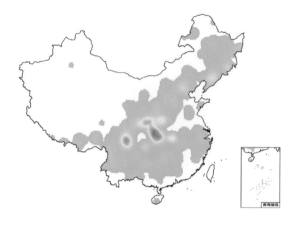

一年生草本。叶卵形或椭圆状披针形，先端渐尖，基部楔形下延，具锯齿，上面疏被细糙硬毛；叶柄具窄翅。穗状花序，偏向一侧；苞片宽卵形或扁圆形，先端芒状突尖。花萼被柔毛，萼齿三角形；花冠淡紫色，被柔毛，上部疏被腺点，上唇先端微缺，下唇中裂片半圆形，侧裂片弧形；花药紫色；花柱内藏。小坚果黄褐色，长圆形。

生境　生于路旁、山坡、荒地、林内、河岸，海拔达 3400 米。

物候　花期 7—10 月，果期 10 月—翌年 1 月。

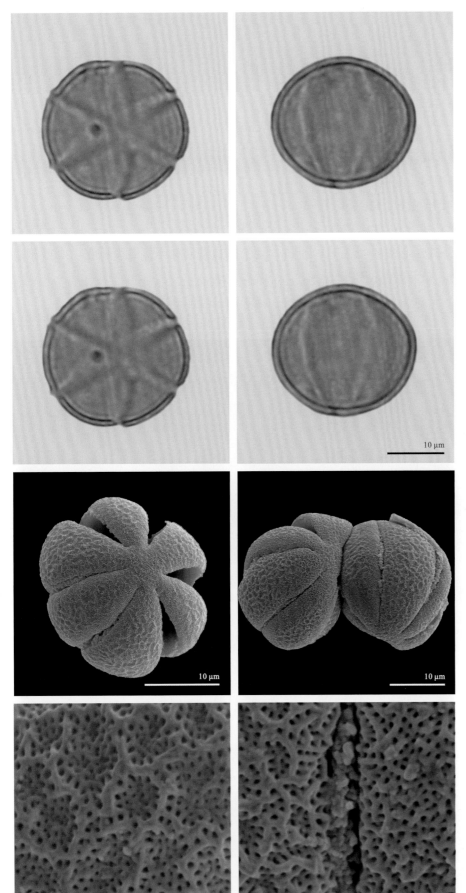

★ 形状大小

花粉单元：单粒

花粉大小：中等大小

★ 萌发区

萌发区个数：6

萌发区类型：沟

状态及特性：赤道萌发区，
萌发区膜具纹饰

★ 极性及形状

极性：等极

形状：扁球状

极面观外廓：圆形

★ 干花粉形状

形状：扁球状

极面观外廓：圆形

折叠：萌发区凹陷

★ 纹饰

光镜纹饰：平滑

电镜纹饰：复网状

★ 其他

花粉包被：–

乌氏体：无

注释：–

领春木

Euptelea pleiospermum Hook. f. et Thoms.

乔木或灌木状。叶纸质，卵形或近圆形，稀椭圆状卵形或椭圆状披针形，基部楔形或宽楔形，疏生顶端加厚的锯齿。花两性，先叶开花，6～12 朵簇生。无花被；苞片椭圆形，早落；雄蕊 6～14，花药较花丝长，药隔顶端延长成附属物；心皮 6～12，离生，1 轮，子房偏斜，具长柄。翅果褐色；种子 1～2，黑色，卵形。

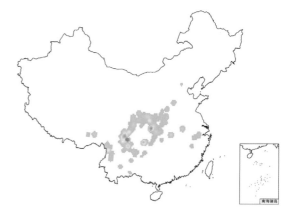

生境　生于溪边杂木林中，海拔 900～3600 米。常见栽培。

物候　花期 4—5 月，果期 7—8 月。

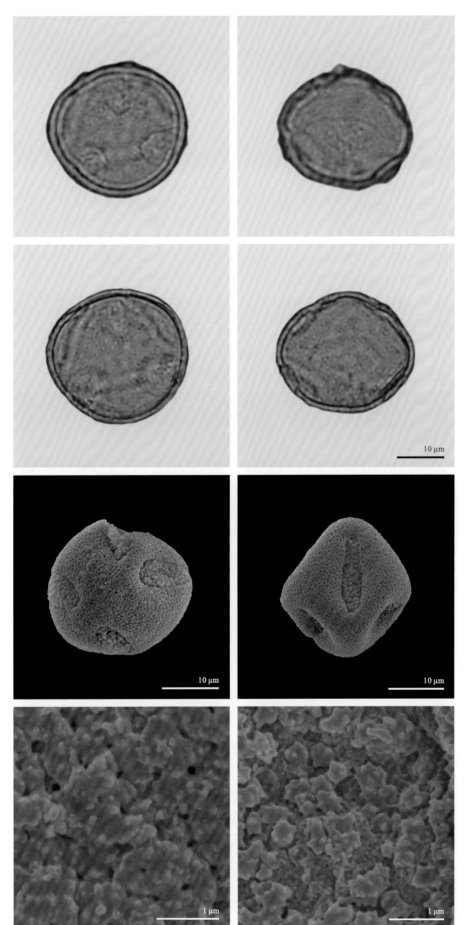

★ 形状大小

花粉单元：单粒

花粉大小：中等大小

★ 萌发区

萌发区个数：6

萌发区类型：沟

状态及特性：短沟，散沟，萌发区膜具纹饰

★ 极性及形状

极性：异极

形状：球状

极面观外廓：圆形

★ 干花粉形状

形状：-

极面观外廓：-

折叠：萌发区间凹陷

★ 纹饰

光镜纹饰：粗糙状

电镜纹饰：颗粒状

★ 其他

花粉包被：-

乌氏体：无

注释：-

珠果黄堇 念珠紫堇

Corydalis speciosa Maxim.

多年生草本。下部茎生叶具柄,上部的近无柄,叶片狭长圆形,二回羽状全裂。总状花序生茎和腋生枝的顶端,密具多花。苞片披针形至菱状披针形。花金黄色。萼片小,近圆形,中央着生。外花瓣蜜腺体末端钩状弯曲。内花瓣顶端微凹,具短尖和粗厚的鸡冠状突起。雄蕊束披针形,较狭。柱头呈二臂状横向伸出,各枝顶端具3乳突。蒴果线形,俯垂,念珠状,具1列种子。种子扁压;种阜杯状,紧贴种子。

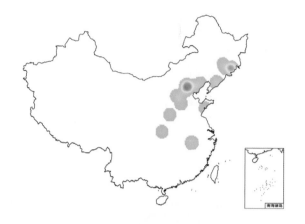

生境 生于林缘、路边或水边多石地。
物候 花果期7—9月。

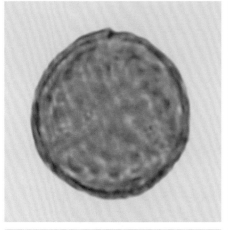
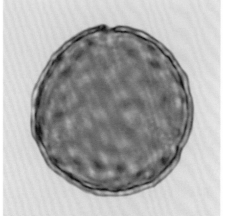

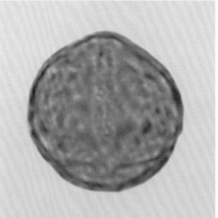
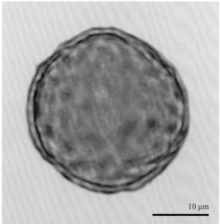

★ 形状大小

花粉单元：单粒

花粉大小：中等大小

★ 萌发区

萌发区个数：6

萌发区类型：沟

状态及特性：散沟，萌发区膜具纹饰

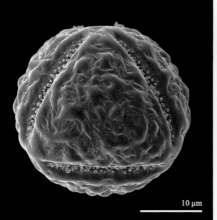
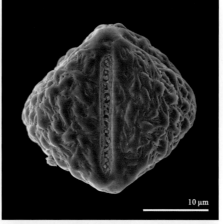

10 μm

★ 极性及形状

极性：等极

形状：等径球状

极面观外廓：圆形

★ 干花粉形状

形状：多边形

极面观外廓：圆形

折叠：不折叠

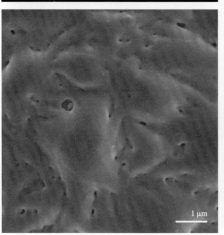
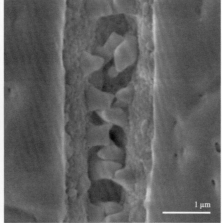

★ 纹饰

光镜纹饰：具疣的

电镜纹饰：具疣的，穿孔的

★ 其他

花粉包被：–

乌氏体：无

注释：沟膜上密布微刺

蝙蝠葛

Menispermum dauricum DC.

多年生草本。奇数羽状复叶；托叶披针形；小叶长圆状披针形。12～20花组成稀疏总状花序；苞片较花梗长。花萼钟状，萼齿三角状披针形，比萼筒短1倍；花冠天蓝或蓝紫色，旗瓣瓣片长椭圆状圆形，先端微凹、圆形、钝或具小尖，瓣柄线形；子房几无柄，无毛。荚果长圆状卵圆形，纸质，稀无毛，1室；果柄极短。

生境　常生于路边灌丛或疏林中。

物候　花期6—7月，果期8—9月。

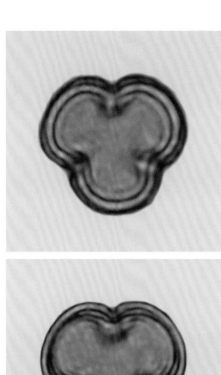
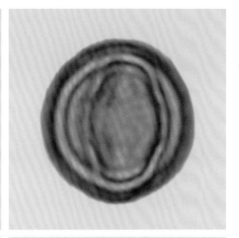

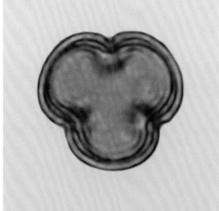
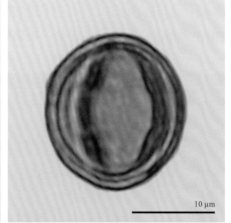

★ 形状大小

花粉单元：单粒

花粉大小：小

★ 萌发区

萌发区个数：3

萌发区类型：孔沟

状态及特性：萌发区膜具纹饰

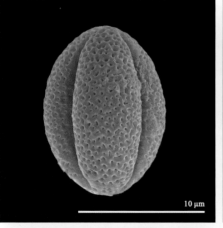

★ 极性及形状

极性：等极

形状：长球状

极面观外廓：圆形，浅裂

★ 干花粉形状

形状：长球状

极面观外廓：圆形，浅裂

折叠：萌发区凹陷

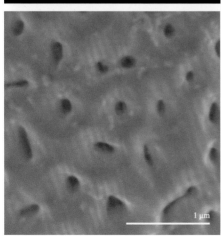
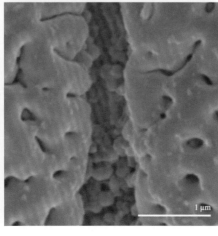

★ 纹饰

光镜纹饰：粗糙状

电镜纹饰：穿孔的

★ 其他

花粉包被：－

乌氏体：无

注释：－

独根草

Oresitrophe rupifraga Bunge

年生草本。叶均基生，2～3枚；叶心形或卵形；叶柄被腺毛。花葶密被腺毛；多歧聚伞花序，具多花；无苞片，花梗与花序分枝均密被腺毛。萼片5～7，不等大，卵形或窄卵形，先端尖或短渐尖，全缘，具多脉，无毛；雄蕊10～14；心皮2，基部合生，子房近上位。我国特有单种属。

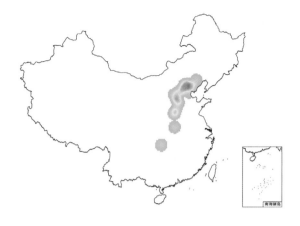

生境　生于海拔590～2050米的山谷、悬崖之阴湿石隙。

物候　花果期5—9月。

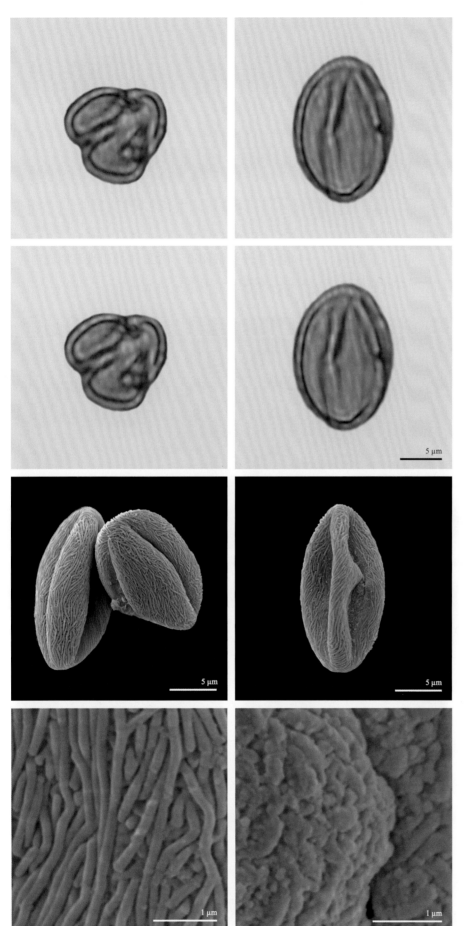

★ 形状大小

花粉单元：单粒

花粉大小：中等大小

★ 萌发区

萌发区个数：3

萌发区类型：孔沟

状态及特性：萌发区膜具纹饰

★ 极性及形状

极性：等极

形状：长球状

极面观外廓：圆形，浅裂

★ 干花粉形状

形状：长球状

极面观外廓：圆形，浅裂

折叠：萌发区凹陷

★ 纹饰

光镜纹饰：平滑

电镜纹饰：条纹状

★ 其他

花粉包被：－

乌氏体：无

注释：－

八宝

Hylotelephium erythrostictum (Miq.) H. Ohba

多年生草本。块根胡萝卜状。茎直立，高达70厘米。叶对生，稀互生或3叶轮生，长圆形或卵状长圆形，先端钝，基部楔形，有疏锯齿；无柄。伞房状花序顶生；花密生。萼片5，卵形；花瓣5，白或粉红色，宽披针形；花药紫色；鳞片5，长圆状楔形，先端微缺；心皮5，直立，基部近分离。

生境　生于海拔450～1800米的山坡草地或沟边。
物候　花期8—10月。

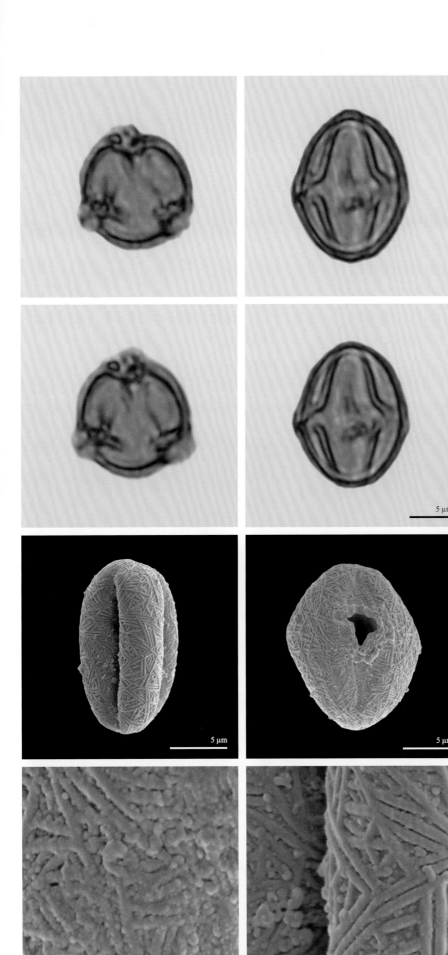

★ 形状大小

花粉单元：单粒

花粉大小：小

★ 萌发区

萌发区个数：3

萌发区类型：孔沟

状态及特性：萌发区膜光滑

★ 极性及形状

极性：等极

形状：长球状

极面观外廓：圆形，浅裂

★ 干花粉形状

形状：长球状

极面观外廓：圆形，浅裂

折叠：萌发区凹陷

★ 纹饰

光镜纹饰：平滑

电镜纹饰：蠕虫状

★ 其他

花粉包被：－

乌氏体：无

注释：－

葎叶蛇葡萄

Ampelopsis humulifolia Bunge.

木质藤本。单叶，3～5浅裂或中裂，裂片宽阔，上部裂缺凹成钝角或锐角，心状五角形或肾状五角形，先端渐尖，基部心形，基缺顶端凹成圆形，具粗锯齿，通常齿尖。多歧聚伞花序与叶对生，花序梗无毛或稀毛。花萼碟形，边缘波状；花瓣卵状椭圆形；花盘明显，波状浅裂；子房下部与花盘合生，花柱明显。果近球形，种子2～4。

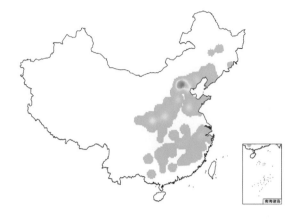

生境　生山沟地边或灌丛林缘或林中，海拔400～1100米。

物候　花期5—7月，果期7—9月。

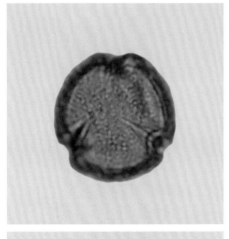

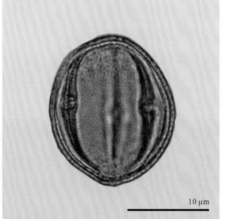

10 μm

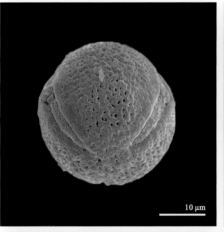
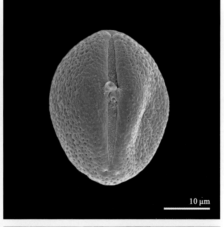

★ 形状大小

花粉单元：单粒

花粉大小：小

★ 萌发区

萌发区个数：3

萌发区类型：孔沟

状态及特性：萌发区膜具纹饰

★ 极性及形状

极性：等极

形状：长球状

极面观外廓：圆形，浅裂

★ 干花粉形状

形状：长球状

极面观外廓：圆形，浅裂

折叠：不折叠

10 μm

10 μm

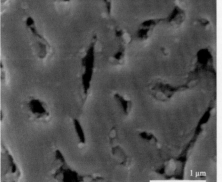
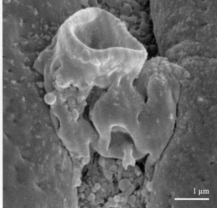

★ 纹饰

光镜纹饰：网状

电镜纹饰：微网状

★ 其他

花粉包被：–

乌氏体：无

注释：–

1 μm

1 μm

地锦

Parthenocissus tricuspidata (S. et Z.) Planch.

木质藤本。单叶,通常着生在短枝上为3浅裂。花序着生在短枝上,基部分枝,形成多歧聚伞花序;花蕾倒卵椭圆形,顶端圆形;萼碟形;花瓣5,长椭圆形;雄蕊5;子房椭球形,花柱明显。果实球形,有种子1~3颗;种子倒卵圆形,顶端圆形,基部急尖成短喙,种脐在背面中部呈圆形,腹部中棱脊突出,两侧洼穴呈沟状,从种子基部向上达种子顶端。

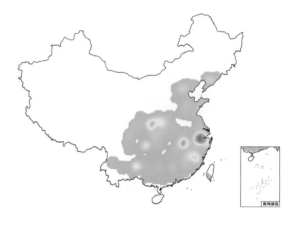

生境　生于山坡崖石壁或灌丛,海拔150~1200米。
物候　花期5—8月,果期9—10月。

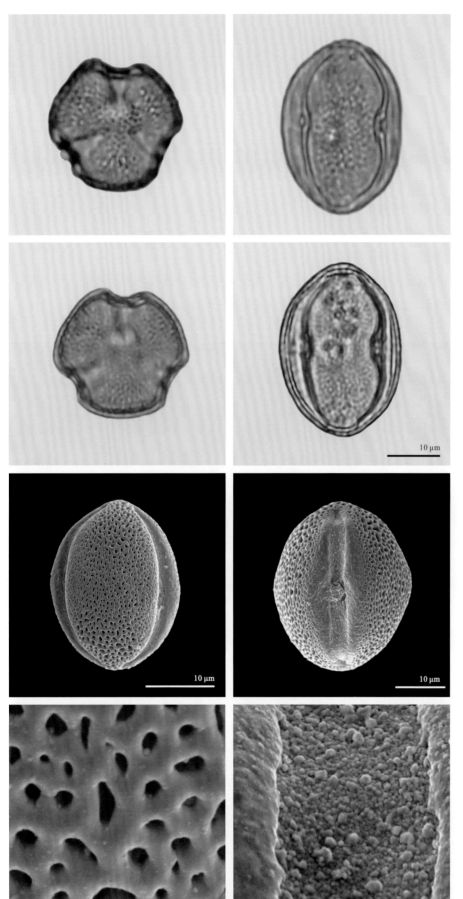

★ **形状大小**

花粉单元：单粒

花粉大小：中等大小

★ **萌发区**

萌发区个数：3

萌发区类型：孔沟

状态及特性：萌发区膜具纹饰

★ **极性及形状**

极性：等极

形状：长球状

极面观外廓：圆形，浅裂

★ **干花粉形状**

形状：长球状

极面观外廓：圆形，浅裂

折叠：萌发区凹陷

★ **纹饰**

光镜纹饰：网状

电镜纹饰：网状

★ **其他**

花粉包被：–

乌氏体：无

注释：萌发区具颗粒状纹饰

蓝花棘豆

Oxytropis caerulea (Pall.) DC.

多年生草本。奇数羽状复叶；托叶披针形；小叶长圆状披针形。稀疏总状花序；苞片较花梗长。花萼钟状，疏被黑和白色短柔毛，萼齿三角状披针形；花冠天蓝或蓝紫色，旗瓣瓣片长椭圆状圆形，先端微凹、圆形、钝或具小尖，瓣柄线形；子房几无柄，无毛。荚果长圆状卵圆形，纸质，疏被白和黑色短柔毛，稀无毛，1 室；果柄极短。

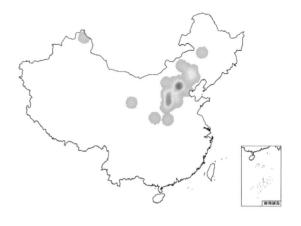

生境　生于海拔 1200 米左右的山坡或山地林下。
物候　花期 6—7 月，果期 7—8 月。

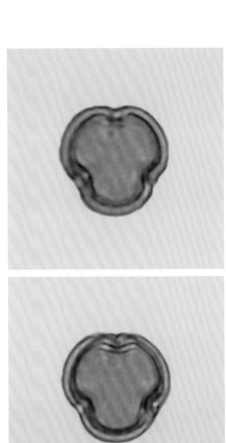

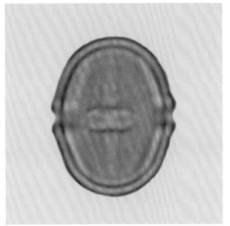

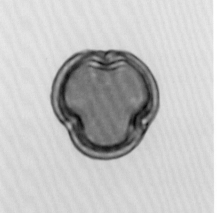

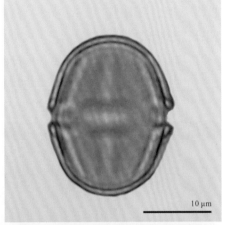

10 μm

★ 形状大小

花粉单元：单粒

花粉大小：小

★ 萌发区

萌发区个数：3

萌发区类型：孔沟

状态及特性：萌发区膜具纹饰，内孔横长

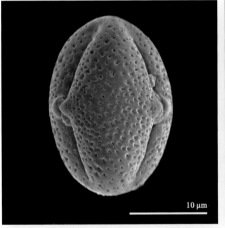

10 μm

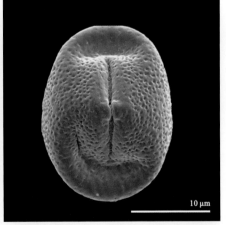

10 μm

★ 极性及形状

极性：等极

形状：长球状

极面观外廓：圆形，浅裂

★ 干花粉形状

形状：长球状

极面观外廓：圆形，浅裂

折叠：萌发区凹陷

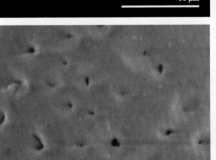

1 μm

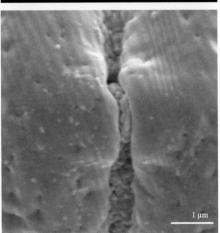

1 μm

★ 纹饰

光镜纹饰：平滑

电镜纹饰：穿孔的

★ 其他

花粉包被：–

乌氏体：无

注释：–

鱼鳔槐

Colutea arborescens L.

灌木。羽状复叶；托叶三角形至披针状镰形。小叶长圆形至倒卵形。总状花序着花6~8。花冠鲜黄色，先端微凹，胼胝体新月形，翼瓣上部渐窄，基部一侧具耳，瓣柄长4毫米，龙骨瓣半圆形，瓣柄耳近三角状半圆形；子房密被短柔毛，花柱弯曲，近轴面被白色纵列髯毛。荚果长卵圆形，两端尖，带绿色或近基部稍带红色。种子扁，近黑或绿褐色。

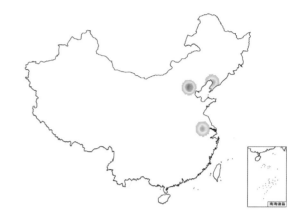

生境 原产欧洲，有栽培。

物候 花期5—7月，果期7—10月。

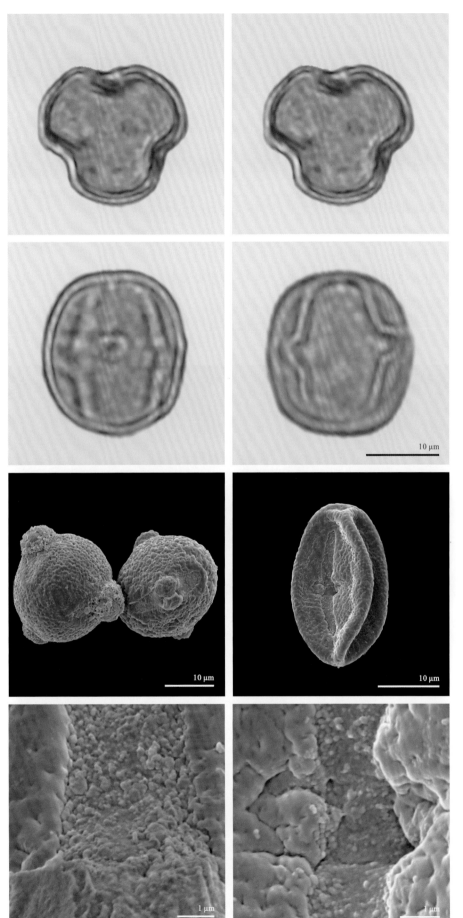

★ 形状大小

花粉单元：单粒

花粉大小：小

★ 萌发区

萌发区个数：3

萌发区类型：孔沟

状态及特性：萌发区膜具纹饰

★ 极性及形状

极性：等极

形状：长球状

极面观外廓：圆形，浅裂

★ 干花粉形状

形状：长球状

极面观外廓：圆形，浅裂

折叠：萌发区凹陷，不规则折叠

★ 纹饰

光镜纹饰：粗糙状

电镜纹饰：微孔

★ 其他

花粉包被：－

乌氏体：无

注释：－

野苜蓿

Medicago falcata L.

多年生草本。羽状三出复叶；托叶披针形或线状披针形；叶柄比小叶短；小叶倒卵形或线状倒披针形，先端具刺尖；顶生小叶稍大。花序短总状，腋生；苞片针刺状，长约 1 毫米。花萼钟形；花冠黄色，旗瓣长倒卵形，翼瓣和龙骨瓣等长，均比旗瓣短；子房线形，花柱短，稍弯，胚珠 2～5。荚果镰形或线形，直或弧曲至半圆，脉纹细，斜向，有 2～4 种子。种子卵状椭圆形。

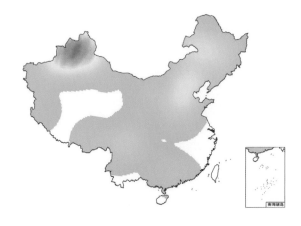

生境　生于砂质偏旱耕地、山坡、草原及河岸杂草丛中。

物候　花期 6—8 月，果期 7—9 月。

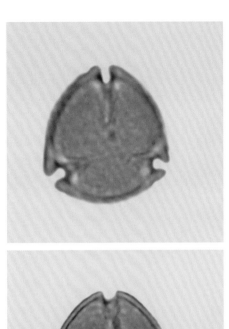
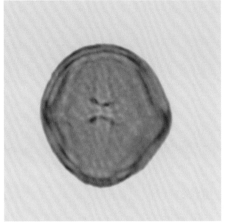

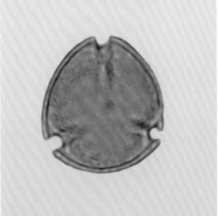
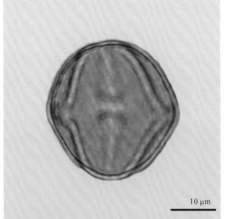

★ 形状大小

花粉单元：单粒

花粉大小：中等大小

★ 萌发区

萌发区个数：3

萌发区类型：孔沟

状态及特性：萌发区膜具纹饰，桥连

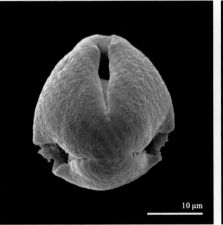
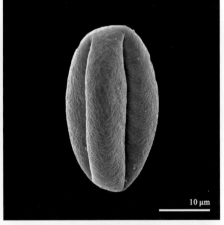

★ 极性及形状

极性：等极

形状：长球状

极面观外廓：三角形

★ 干花粉形状

形状：长球状

极面观外廓：三角形

折叠：萌发区凹陷

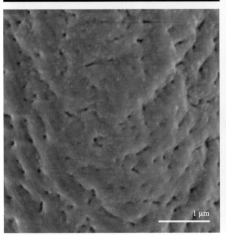
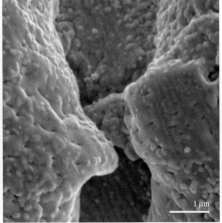

★ 纹饰

光镜纹饰：平滑

电镜纹饰：穿孔的

★ 其他

花粉包被：–

乌氏体：无

注释：–

草木犀 草木樨

Melilotus officinalis (L.) Pall.

二年生草本。羽状三出复叶；托叶镰状线形；叶柄细长；小叶倒卵形、宽卵形。总状花序，腋生；苞片刺毛状。花萼钟形，萼齿三角状披针形，短于萼筒；花冠黄色，旗瓣倒卵形，与翼瓣近等长，龙骨瓣稍短或三者均近等长雄蕊筒在花后常宿存包于果外；子房卵状披针形，花柱长于子房。荚果卵圆形，具宿存花柱，具凹凸不平的横向细网纹，棕黑色，有 1~2 种子。种子卵圆形，平滑。

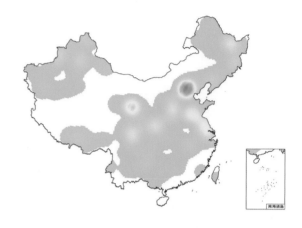

生境　生于山坡、河岸、路旁、砂质草地及林缘。

物候　花期 5—9 月，果期 6—10 月。

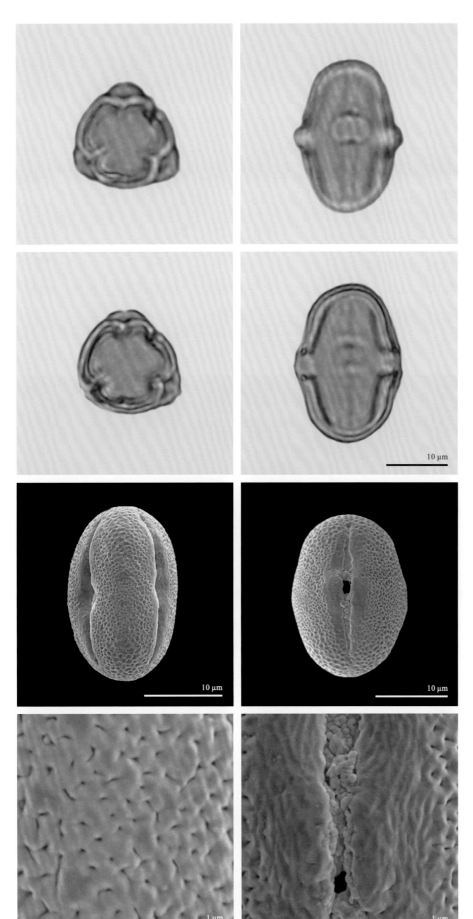

★ 形状大小

花粉单元：单粒

花粉大小：小

★ 萌发区

萌发区个数：3

萌发区类型：孔沟

状态及特性：萌发区膜具纹饰，内孔横长，具缘

★ 极性及形状

极性：等极

形状：长球状

极面观外廓：三角形

★ 干花粉形状

形状：长球状

极面观外廓：圆形，浅裂

折叠：萌发区凹陷

★ 纹饰

光镜纹饰：平滑

电镜纹饰：微网状

★ 其他

花粉包被：—

乌氏体：无

注释：—

歪头菜

Vicia unijuga A. Br.

多年生草本。茎具棱。叶轴顶端具细刺尖，偶见卷须；托叶戟形或近披针形；小叶 1 对，卵状披针形或近菱形。总状花序单一，稀有分支呈复总状花序。花萼紫色，斜钟状或钟状，萼齿长为萼筒的 1/5；花冠蓝紫、紫红或淡蓝色，旗瓣中部两侧缢缩呈倒提琴形，龙骨瓣短于翼瓣；胚珠 2~8，具子房柄，花柱上部四周被毛。荚果扁，长圆形，无毛，棕黄色，近革质。

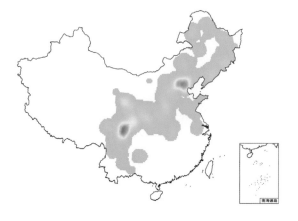

生境　生于低海拔至 4000 米山地、林缘、草地、沟边及灌丛。

物候　花期 6—7 月，果期 8—9 月。

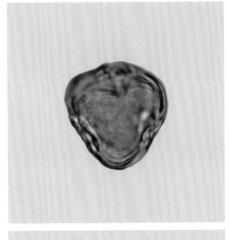
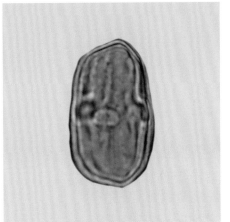

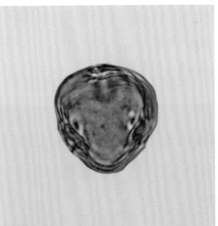

★ 形状大小

花粉单元：单粒

花粉大小：小

★ 萌发区

萌发区个数：3

萌发区类型：孔沟

状态及特性：内孔横长，萌发区膜光滑

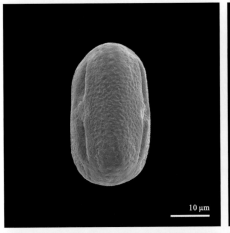
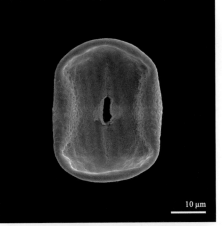

★ 极性及形状

极性：等极

形状：长球状

极面观外廓：三角形

★ 干花粉形状

形状：长球状

极面观外廓：圆形，浅裂

折叠：萌发区凹陷

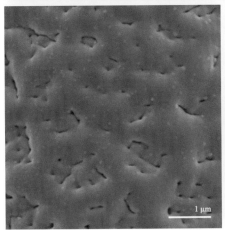
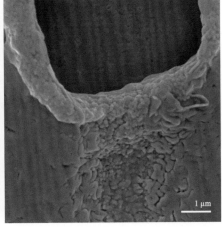

★ 纹饰

光镜纹饰：平滑

电镜纹饰：穿孔的

★ 其他

花粉包被：—

乌氏体：无

注释：—

胡枝子

Lespedeza bicolor Turcz.

灌木。叶具 3 小叶；小叶草质，卵形、倒卵形或卵状长圆形。总状花序比叶长，常构成大型、较疏散的圆锥花序米。花梗密被毛；花萼浅裂，裂片常短于萼筒；花冠红紫色，旗瓣倒卵形，翼瓣近长圆形，具耳和瓣柄，龙骨瓣与旗瓣近等长，基部具长瓣柄。荚果斜倒卵形，稍扁，具网纹，密被短柔毛。

生境　生于海拔 150～1000 米的山坡、林缘、路旁、灌丛及杂木林间。

物候　花期 7—9 月，果期 9—10 月

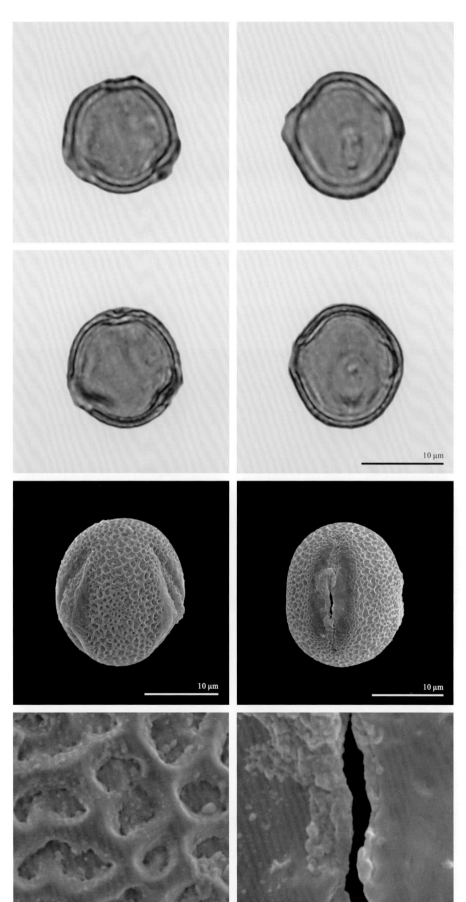

★ 形状大小

花粉单元：单粒

花粉大小：小

★ 萌发区

萌发区个数：3

萌发区类型：孔沟

状态及特性：萌发区膜具纹饰，内孔竖长，具缘

★ 极性及形状

极性：等极

形状：球状

极面观外廓：圆形，浅裂

★ 干花粉形状

形状：长球状

极面观外廓：圆形，浅裂

折叠：不折叠

★ 纹饰

光镜纹饰：粗糙状

电镜纹饰：网状

★ 其他

花粉包被：—

乌氏体：无

注释：—

甘草

Glycyrrhiza uralensis Fisch.

多年生草本。茎密被鳞片状腺点、刺毛状腺体和柔毛。羽状复叶；小叶 5～17，卵形、长卵形或近圆形。总状花序腋生。花萼钟状，密被黄色腺点和短柔毛，基部一侧膨大，萼齿 5，上方 2 枚大部分连合；花冠紫、白或黄色。荚果线形，弯曲呈镰刀状或环状，外面有瘤状突起和刺毛状腺体，密集成球状。种子 3～11，圆形或肾形。

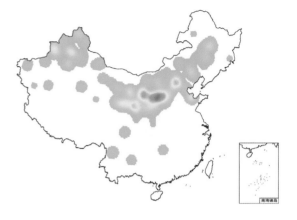

生境　常生于干旱沙地、河岸砂质地、山坡草地及盐渍化土壤中。

物候　花期 6—8 月，果期 7—10 月。

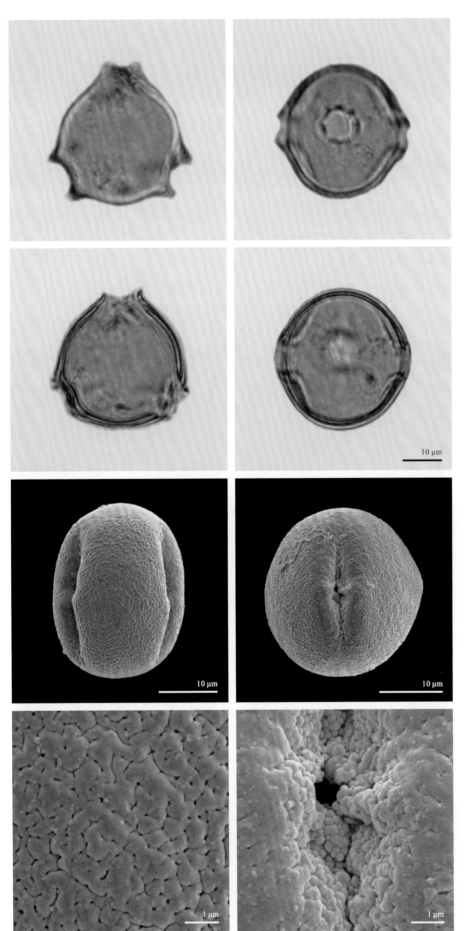

★ 形状大小

花粉单元：单粒

花粉大小：中等大小

★ 萌发区

萌发区个数：3

萌发区类型：孔沟

状态及特性：具缘

★ 极性及形状

极性：等极

形状：球状

极面观外廓：三角形

★ 干花粉形状

形状：长球状

极面观外廓：圆形，浅裂

折叠：萌发区凹陷

★ 纹饰

光镜纹饰：平滑

电镜纹饰：穿孔的

★ 其他

花粉包被：—

乌氏体：无

注释：内孔圆形

紫藤

Wisteria sinensis (Sims) Sweet

大型藤本。茎左旋。羽状复叶，小叶纸质，卵状椭圆形或卵状披针形，小托叶刺毛状。总状花序生于去年短枝的叶腋或顶芽，先叶开花。花梗细；花萼密被细毛；花冠紫色，旗瓣反折，基部有2枚柱状胼胝体；子房密被茸毛，胚珠6~8。荚果线状倒披针形，成熟后不脱落，密被灰色茸毛。种子1~3，褐色，扁圆形，具光泽。

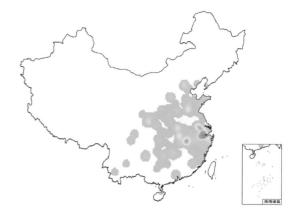

生境　多作为庭院棚架植物栽培。

物候　花期4—5月，果期5—8月。

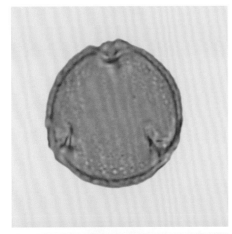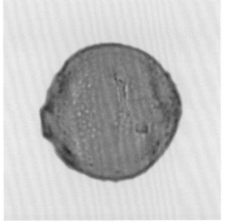

★ 形状大小

花粉单元：单粒

花粉大小：中等大小

★ 萌发区

萌发区个数：3

萌发区类型：孔沟

状态及特性：萌发区膜具纹饰

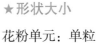

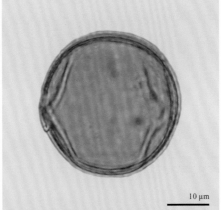

★ 极性及形状

极性：等极

形状：球状

极面观外廓：圆形，浅裂

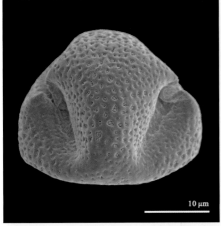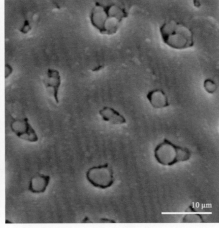

★ 干花粉形状

形状：长球状

极面观外廓：圆形，浅裂

折叠：萌发区凹陷

★ 纹饰

光镜纹饰：网状

电镜纹饰：微网状

★ 其他

花粉包被：－

乌氏体：无

注释：网孔有颗粒

牛叠肚

Rubus crataegifolius Bge.

灌木。单叶，卵形或长卵形；叶柄疏生柔毛和小皮刺，托叶线形。花数朵簇生或成短总状花序，常顶生。花梗有柔毛；苞片与托叶相似；花萼有柔毛，果期近无毛，萼片卵状三角形或卵形，先端渐尖；花瓣椭圆形或长圆形，白色；雄蕊直立，花丝宽扁；雌蕊多数。果近球形，成熟时暗红色，无毛，有光泽；核具皱纹。

生境　生于向阳山坡灌木丛中或林缘，常在山沟、路边成群生长，海拔 300～2500 米。

物候　花期 5—6 月，果期 7—9 月。

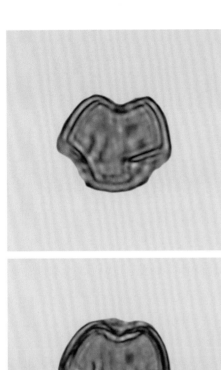
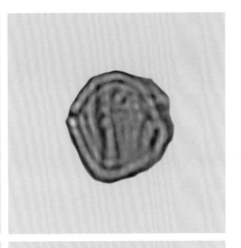

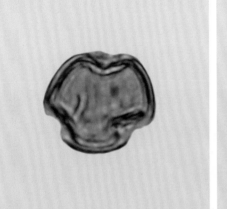
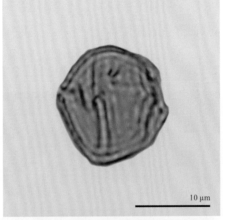

★ 形状大小

花粉单元：单粒

花粉大小：小

★ 萌发区

萌发区个数：3

萌发区类型：孔沟

状态及特性：桥连，萌发区膜
具纹饰

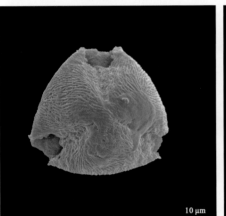

10 μm

10 μm

★ 极性及形状

极性：等极

形状：长球状

极面观外廓：不规则的

★ 干花粉形状

形状：长球状

极面观外廓：三角形

折叠：萌发区凹陷

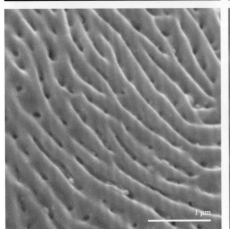
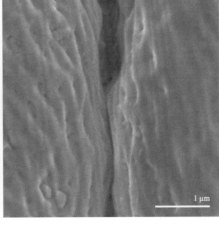

1 μm

1 μm

★ 纹饰

光镜纹饰：平滑

电镜纹饰：条纹状，穿孔的

★ 其他

花粉包被：－

乌氏体：无

注释：－

毛樱桃

Cerasus tomentosa (Thunb.) Wall.

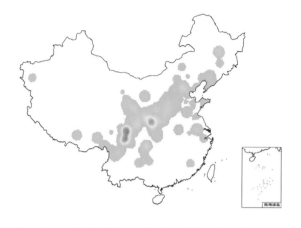

灌木，稀小乔木状。叶卵状椭圆形或倒卵状椭圆形；托叶线形。花单生或2朵簇生，花叶同开放，近先叶开放或先叶开放。萼筒管状或杯状，萼片三角状卵形；花瓣白或粉红色，倒卵形；雄蕊短于花瓣；花柱伸出与雄蕊近等长或稍长；子房被毛或仅顶端或基部被毛。核果近球形，熟时红色；核棱脊两侧有纵沟。

生境 生于山坡林中、林缘、灌丛中或草地，海拔100～3200米。

物候 花果期4—5月。

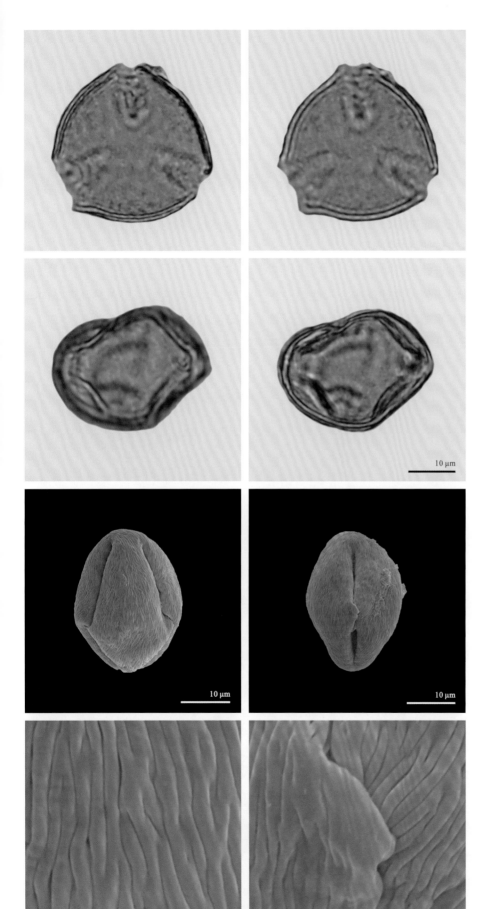

★ 形状大小

花粉单元：单粒

花粉大小：中等大小

★ 萌发区

萌发区个数：3

萌发区类型：孔沟

状态及特性：桥连

★ 极性及形状

极性：等极

形状：长球状

极面观外廓：圆形，浅裂

★ 干花粉形状

形状：长球状

极面观外廓：圆形，浅裂

折叠：萌发区凹陷，不规则
折叠

★ 纹饰

光镜纹饰：条纹状

电镜纹饰：条纹状

★ 其他

花粉包被：—

乌氏体：无

注释：—

山桃

Amygdalus davidiana (Carr.) C. de Vos ex Henry var. *davidiana*

乔木。叶卵状披针形；叶柄具腺体。花单生，先叶开放。花梗极短或几无梗；花萼筒钟形，萼片卵形或卵状长圆形，紫色；花瓣倒卵形或近圆形，粉红色，先端钝圆，稀微凹。核果近球形，果柄短而深入果洼；果肉薄而干，成熟时不裂；核球形或近球形，两侧扁，顶端钝圆，基部平截，具纵、横沟纹和孔穴，与果肉分离。

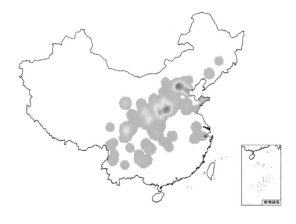

生境　生于山坡、山谷沟底或荒野疏林及灌丛内，海拔 800 ~ 3200 米。

物候　花期 3—4 月，果期 7—8 月。

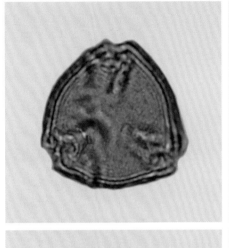
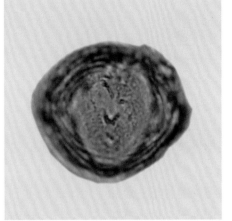

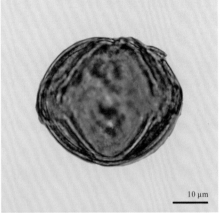

10 μm

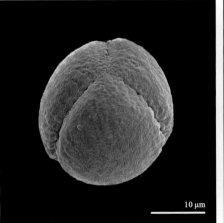
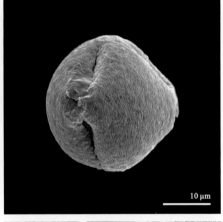

10 μm

10 μm

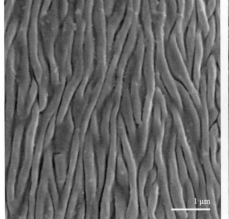
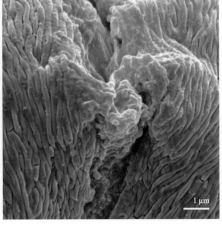

1 μm

1 μm

★形状大小

花粉单元：单粒

花粉大小：中等大小

★萌发区

萌发区个数：3

萌发区类型：孔沟

状态及特性：角萌发区，桥连

★极性及形状

极性：等极

形状：球状

极面观外廓：三角形

★干花粉形状

形状：球状

极面观外廓：圆形，浅裂

折叠：萌发区凹陷

★纹饰

光镜纹饰：条纹状

电镜纹饰：条纹状

★其他

花粉包被：−

乌氏体：无

注释：−

梅

Armeniaca mume Sieb.

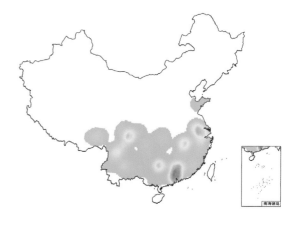

小乔木，稀灌木。叶片卵形或椭圆形；叶柄常有腺体。花单生或有时 2 朵同生于 1 芽内，香味浓，先于叶开放；花萼通常红褐色；萼筒宽钟形；萼片卵形或近圆形，先端圆钝；花瓣倒卵形，白色至粉红色；雄蕊短或稍长于花瓣；花柱短或稍长于雄蕊。果实近球形，黄色或绿白色，味酸。

生境　栽培。

物候　花期冬春季，果期 5—6 月（在华北果期延至 7—8 月）。

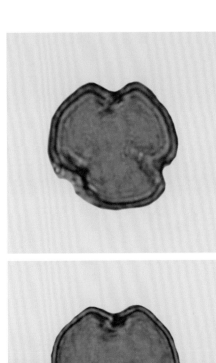
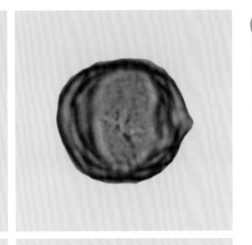

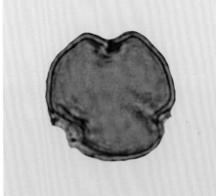
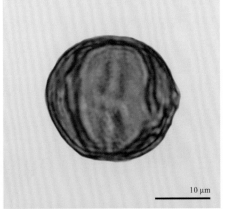

★ 形状大小

花粉单元：单粒

花粉大小：中等大小

★ 萌发区

萌发区个数：3

萌发区类型：孔沟

状态及特性：桥连

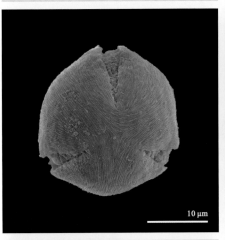
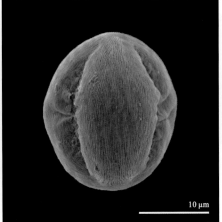

★ 极性及形状

极性：等极

形状：长球状

极面观外廓：圆形，浅裂

★ 干花粉形状

形状：长球状

极面观外廓：圆形，浅裂

折叠：萌发区凹陷

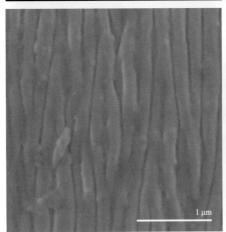
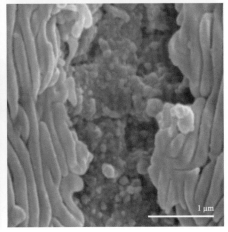

★ 纹饰

光镜纹饰：条纹状

电镜纹饰：条纹状

★ 其他

花粉包被：－

乌氏体：无

注释：－

杏

Armeniaca vulgaris Lam.

乔木。叶宽卵形或圆卵形,叶柄基部常具 1~6 腺体。花单生,先于叶开放。花梗被柔毛;花萼紫绿色,萼筒圆筒形,萼片卵形或卵状长圆形,花后反折:花瓣圆形或倒卵形,白色带红晕。核果球形,稀倒卵圆形,熟时白、黄或黄红色,常具红晕,微被柔毛;核卵圆形或椭圆形,腹棱较钝圆,背棱较直,腹面具龙骨状棱。种仁味苦或甜。

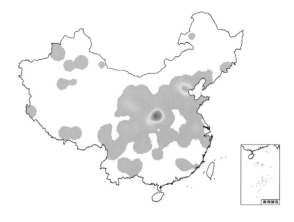

生境　栽培。

物候　花期3—4月,果期6—7月。

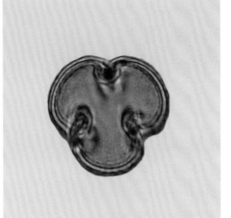

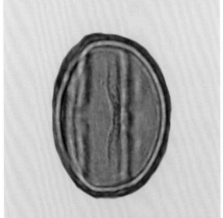
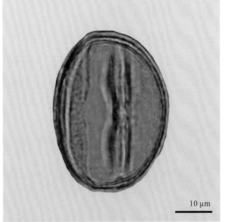

★ 形状大小

花粉单元：单粒

花粉大小：中等大小

★ 萌发区

萌发区个数：3

萌发区类型：孔沟

状态及特性：桥连

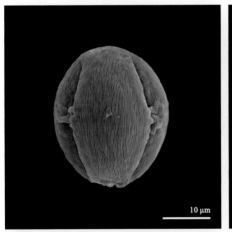
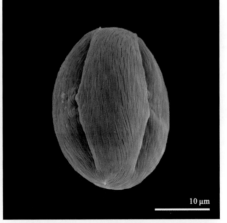

★ 极性及形状

极性：等极

形状：长球状

极面观外廓：圆形，浅裂

★ 干花粉形状

形状：长球状

极面观外廓：圆形，浅裂

折叠：不折叠

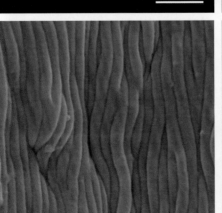
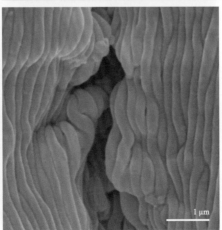

★ 纹饰

光镜纹饰：条纹状

电镜纹饰：条纹状

★ 其他

花粉包被：－

乌氏体：无

注释：－

皱皮木瓜

Chaenomeles speciosa (Sweet) Nakai

灌木。叶卵形至椭圆形，稀长椭圆形；托叶草质，肾形或半圆形，稀卵形。花先叶开放，3~5簇生于二年生老枝。花梗粗，近无柄；被丝托钟状，外面无毛，萼片直立，半圆形，稀卵形，全缘或有波状齿和黄褐色睫毛；花瓣猩红色，倒卵形或近圆形，基部下延成短爪；雄蕊45~50；花柱5，基部合生。果球形或卵球形，黄或带红色。味芳香，萼片脱落。

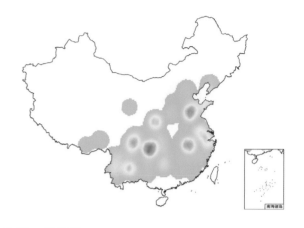

生境　多栽培。

物候　花期3—5月，果期9—10月。

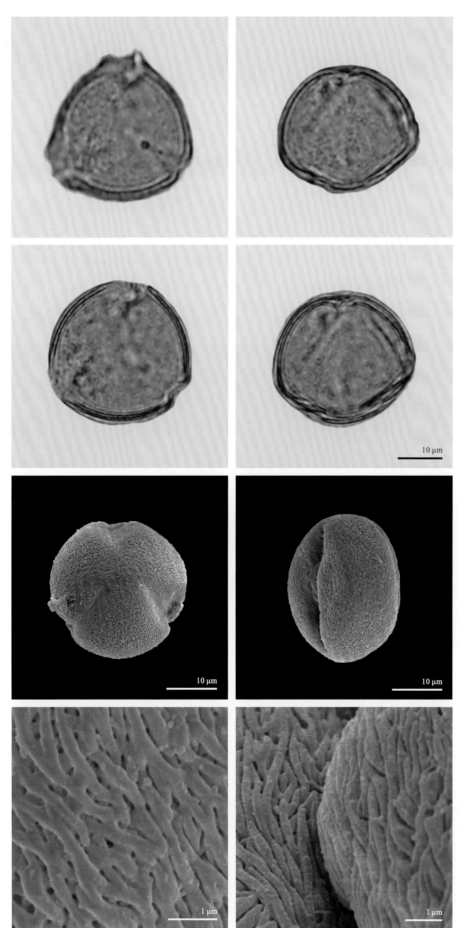

★ 形状大小

花粉单元：单粒

花粉大小：中等大小

★ 萌发区

萌发区个数：3

萌发区类型：孔沟

状态及特性：桥连

★ 极性及形状

极性：等极

形状：长球状

极面观外廓：三角形

★ 干花粉形状

形状：长球状

极面观外廓：三角形

折叠：萌发区间凹陷

★ 纹饰

光镜纹饰：条纹状

电镜纹饰：条纹状

★ 其他

花粉包被：－

乌氏体：无

注释：－

龙芽草 龙牙草

Agrimonia pilosa Ldb.

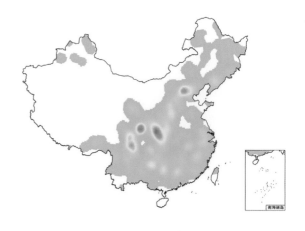

多年生草本。叶为间断奇数羽状复叶；小叶倒卵形、倒卵状椭圆形或倒卵状披针形；托叶草质，镰形。穗状总状花序。花梗被柔毛，苞片 3 裂，小苞片对生。萼片三角状卵形；花瓣黄色，长圆形；雄蕊 5～8～15；花柱 2。瘦果倒卵状圆锥形，有 10 条肋，被疏柔毛，顶端有数层钩刺，幼时直立，成熟后靠合。

生境　常生于溪边、路旁、草地、灌丛、林缘及疏林下，海拔 100～3800 米。

物候　花果期 5—12 月。

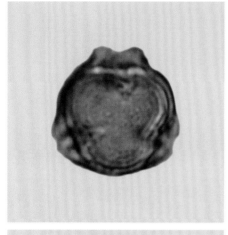
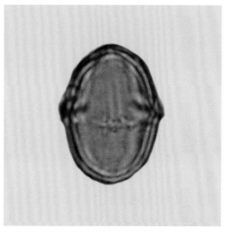

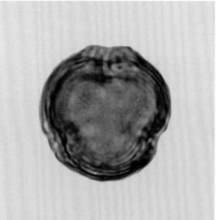
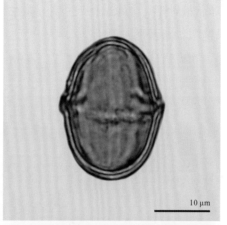

10 μm

★形状大小

花粉单元：单粒

花粉大小：小

★萌发区

萌发区个数：3

萌发区类型：孔沟

状态及特性：桥连，萌发区膜具纹饰，内孔横长

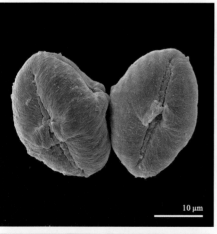
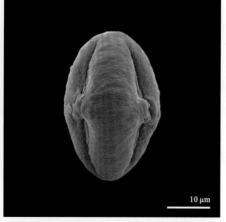

10 μm

10 μm

★极性及形状

极性：等极

形状：长球状

极面观外廓：圆形，浅裂

★干花粉形状

形状：长球状

极面观外廓：圆形，浅裂

折叠：萌发区凹陷

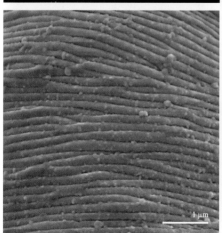
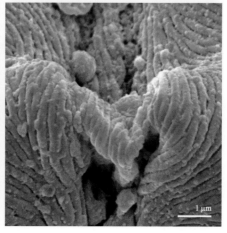

1 μm

1 μm

★纹饰

光镜纹饰：条纹状

电镜纹饰：条纹状

★其他

花粉包被：–

乌氏体：无

注释：–

美蔷薇

Rosa bella Rehd. et Wils.

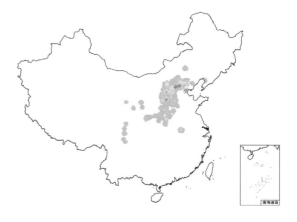

灌木。小叶 7 ~ 9；小叶椭圆形、卵形或长圆形，有单锯齿；小叶柄和叶轴有散生腺毛和小皮刺，托叶大部贴生于叶柄，离生部分卵形，边缘有腺齿。花单生或 2 ~ 3 集生；苞片卵状披针形，边缘有腺齿；花梗与花萼均被腺毛；萼片卵状披针形，全缘，外面有腺毛，短于雄蕊。蔷薇果椭圆状卵圆形，顶端有短颈，熟时猩红色，有腺毛，宿萼直立。

生境　多生灌丛中，山脚下或河沟旁等处，海拔可达 1700 米。

物候　花期 5—7 月，果期 8—10 月。

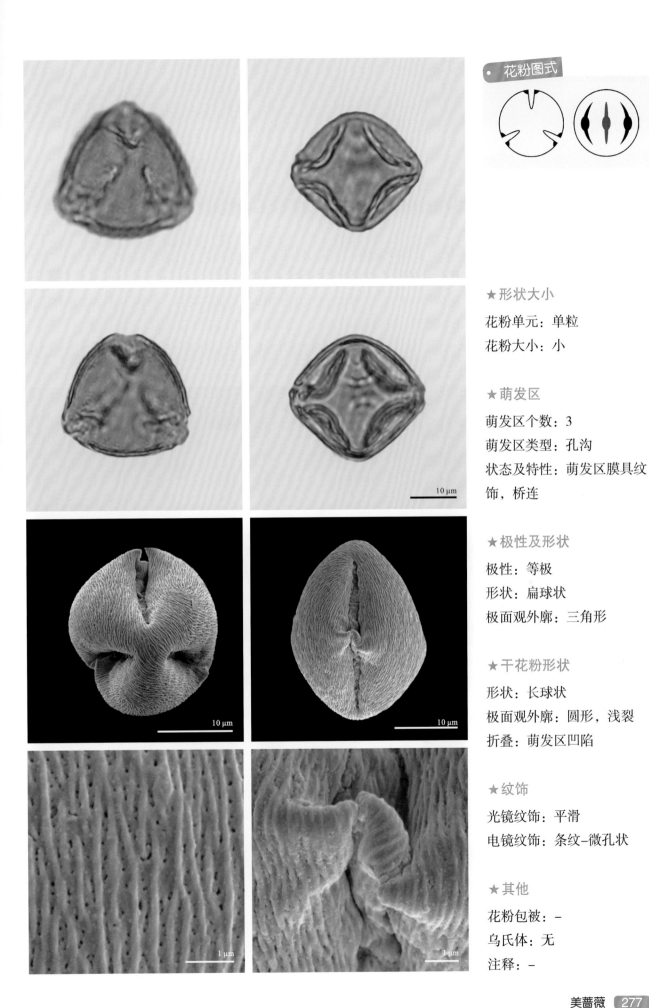

★ 形状大小

花粉单元：单粒

花粉大小：小

★ 萌发区

萌发区个数：3

萌发区类型：孔沟

状态及特性：萌发区膜具纹饰，桥连

★ 极性及形状

极性：等极

形状：扁球状

极面观外廓：三角形

★ 干花粉形状

形状：长球状

极面观外廓：圆形，浅裂

折叠：萌发区凹陷

★ 纹饰

光镜纹饰：平滑

电镜纹饰：条纹-微孔状

★ 其他

花粉包被：−

乌氏体：无

注释：−

委陵菜

Potentilla chinensis Ser.

多年生草本。基生叶为羽状复叶；小叶片对生或互生；基生叶托叶近膜质。伞房状聚伞花序，花梗基部有披针形苞片；萼片三角卵形，顶端急尖，副萼片带形或披针形，顶端尖，比萼片短约1倍且狭窄；花瓣黄色，宽倒卵形，顶端微凹，比萼片稍长；花柱近顶生，柱头扩大。瘦果卵球形，深褐色，有明显皱纹。

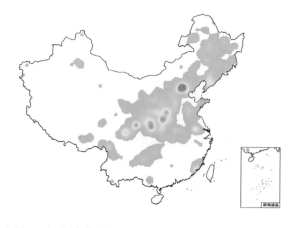

生境　生山坡草地、沟谷、林缘、灌丛或疏林下，海拔 400～3200 米。

物候　花果期 4—10 月。

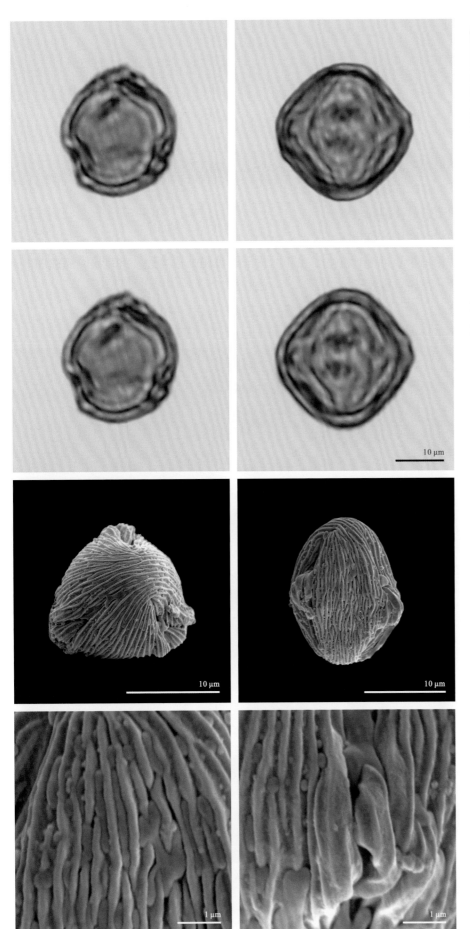

★ 形状大小

花粉单元：单粒
花粉大小：小

★ 萌发区

萌发区个数：3
萌发区类型：孔沟
状态及特性：桥连

★ 极性及形状

极性：等极
形状：长球状
极面观外廓：圆形，浅裂

★ 干花粉形状

形状：长球状
极面观外廓：圆形，浅裂
折叠：萌发区凹陷

★ 纹饰

光镜纹饰：条纹状
电镜纹饰：条纹状

★ 其他

花粉包被：-
乌氏体：无
注释：-

樱桃

Cerasus pseudocerasus (Lindl.) G. Don

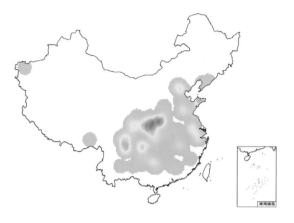

乔木。叶卵形或长圆状倒卵形,齿端有小腺体;叶柄被疏柔毛,先端有1或2个大腺体。花序伞房状或近伞形,有3~6花,先叶开花;总苞倒卵状椭圆形,褐色,边有腺齿。萼筒钟状,萼片三角状卵形或卵状长圆形,全缘,长为萼筒一半或近半;花瓣白色,卵形,先端下凹或2裂;花柱与雄蕊近等长,无毛。核果近球形,熟时红色。

生境 生于山坡阳处或沟边,常栽培,海拔300~600米。

物候 花期3—4月,果期5—6月。

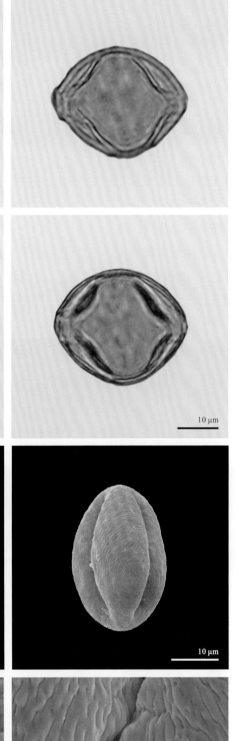

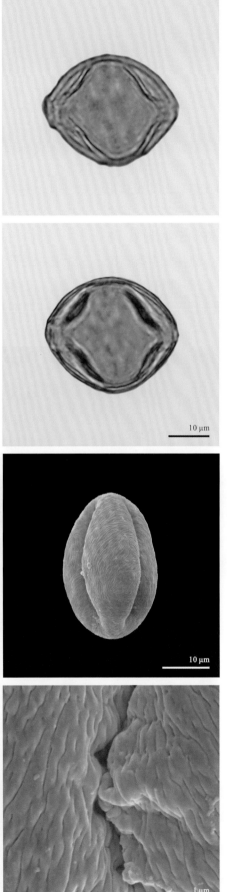

★ 形状大小

花粉单元：单粒

花粉大小：中等大小

★ 萌发区

萌发区个数：3

萌发区类型：孔沟

状态及特性：桥连

★ 极性及形状

极性：等极

形状：长球状

极面观外廓：三角形

★ 干花粉形状

形状：长球状

极面观外廓：圆形，浅裂

折叠：萌发区凹陷

★ 纹饰

光镜纹饰：条纹状

电镜纹饰：条纹状

★ 其他

花粉包被：－

乌氏体：无

注释：－

酸枣

Ziziphus jujuba var. *spinosa* (Bunge) Hu ex H. F. Chow

小乔木或灌木。叶纸质，卵形，卵状椭圆形；托叶刺纤细。花黄绿色，两性，5基数，具短总花梗；花瓣倒卵圆形，基部有爪，与雄蕊等长；花盘厚，肉质，圆形，5裂；子房下部藏于花盘内，与花盘合生，2室，每室有1胚珠，花柱2半裂。核果矩圆形或长卵圆形，核顶端锐尖，基部锐尖或钝，2室，具1或2种子；种子扁椭圆形。

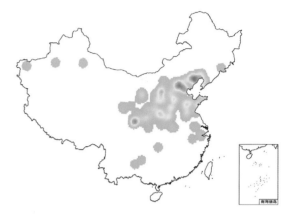

生境　生于海拔1700米以下的山区、丘陵或平原。广为栽培。

物候　花期5—7月，果期8—9月。

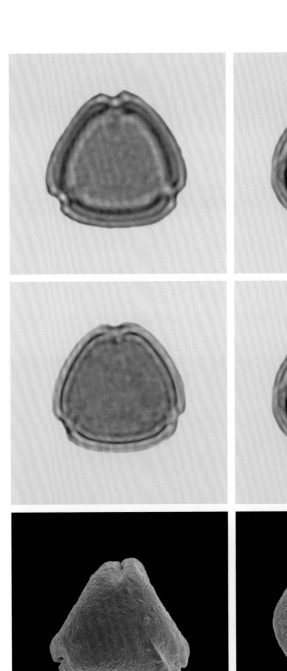

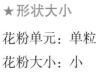

★ 形状大小

花粉单元：单粒

花粉大小：小

★ 萌发区

萌发区个数：3

萌发区类型：孔沟

状态及特性：萌发区膜具

纹饰

★ 极性及形状

极性：等极

形状：扁球状

极面观外廓：三角形

★ 干花粉形状

形状：扁球状

极面观外廓：三角形

折叠：萌发区间凹陷

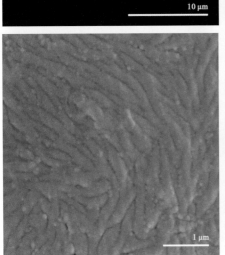
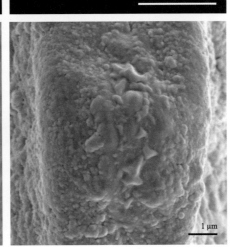

★ 纹饰

光镜纹饰：平滑

电镜纹饰：条纹状

★ 其他

花粉包被：−

乌氏体：无

注释：−

壳斗科 / 栎属

麻栎

Quercus acutissima Carruth.

落叶乔木。叶长椭圆状披针形，先端长渐尖，基部近圆或宽楔形，具刺芒状锯齿，两面同色，幼时被柔毛，老叶无毛或仅下面脉上被毛，侧脉13～18对。壳斗杯状，连线形苞片径2～4厘米，高约1.5厘米，苞片外曲；果卵圆形或椭圆形，长，顶端圆。

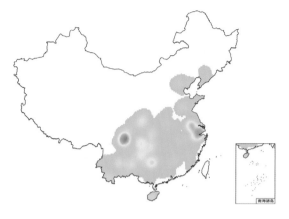

生境　生于海拔60～2200米的山地阳坡，成小片纯林或混交林。

物候　花期3—4月，果期翌年9—10月。

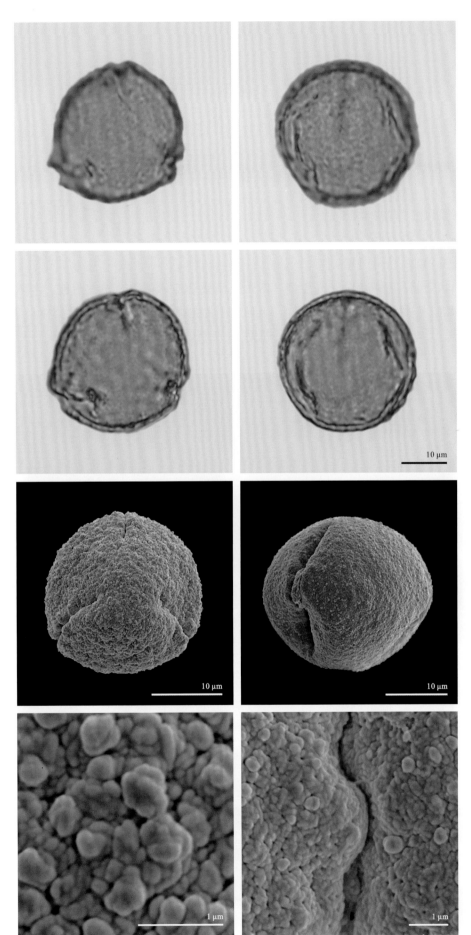

★ 形状大小

花粉单元：单粒

花粉大小：中等大小

★ 萌发区

萌发区个数：3

萌发区类型：孔沟

状态及特性：–

★ 极性及形状

极性：等极

形状：球状

极面观外廓：圆形

★ 干花粉形状

形状：扁球状

极面观外廓：圆形

折叠：萌发区凹陷

★ 纹饰

光镜纹饰：粗糙状

电镜纹饰：颗粒状

★ 其他

花粉包被：–

乌氏体：无

注释：–

蒙古栎

Quercus mongolica Fischer ex Ledebour

落叶乔木。叶片倒卵形至长倒卵形。雄花序生于新枝下部，长 5~7 厘米；花被 6~8 裂，雄蕊通过 8~10；雌花序生于新枝上端叶腋，有花 4~5 朵，通常只 1~2 朵发育，花被 6 裂，花柱短，柱头 3 裂。壳斗杯形，包着坚果 1/3~1/2，壳斗外壁小苞片三角状卵形，呈半球形瘤状突起，密被灰白色短绒毛，伸出口部边缘呈流苏状。坚果卵形至长卵形。

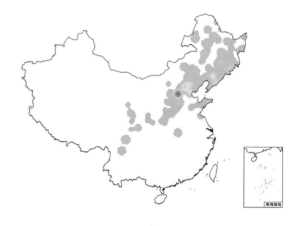

生境　常生于海拔 800 米以上，常在阳坡、半阳坡形成小片纯林或与桦树等组成混交林。

物候　花期 4—5 月，果期 9 月。

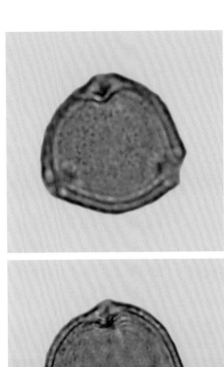
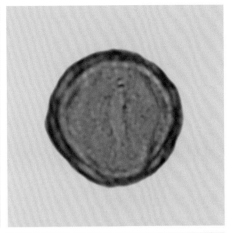

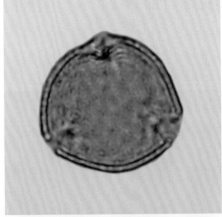
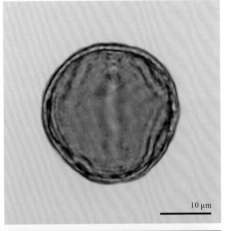

★ 形状大小

花粉单元：单粒

花粉大小：小

★ 萌发区

萌发区个数：3

萌发区类型：孔沟

状态及特性：内孔竖长，萌
发区膜具纹饰

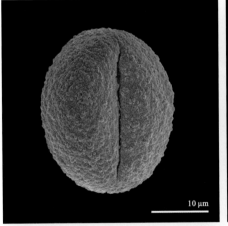
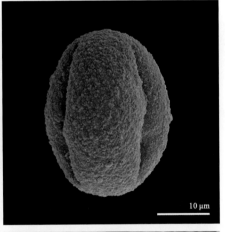

★ 极性及形状

极性：等极

形状：长球状

极面观外廓：圆形，浅裂

★ 干花粉形状

形状：长球状

极面观外廓：圆形，浅裂

折叠：萌发区凹陷

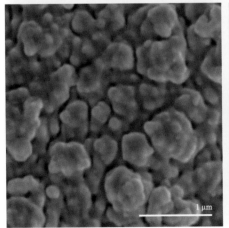
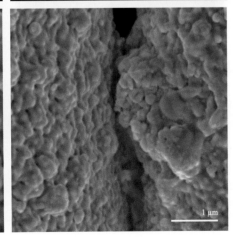

★ 纹饰

光镜纹饰：粗糙状

电镜纹饰：颗粒状

★ 其他

花粉包被：-

乌氏体：有

注释：-

枹栎

Quercus serrata Thunb.

乔木。叶片薄革质，倒卵形或倒卵状椭圆形。雄花序长 8 ~ 12 厘米，花序轴密被白毛，雄蕊 8；雌花序长 1.5 ~ 3.0 厘米。壳斗杯状，包着坚果 1/4 ~ 1/3，直径 1.0 ~ 1.2 厘米，高 5 ~ 8 毫米；小苞片长三角形，贴生，边缘具柔毛。坚果卵形至卵圆形，直径 0.8 ~ 1.2 厘米，高 1.7 ~ 2.0 厘米，果脐平坦。

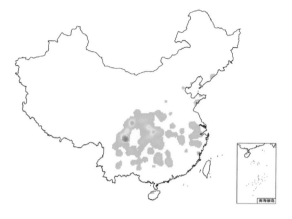

生境 生于海拔 200 ~ 2000 米的山地或沟谷林中。有栽培。

物候 花期 3—4 月，果期 9—10 月。

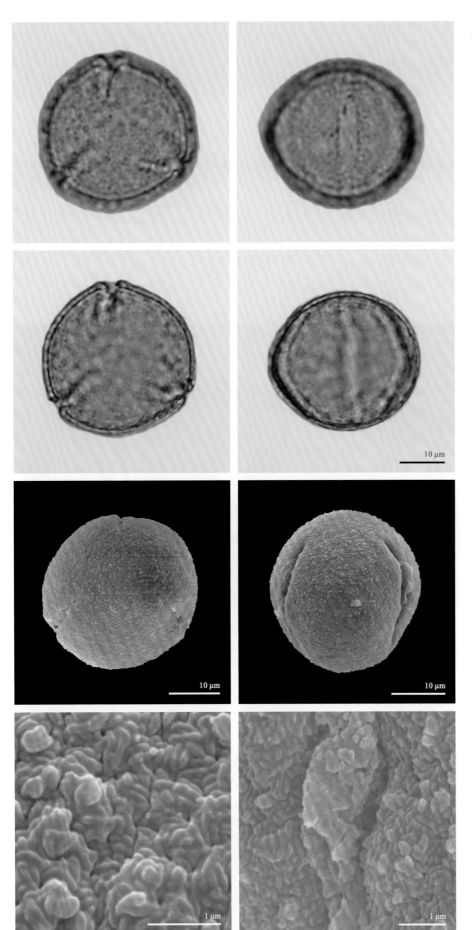

10 μm

10 μm   10 μm

1 μm   1 μm

★ 形状大小

花粉单元：单粒

花粉大小：中等大小

★ 萌发区

萌发区个数：3

萌发区类型：孔沟

状态及特性：内孔竖长，萌

发区膜具纹饰

★ 极性及形状

极性：等极

形状：长球状

极面观外廓：圆形，浅裂

★ 干花粉形状

形状：长球状

极面观外廓：圆形，浅裂

折叠：萌发区凹陷

★ 纹饰

光镜纹饰：粗糙状

电镜纹饰：颗粒状

★ 其他

花粉包被：－

乌氏体：有

注释：－

栗 板栗

Castanea mollissima Bl.

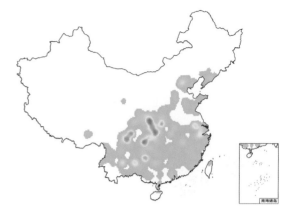

　　乔木。小枝被灰色绒毛。叶椭圆形或长圆形，先端短尖或骤渐尖，基部宽楔形或近圆，上面近无毛，下面被星状绒毛或近无毛；托叶被长毛及腺鳞。雄花序花序轴被毛，雄花3～5成簇；每总苞具（1～）3～5雄花。壳斗具（1）2～3果，壳斗刺被星状毛。

生境　常见栽培。

物候　花期4—5月，果期8—10月。

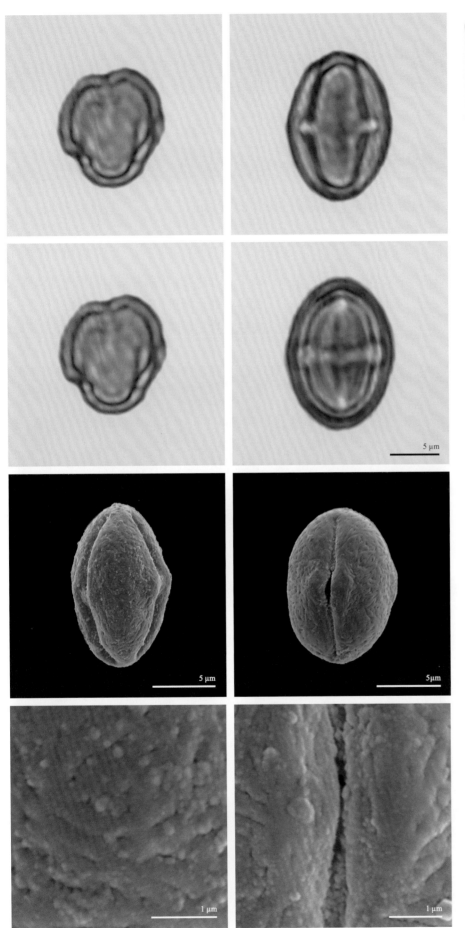

5 μm

★ 形状大小

花粉单元：单粒

花粉大小：小

★ 萌发区

萌发区个数：3

萌发区类型：孔沟

状态及特性：-

★ 极性及形状

极性：等极

形状：长球状

极面观外廓：圆形，浅裂

★ 干花粉形状

形状：长球状

极面观外廓：圆形，浅裂

折叠：不折叠

★ 纹饰

光镜纹饰：平滑

电镜纹饰：蠕虫状，穿孔的

★ 其他

花粉包被：-

乌氏体：无

注释：-

细叉梅花草

Parnassia oreophila Hance

多年生草本。基生叶卵状长圆形或三角状卵形，全缘，托叶膜质。茎中部或中部以下具1叶（苞叶），茎生叶卵状长圆形，早落；无柄，半抱茎。花单生茎顶。萼片披针形，具3脉；花瓣白色，宽匙形或倒卵状长圆形；雄蕊5，退化雄蕊扁平，先端3深裂达2/3，稀稍过中裂，裂片棒状，先端平；子房半下位，花柱短，柱头3裂，裂片长圆形，花后反折。蒴果长卵圆形。

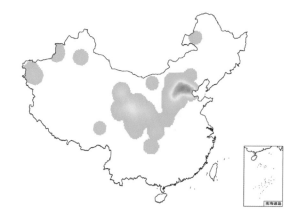

生境 生于高山草地、山腰林缘和阴坡潮湿处以及路旁等处，海拔1600~3000米。

物候 花期7月，果期9月。

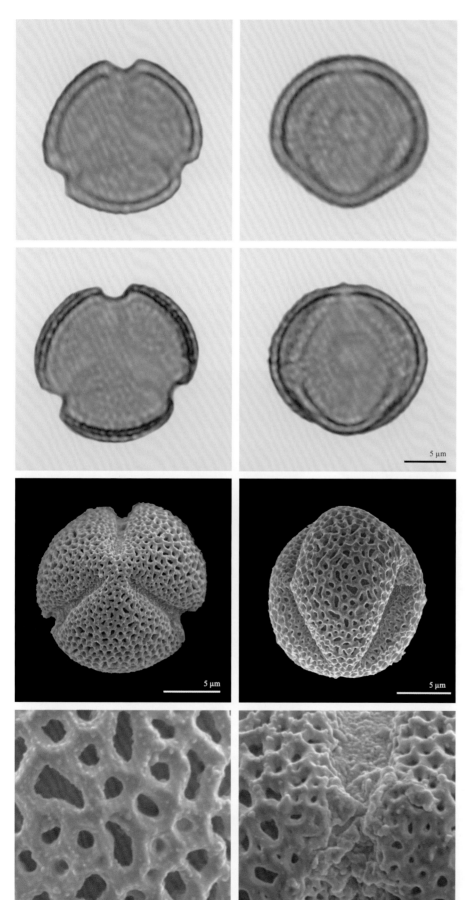

★ 形状大小

花粉单元：单粒

花粉大小：小

★ 萌发区

萌发区个数：3

萌发区类型：孔沟

状态及特性：萌发区膜光滑

★ 极性及形状

极性：等极

形状：球状

极面观外廓：圆形，浅裂

★ 干花粉形状

形状：长球状

极面观外廓：圆形，浅裂

折叠：萌发区凹陷

★ 纹饰

光镜纹饰：网状

电镜纹饰：网状

★ 其他

花粉包被：－

乌氏体：无

注释：网脊上有小颗粒

梅花草

Parnassia palustris L.

多年生草本。基生叶卵形或长卵形；托叶膜质。茎 2~4，近中部具 1 叶（苞叶）；基部常有铁锈色附属物，半抱茎。花单生茎顶。萼片椭圆形或长圆形；花瓣白色，宽卵形或倒卵形，全缘，常有紫色斑点；雄蕊 5，花丝扁平，长短不等；退化雄蕊 5，呈分枝状，分枝长短不等，中间长，两侧短；子房上位，花柱极短，柱头 4 裂。蒴果卵圆形，4 瓣裂。

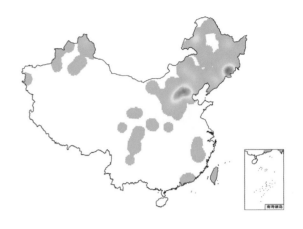

生境　生于潮湿的山坡草地中，沟边或河谷地阴湿处，海拔 1580~2000 米。

物候　花期 7—9 月，果期 10 月。

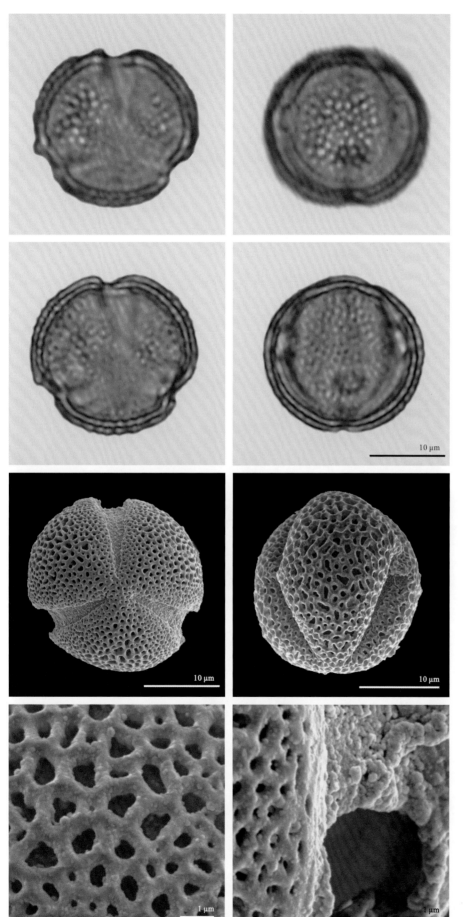

★ 形状大小

花粉单元：单粒

花粉大小：小

★ 萌发区

萌发区个数：3

萌发区类型：孔沟

状态及特性：萌发区膜光滑

★ 极性及形状

极性：等极

形状：球状

极面观外廓：圆形

★ 干花粉形状

形状：球状

极面观外廓：圆形，浅裂

折叠：萌发区凹陷

★ 纹饰

光镜纹饰：网状

电镜纹饰：网状，穿孔的

★ 其他

花粉包被：–

乌氏体：无

注释：–

白杜

Euonymus maackii Rupr.

小乔木。小枝圆柱形。叶对生，卵状椭圆形、卵圆形或窄椭圆形。聚伞花序有3至多花；花序梗微扁。花4数，淡白绿或黄绿色；花萼裂片半圆形；花瓣长圆状倒卵形；雄蕊生于4圆裂花盘上；子房四角形，4室，每室2胚珠。蒴果倒圆心形，4浅裂，熟时粉红色。种子棕黄色，长椭圆形，假种皮橙红色，全包种子，成熟后顶端常有小口。

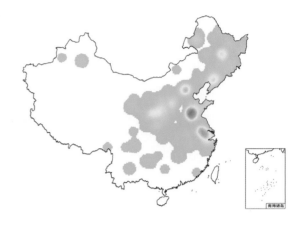

生境　多为园林栽培。

物候　花期5—6月，果期9月。

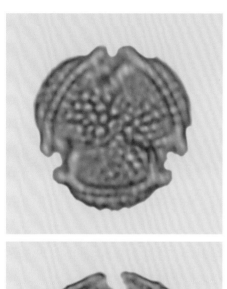
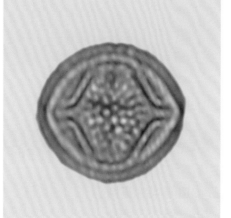

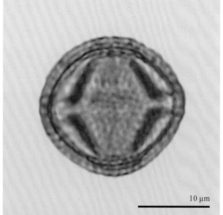

★ 形状大小

花粉单元：单粒

花粉大小：中等大小

★ 萌发区

萌发区个数：2

萌发区类型：孔沟

状态及特性：萌发区膜具纹饰

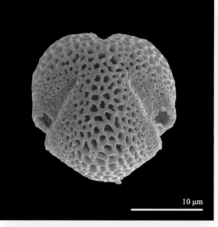

★ 极性及形状

极性：等极

形状：扁球状

极面观外廓：圆形，浅裂

★ 干花粉形状

形状：长球状

极面观外廓：圆形，浅裂

折叠：萌发区凹陷

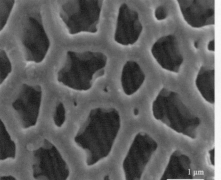
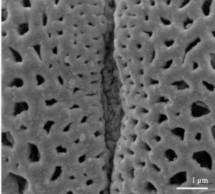

★ 纹饰

光镜纹饰：网状

电镜纹饰：网状

★ 其他

花粉包被：—

乌氏体：无

注释：—

栓翅卫矛

Euonymus phellomanus Loes.

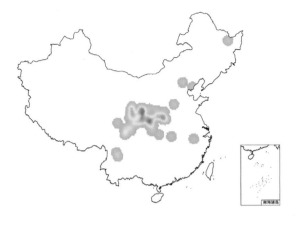

灌木。枝常具 4 纵列木栓质厚翅。叶对生，长椭圆形或椭圆状倒披针形。聚伞花序有 2～3 次分枝，有 7～15 花。花 4 数，白绿色；花萼裂片近圆形；花瓣倒卵形或卵状长圆形；子房半球形，花柱短，柱头圆钝，不膨大。蒴果倒心形，熟时粉红色，4 棱。种子椭圆形，种皮棕色；假种皮橘红色，包被种子全部。

生境　生于山谷林中，在靠近南方各省区，都分布于 2000 米以上的高海拔地带。

物候　花期 7 月，果期 9—10 月。

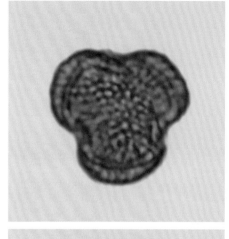
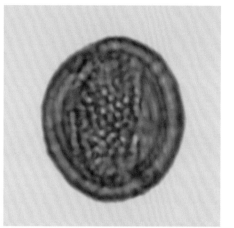

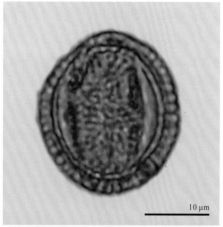

★ 形状大小

花粉单元：单粒

花粉大小：小

★ 萌发区

萌发区个数：3

萌发区类型：孔沟

状态及特性：–

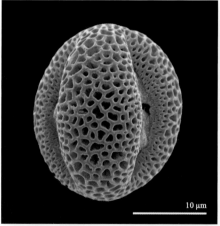
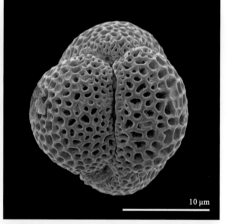

★ 极性及形状

极性：等极

形状：长球状

极面观外廓：圆形，浅裂

★ 干花粉形状

形状：长球状

极面观外廓：圆形，浅裂

折叠：萌发区凹陷

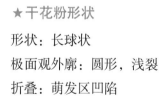

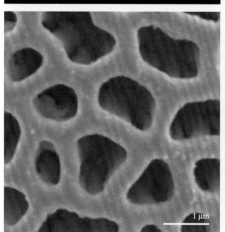
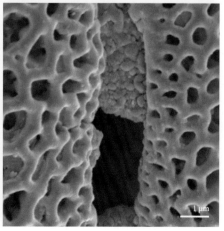

★ 纹饰

光镜纹饰：网状

电镜纹饰：网状

★ 其他

花粉包被：–

乌氏体：无

注释：–

乳浆大戟

Euphorbia esula L.

多年生草本。叶线形或卵形；无叶柄；不育枝叶常为松针状。总苞叶 3～5；伞幅 3～5；苞叶 2，肾形。花序单生于．歧分枝顶端，无梗；总苞钟状，边缘 5 裂，裂片半圆形至三角形，腺体 4，新月形，两端具角，角长而尖或短钝，褐色。雄花多枚；雌花 1；花柱分离。蒴果三棱状球形，具 3 纵沟花柱宿存。种子卵圆形，黄褐色；种阜盾状，无柄。

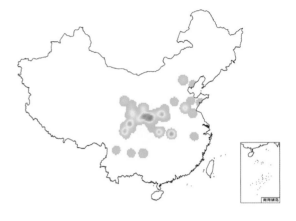

生境　生于路旁、杂草丛、山坡、林下、河沟边、荒山、沙丘及草地。

物候　花果期 4—10 月。

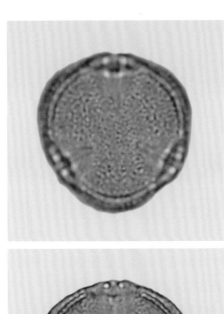

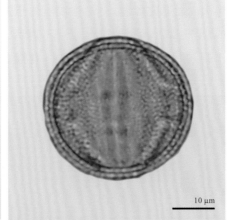

★ 形状大小

花粉单元：单粒

花粉大小：中等大小

★ 萌发区

萌发区个数：3

萌发区类型：孔沟

状态及特性：角间萌发区，
内孔竖长，具缘

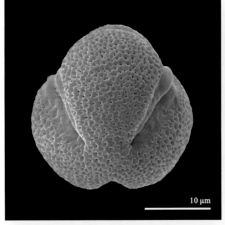
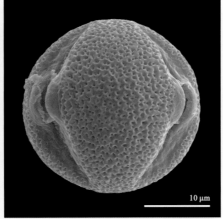

★ 极性及形状

极性：等极

形状：球状

极面观外廓：三角形

★ 干花粉形状

形状：球状

极面观外廓：三角形

折叠：不折叠

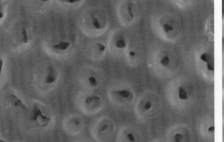
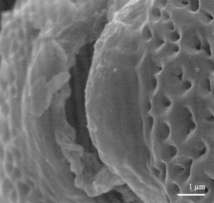

★ 纹饰

光镜纹饰：粗糙状

电镜纹饰：穿孔的

★ 其他

花粉包被：—

乌氏体：无

注释：—

雀儿舌头

Leptopus chinensis (Bunge) Pojark.

灌木。叶卵形、近圆形或椭圆形，基部或宽楔形，侧脉 4～6 对；托叶卵状三角形。花雌雄同株，单生或 2～4 朵簇生叶腋。雄花花梗丝状；萼片卵形或宽卵形；花瓣白色，匙形；花盘腺体 5，分离，顶端 2 深裂；雄蕊离生，花丝丝状；无退化雌蕊。雌花花瓣倒卵形；花盘环状，10 裂至中部。蒴果球形或扁球形，具宿萼。

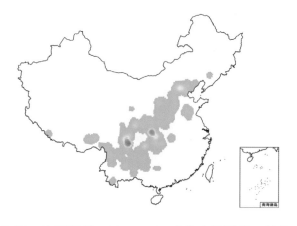

生境　生于海拔 500～1000 米的山地灌丛、林缘、路旁、岩崖或石缝中。

物候　花期 2—8 月，果期 6—10 月。

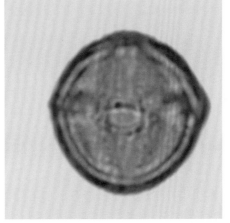

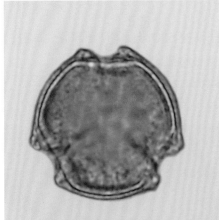
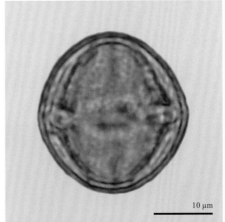

★ 形状大小

花粉单元：单粒

花粉大小：中等大小

★ 萌发区

萌发区个数：3

萌发区类型：孔沟

状态及特性：角萌发区，内孔横长，萌发区膜具纹饰

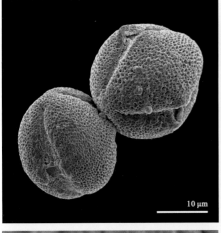
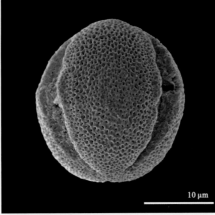

★ 极性及形状

极性：等极

形状：球状

极面观外廓：三角形

★ 干花粉形状

形状：球状

极面观外廓：三角形

折叠：萌发区凹陷

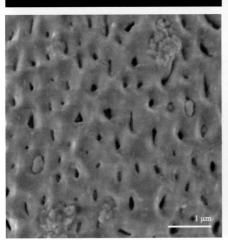
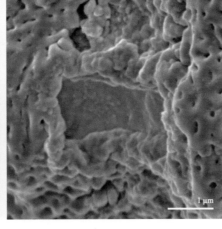

★ 纹饰

光镜纹饰：粗糙状

电镜纹饰：微网状

★ 其他

花粉包被：—

乌氏体：无

注释：—

叶下珠

Phyllanthus urinaria L.

一年生草本。枝具翅状纵棱。叶纸质，长圆形或倒卵形；托叶卵状披针形。花雌雄同株；雄花2~4朵簇生叶腋，常仅上面1朵开花；花梗基部具苞片1~2枚；萼片6，倒卵形；雄蕊3，花丝合生成柱；花盘腺体6，分离。雌花单生于小枝中下部叶腋；萼片6，卵状披针形；花盘圆盘状，全缘；子房有鳞片状凸起。蒴果球形，红色，具小凸刺，花柱和萼片宿存。

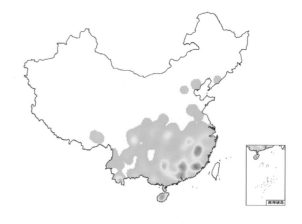

生境　通常生于海拔500米以下旷野平地、旱田、山地路旁或林缘。

物候　花期4—6月，果期7—11月。

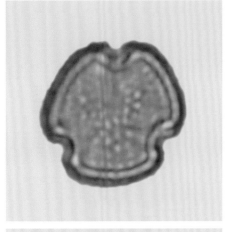

● 花粉图式

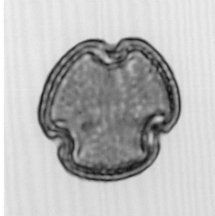
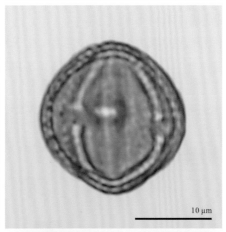

★**形状大小**

花粉单元：单粒

花粉大小：小

★**萌发区**

萌发区个数：3

萌发区类型：孔沟

状态及特性：萌发区膜具纹饰，具缘

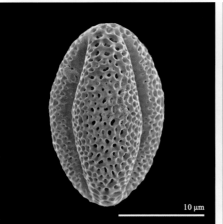
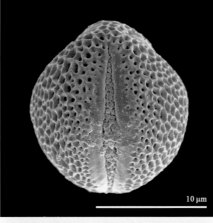

★**极性及形状**

极性：等极

形状：球状

极面观外廓：圆形，浅裂

★**干花粉形状**

形状：长球状

极面观外廓：圆形，浅裂

折叠：萌发区凹陷

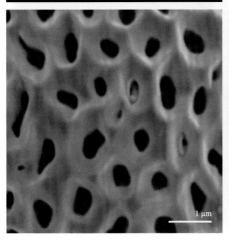
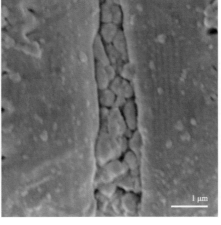

★**纹饰**

光镜纹饰：网状

电镜纹饰：网状

★**其他**

花粉包被：－

乌氏体：无

注释：－

紫花地丁

Viola philippica Cav.

多年生草本。基生叶莲座状。花紫堇色或淡紫色，稀白色或侧方花瓣粉红色，喉部有紫色条纹；花梗中部有2线形小苞片；萼片卵状披针形或披针形，基部附属物短；花瓣倒卵形或长圆状倒卵形，下瓣连管状距有紫色脉纹；距细管状，末端不向上弯；柱头三角形，两侧及后方具微隆起的缘边，顶部略平，前方具短喙。蒴果长圆形。

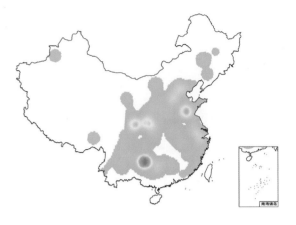

生境　生于田间、荒地、山坡草丛、林缘或灌丛中。
物候　花果期4—9月。

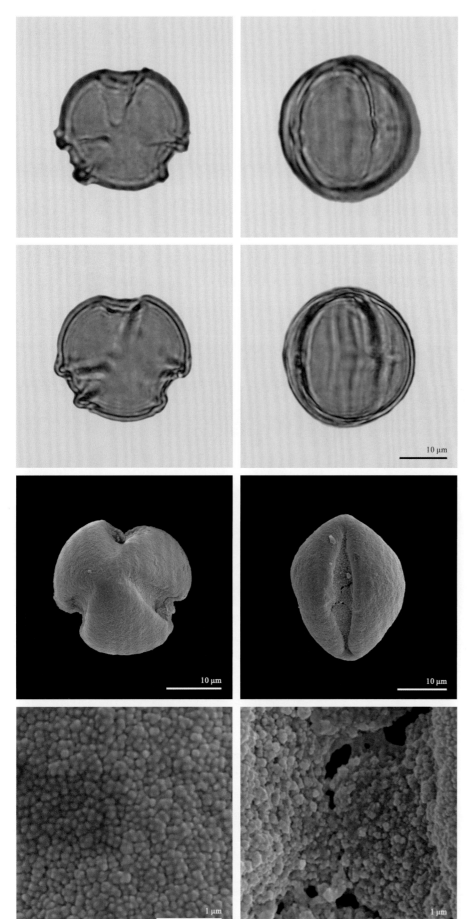

★ 形状大小

花粉单元：单粒

花粉大小：中等大小

★ 萌发区

萌发区个数：3

萌发区类型：孔沟

状态及特性：萌发区膜具纹饰

★ 极性及形状

极性：等极

形状：长球状

极面观外廓：圆形，浅裂

★ 干花粉形状

形状：长球状

极面观外廓：圆形，浅裂

折叠：萌发区凹陷

★ 纹饰

光镜纹饰：平滑

电镜纹饰：颗粒状

★ 其他

花粉包被：－

乌氏体：无

注释：－

贯叶连翘

Hypericum perforatum L.

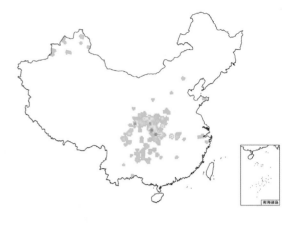

多年生草本。叶椭圆形或线形，先端钝，基部近心形抱茎，无柄。二歧状聚伞花序，具5~7花，组成顶生圆锥花序。萼片长圆形或披针形，先端尖或渐尖，边缘具黑腺点；花瓣黄色，长圆形或长圆状椭圆形，上部及边缘具黑色腺点，宿存；雄蕊5束，每束具雄蕊约15枚；花柱3。蒴果长圆状卵球形，具背生腺条及侧生黄褐色囊状腺体。

生境　生于山坡、路旁、草地、林下及河边等处，海拔500~2100米。有栽培。

物候　花期7—8月，果期9—10月。

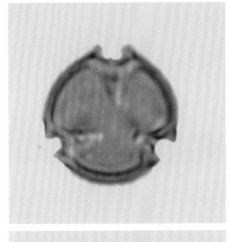

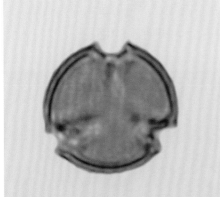
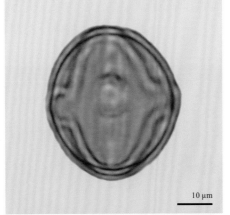

★ 形状大小

花粉单元：单粒

花粉大小：中等大小

★ 萌发区

萌发区个数：3

萌发区类型：孔沟

状态及特性：萌发区膜光滑，

具缘

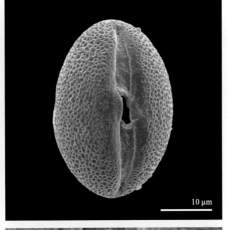

★ 极性及形状

极性：等极

形状：长球状

极面观外廓：圆形，浅裂

★ 干花粉形状

形状：长球状

极面观外廓：圆形，浅裂

折叠：萌发区凹陷

★ 纹饰

光镜纹饰：平滑

电镜纹饰：穿孔的

★ 其他

花粉包被：−

乌氏体：无

注释：−

鼠掌老鹳草

Geranium sibiricum L.

多年生草本。叶对生，肾状五角形，基部宽心形，掌状 5 深裂。花序梗粗，腋生，长于叶，被倒向柔毛，具 1 花，稀 2 花。萼片卵状椭圆形或卵状披针形，背面沿脉疏被柔毛；花瓣倒卵形，白或淡紫红色，等于或稍长于萼片，先端微凹或缺刻。蒴果长疏被柔毛，果柄下垂。

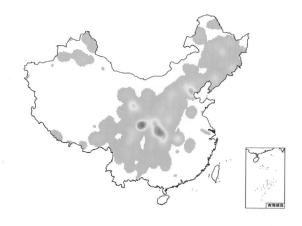

生境　生于林缘、疏灌丛、河谷草甸或为杂草。
物候　花期 6—7 月，果期 8—9 月。

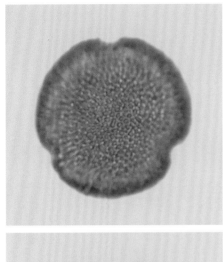
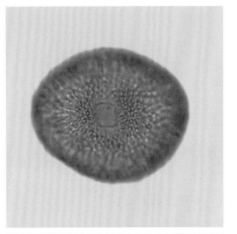

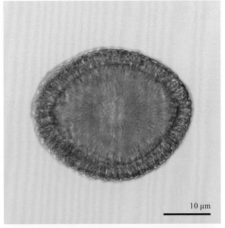

★ 形状大小

花粉单元：单粒

花粉大小：中等大小

★ 萌发区

萌发区个数：3

萌发区类型：孔沟

状态及特性：短孔沟，萌发区膜光滑

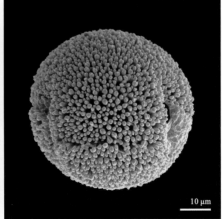

★ 极性及形状

极性：等极

形状：球状

极面观外廓：圆形，浅裂

★ 干花粉形状

形状：球状

极面观外廓：圆形，浅裂

折叠：萌发区凹陷

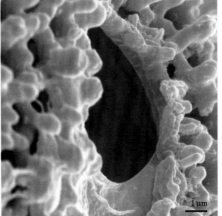

★ 纹饰

光镜纹饰：棒状

电镜纹饰：棒状

★ 其他

花粉包被：－

乌氏体：无

注释：－

老鹳草

Geranium wilfordii Maxim.

多年生草本。叶对生，圆肾形，下部全缘，上部不规则齿裂，上面被伏毛；茎生叶 3 裂。花序稍长于叶，花序梗短，每梗具 2 花。萼片长卵形，长 5 ~ 6 毫米，背面被柔毛，有时混生开展腺毛；花瓣白或淡红色，倒卵形，与萼片近等长；雄蕊稍短于萼片，花丝淡褐色，被缘毛；花柱与分枝紫红色。蒴果长约 2 厘米，被柔毛和糙毛。

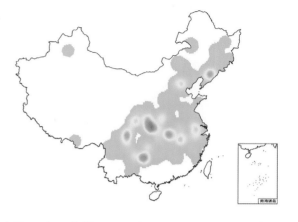

生境　生于海拔 1800 米以下的低山林下、草甸。
物候　花期 6—8 月，果期 8—9 月。

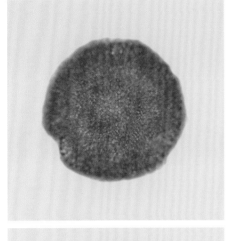

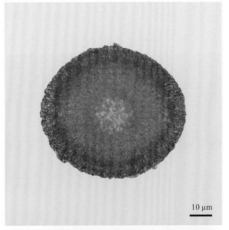

★ 形状大小

花粉单元：单粒

花粉大小：大

10 μm

★ 萌发区

萌发区个数：3

萌发区类型：孔沟

状态及特性：短孔沟

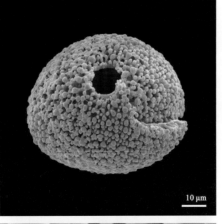

★ 极性及形状

极性：等极

形状：球状

极面观外廓：圆形，浅裂

10 μm

10 μm

★ 干花粉形状

形状：球状

极面观外廓：圆形，浅裂

折叠：萌发区凹陷

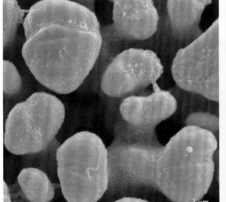
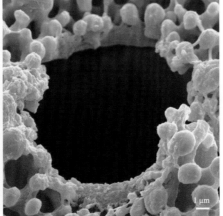

★ 纹饰

光镜纹饰：棍棒状

电镜纹饰：棍棒状

1 μm

1 μm

★ 其他

花粉包被：－

乌氏体：无

注释：－

省沽油

Staphylea bumalda DC.

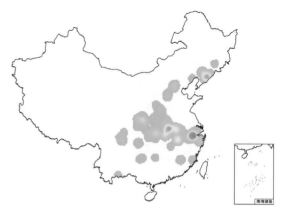

落叶灌木。复叶，3 小叶，小叶椭圆形、卵圆形或卵状披针形；顶生小叶柄。圆锥花序顶生，直立。萼片长椭圆形，淡黄白色；花瓣 5，白色，倒卵状长圆形；雄蕊 5，与花瓣近等长。蒴果膀胱状，扁平，2 室，先端 2 裂。种子黄色，有光泽。

生境　生于路旁、山地或丛林中。多栽培。

物候　花期 4—5 月，果期 8—9 月。

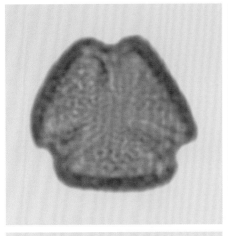
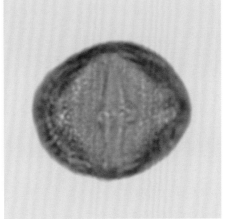

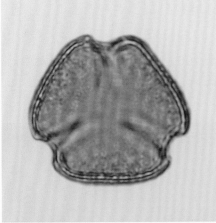
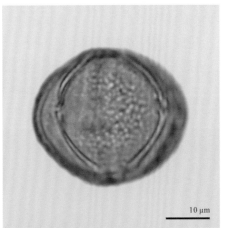

★ 形状大小

花粉单元：单粒

花粉大小：中等大小

★ 萌发区

萌发区个数：3

萌发区类型：孔沟

状态及特性：萌发区膜光滑

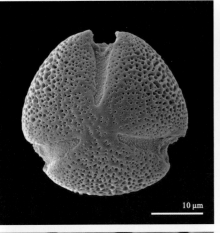
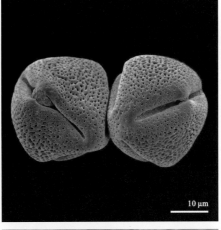

★ 极性及形状

极性：等极

形状：扁球状

极面观外廓：三角形

★ 干花粉形状

形状：球状

极面观外廓：圆形，浅裂

折叠：不折叠

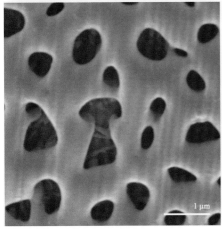
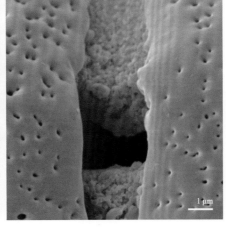

★ 纹饰

光镜纹饰：网状

电镜纹饰：微网状

★ 其他

花粉包被：—

乌氏体：无

注释：—

红叶　黄栌

Cotinus coggygria var. *cinerea* Engl.

灌木，高 3～5 米。叶倒卵形或卵圆形，先端圆形或微凹，基部圆形或阔楔形，全缘，两面或尤其叶背显著被灰色柔毛，侧脉 6～11 对，先端常叉开；叶柄短。圆锥花序被柔毛；花杂性；花萼无毛，裂片卵状三角形；花瓣卵形或卵状披针形，无毛；雄蕊 5，花药卵形，与花丝等长，花盘 5 裂，紫褐色；子房近球形，花柱 3，分离，不等长，果肾形，无毛。

生境　生于海拔 700～1620 米的向阳山坡林中。
物候　花果期 5—8 月。

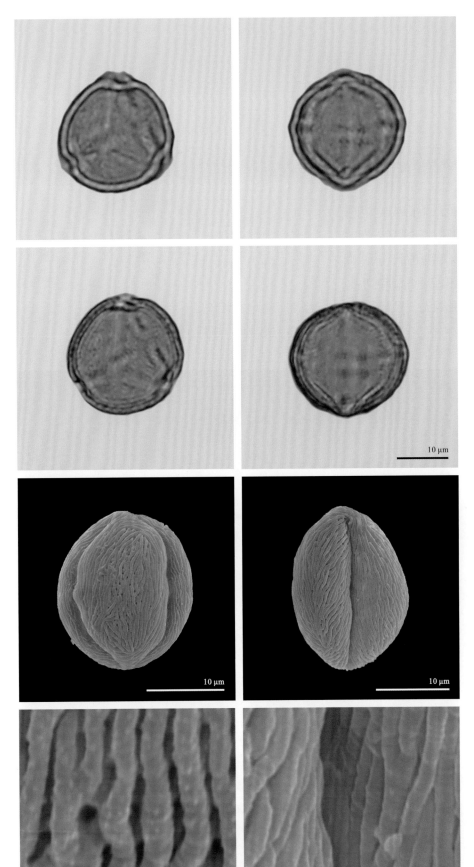

★ 形状大小

花粉单元：单粒

花粉大小：小

★ 萌发区

萌发区个数：3

萌发区类型：孔沟

状态及特性：角萌发区，内
孔横长

★ 极性及形状

极性：等极

形状：长球状

极面观外廓：三角形

★ 干花粉形状

形状：长球状

极面观外廓：三角形

折叠：萌发区凹陷

★ 纹饰

光镜纹饰：条纹状

电镜纹饰：条纹状

★ 其他

花粉包被：−

乌氏体：无

注释：条纹上覆小乳突

栾树

Koelreuteria paniculata Laxm.

乔木。一回或不完全二回或偶为二回羽状复叶。花淡黄色，稍芳香；花梗长 2.5 ~ 5.0 毫米；萼裂片卵形，具腺状缘毛，呈啮烛状；花瓣 4，花时反折，线状长圆形，瓣片基部的鳞片初黄色，花时橙红色，被疣状皱曲毛；雄蕊 8，雄花的长 7 ~ 9 毫米，雌花的长 4 ~ 5 毫米；花盘偏斜，有圆钝小裂片。蒴果圆锥形，具 3 棱，顶端渐尖，果瓣卵形，有网纹。种子近球形。

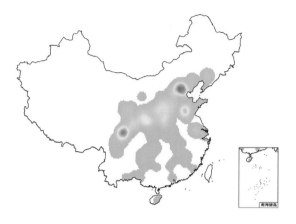

生境　各地有栽培。

物候　花期 6—8 月，果期 9—10 月。

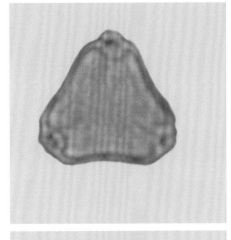
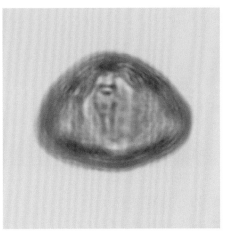

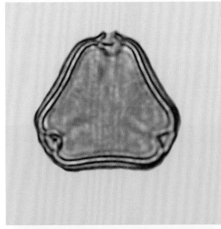
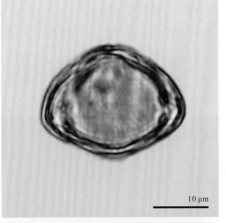

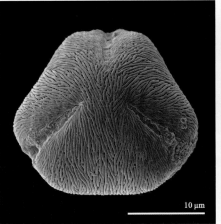
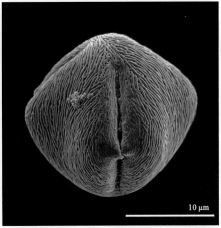

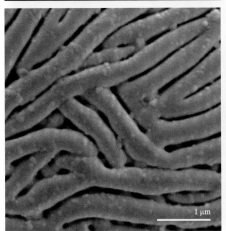
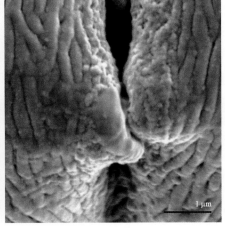

★ **形状大小**

花粉单元：单粒

花粉大小：中等大小

★ **萌发区**

萌发区个数：3

萌发区类型：孔沟

状态及特性：萌发区膜具纹饰，桥连

★ **极性及形状**

极性：等极

形状：扁球状

极面观外廓：三角形

★ **干花粉形状**

形状：球状

极面观外廓：三角形

折叠：萌发区凹陷

★ **纹饰**

光镜纹饰：平滑

电镜纹饰：条纹状

★ **其他**

花粉包被：-

乌氏体：无

注释：-

吴茱萸

Tetradium ruticarpum (A. Juss.) Hartley

小乔木或灌木。叶有小叶 5~11 片，小叶薄至厚纸质，油点大且多。花序顶生；雄花序的花彼此疏离，雌花序的花密集或疏离；萼片及花瓣均 5 片，镊合排列；退化雌蕊 4~5 深裂，雄蕊伸出花瓣之上；退化雄蕊鳞片状或短线状或兼有细小的不育花药。果密集或疏离，暗紫红色，有大油点，每分果瓣有 1 种子；种子近圆球形，一端钝尖，腹面略平坦，褐黑色，有光泽。

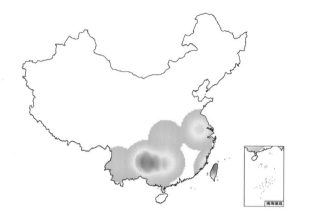

生境　生于平地至海拔 1500 米山地疏林或灌木丛中，多见于向阳坡地。北方有栽培。

物候　花期 4—6 月，果期 8—11 月。

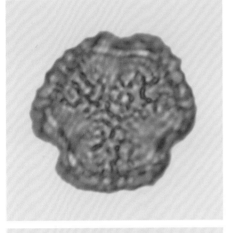
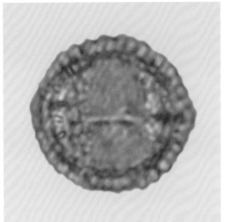

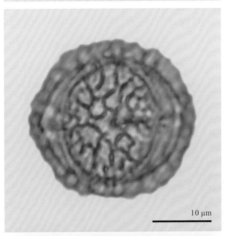

10 μm

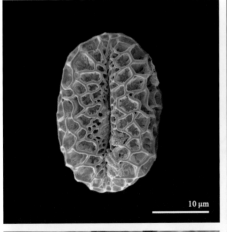

10 μm

10 μm

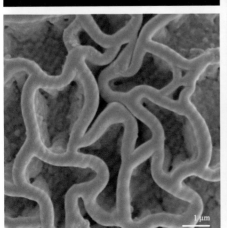
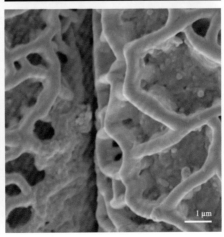

1 μm

1 μm

★形状大小

花粉单元：单粒

花粉大小：小

★萌发区

萌发区个数：3

萌发区类型：孔沟

状态及特性：内孔横长

★极性及形状

极性：等极

形状：长球状

极面观外廓：圆形，浅裂

★干花粉形状

形状：长球状

极面观外廓：圆形，浅裂

折叠：萌发区凹陷

★纹饰

光镜纹饰：网状

电镜纹饰：网状

★其他

花粉包被：−

乌氏体：无

注释：−

臭椿

Ailanthus altissima (Mill.) Swingle

落叶乔木，高达 20 余米。嫩枝被黄或黄褐色柔毛，后脱落。奇数羽状复叶；小叶 13～27，对生或近对生，纸质，卵状披针形，先端长渐尖，基部平截或稍圆，全缘，具 1～3 对粗齿，齿背有腺体，下面灰绿色。圆锥花序长达 30 厘米。翅果长椭圆形。

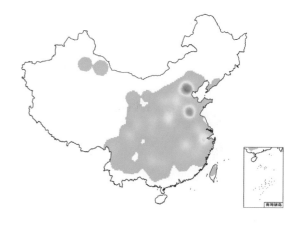

生境　世界各地广为栽培。

物候　花期 4—5 月，果期 8—10 月。

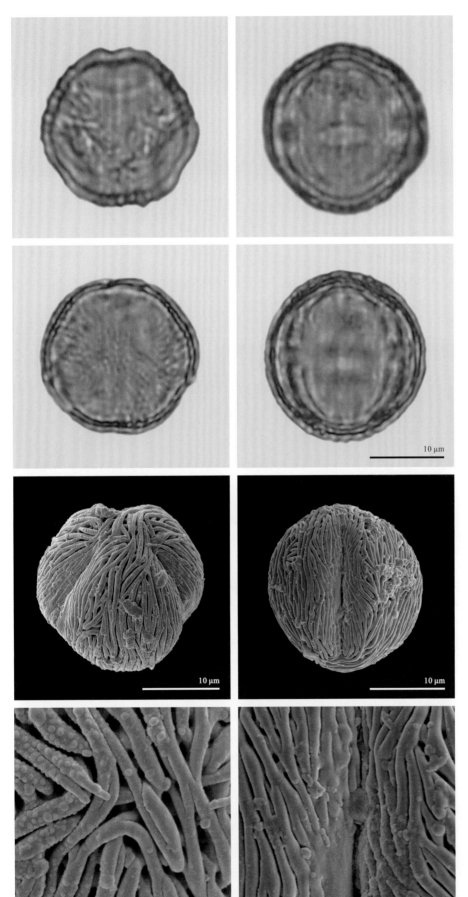

★ 形状大小

花粉单元：单粒

花粉大小：中等大小

★ 萌发区

萌发区个数：3

萌发区类型：孔沟

状态及特性：内孔横长

★ 极性及形状

极性：等极

形状：球状

极面观外廓：圆形

★ 干花粉形状

形状：球状

极面观外廓：圆形，浅裂

折叠：萌发区凹陷

★ 纹饰

光镜纹饰：条纹状

电镜纹饰：条纹状

★ 其他

花粉包被：—

乌氏体：无

注释：—

瘿椒树

Tapiscia sinensis Oliv.

落叶乔木。复叶，小叶 5~9，窄卵形或卵形，基部心形或近心形，具锯齿，下面密被近乳头状白粉点；侧生小叶柄短。圆锥花序腋生，雄花与两性花异株。有香气；两性花花萼钟状，5 浅裂，花瓣 5，窄倒卵形，花柱长于雄蕊；雄花有退化雌蕊，雄蕊 5，与花瓣互生，伸出花外。核果近球形或椭圆形。

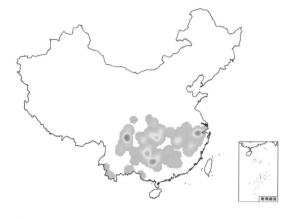

生境　生于山地林中。北方有栽培。
物候　花期 6—7 月，果期 9—10 月。

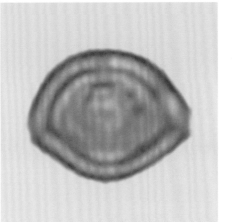

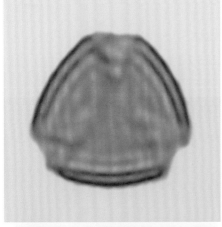
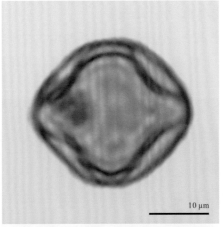

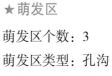

★ 形状大小

花粉单元：单粒

花粉大小：极小

★ 萌发区

萌发区个数：3

萌发区类型：孔沟

状态及特性：萌发区膜具纹饰，角萌发区

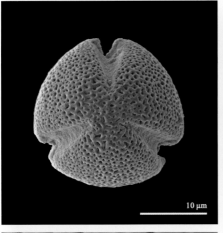
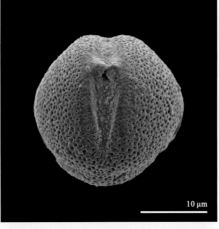

★ 极性及形状

极性：等极

形状：扁球状

极面观外廓：三角形

★ 干花粉形状

形状：长球状

极面观外廓：圆形，浅裂

折叠：萌发区凹陷

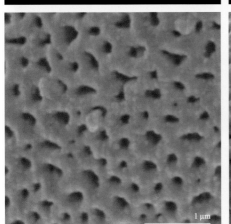
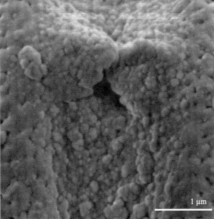

★ 纹饰

光镜纹饰：平滑

电镜纹饰：微网状

★ 其他

花粉包被：−

乌氏体：无

注释：−

扁担杆

Grewia biloba G. Don

灌木或小乔木。小枝和叶柄密生黄褐色星状柔毛。叶菱状卵形或菱形。聚伞花序腋生，具多花。聚伞花序与叶对生。苞片钻形；萼片窄长圆形；花柱与萼片等长，柱头盘状，有浅裂。花淡黄色；萼片5，窄披针形，密生柔毛，花瓣5，小；雄蕊多数；子房密生柔毛。核果橙红色，有2~4分核。核果红色，无毛，2裂，每裂有2小核。

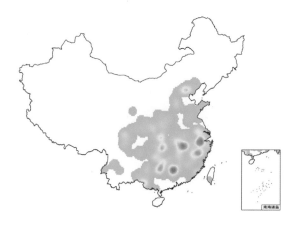

生境　生于低山林下。

物候　花果期5—7月。

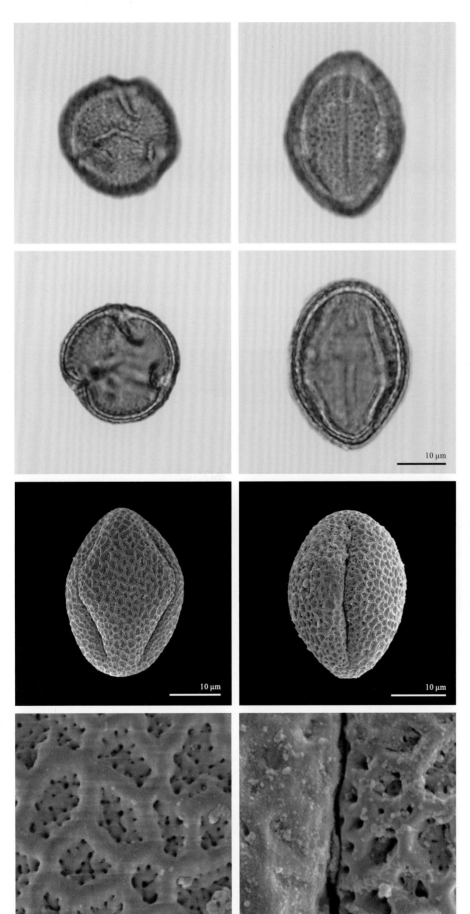

★ 形状大小

花粉单元：单粒

花粉大小：小

★ 萌发区

萌发区个数：3

萌发区类型：孔沟

状态及特性：–

★ 极性及形状

极性：等极

形状：长球状

极面观外廓：圆形，浅裂

★ 干花粉形状

形状：长球状

极面观外廓：圆形，浅裂

折叠：萌发区凹陷

★ 纹饰

光镜纹饰：网状

电镜纹饰：复网状

★ 其他

花粉包被：–

乌氏体：无

注释：–

萹蓄

Polygonum aviculare L.

一年生草本。基部多分枝。叶椭圆形、窄椭圆形或披针形；叶柄短，基部具关节，托叶鞘膜质，下部褐色，上部白色，撕裂。花单生或数朵簇生叶腋，遍布植株；苞片薄膜质。花梗细，顶部具关节；花被5深裂，花被片椭圆形，绿色，边缘白或淡红色；雄蕊8，花丝基部宽，花柱3。瘦果卵形，具3棱。

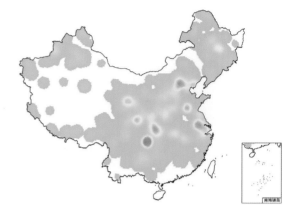

生境　生田边路、沟边湿地，海拔 10～4200 米。

物候　花期 5—7 月，果期 6—8 月。

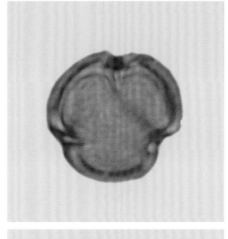
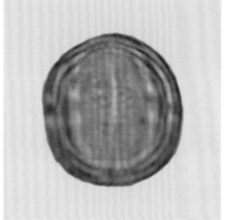

● 花粉图式

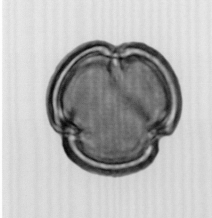
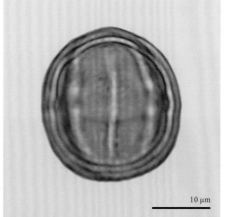

★ **形状大小**

花粉单元：单粒

花粉大小：小

★ **萌发区**

萌发区个数：3

萌发区类型：孔沟

状态及特性：萌发区膜具纹饰

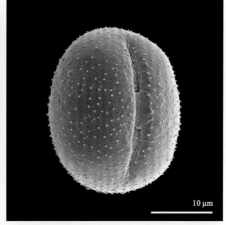

★ **极性及形状**

极性：等极

形状：长球状

极面观外廓：圆形，浅裂

★ **干花粉形状**

形状：长球状

极面观外廓：圆形，浅裂

折叠：萌发区凹陷

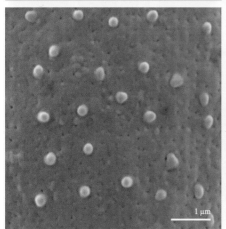
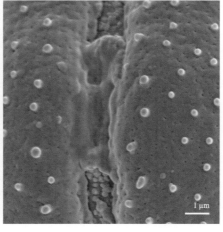

★ **纹饰**

光镜纹饰：粗糙状

电镜纹饰：具微刺，穿孔的

★ **其他**

花粉包被：—

乌氏体：无

注释：—

拳参 拳蓼

Polygonum bistorta L.

多年生草本。基生叶宽披针形或窄卵形，纸质，先端渐尖或尖，基部平截或近心形，沿叶柄下沿成翅，边缘外卷；茎生叶披针形或线形，托叶鞘下部绿色，上部褐色，偏斜，无缘毛。穗状花；苞片卵形，力脉明显。花梗细，较苞片长；花被5深裂，白或淡红色，花被片椭圆形；雄蕊8；花柱3，离生。瘦果楠圆形，具3棱。两端尖，稍长于宿存花被。

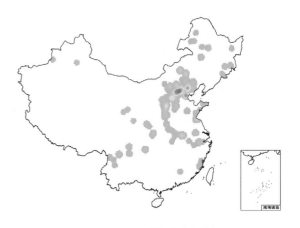

生境　生山坡草地、山顶草甸，海拔800～3000米。

物候　花期6—7月，果期8—9月。

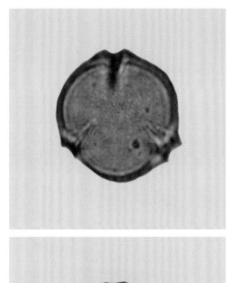
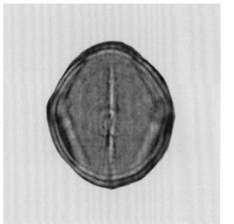

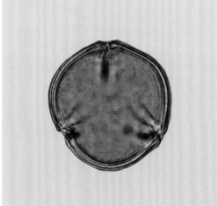
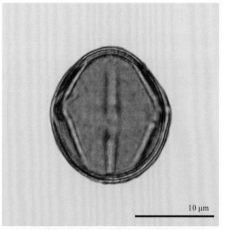

★ 形状大小

花粉单元：单粒

花粉大小：小

★ 萌发区

萌发区个数：3

萌发区类型：孔沟

状态及特性：内孔横长

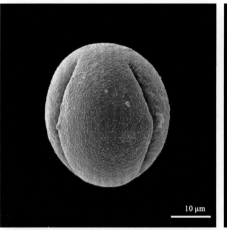

10 μm

★ 极性及形状

极性：等极

形状：长球状

极面观外廓：圆形，浅裂

10 μm

★ 干花粉形状

形状：长球状

极面观外廓：圆形，浅裂

折叠：萌发区凹陷

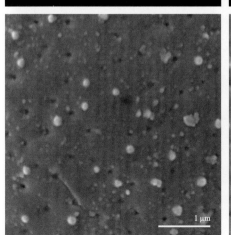
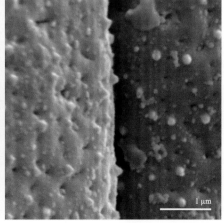

★ 纹饰

光镜纹饰：平滑

电镜纹饰：穿孔的，具微刺

1 μm

1 μm

★ 其他

花粉包被：–

乌氏体：无

注释：–

山茱萸

Cornus officinalis Sieb. et Zucc.

乔木或灌木。叶对生，纸质；总花梗粗壮；花小，两性，先叶开放；花萼裂片4，阔三角形，与花盘等长或稍长，无毛；花瓣4，舌状披针形，黄色，向外反卷；雄蕊4，与花瓣互生，花丝钻形，花药椭圆形，2室；花盘垫状；子房下位，花托倒卵形，花柱圆柱形，柱头截形；花梗纤细。核果长椭圆形，红色至紫红色；核骨质，狭椭圆形。

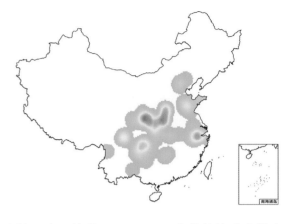

生境　生于海拔 400～1500 米的林缘或森林中。

物候　花期 3—4 月；果期 9—10 月。

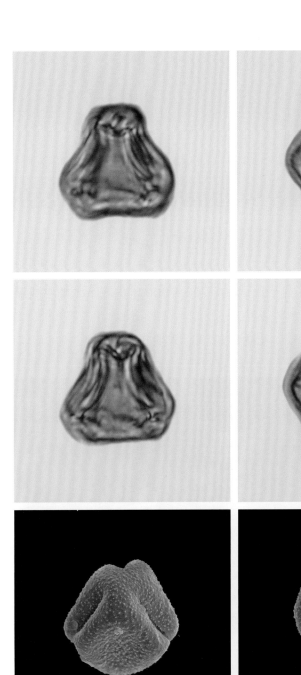

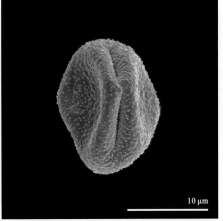

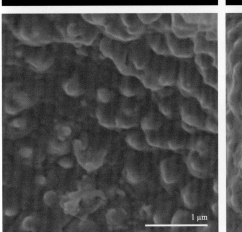

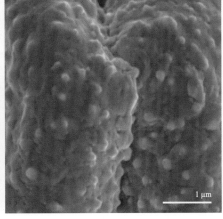

10 μm

10 μm

10 μm

1 μm

1 μm

★ 形状大小

花粉单元：单粒

花粉大小：小

★ 萌发区

萌发区个数：3

萌发区类型：孔沟

状态及特性：角萌发区

★ 极性及形状

极性：等极

形状：长球状

极面观外廓：三角形

★ 干花粉形状

形状：长球状

极面观外廓：三角形

折叠：萌发区凹陷

★ 纹饰

光镜纹饰：–

电镜纹饰：具疣的

★ 其他

花粉包被：–

乌氏体：无

注释：–

太平花

Philadelphus pekinensis Rupr.

灌木。叶卵形或宽椭圆形，先端长渐尖，基部宽楔或楔形，具锯齿，叶脉离基3~5出，花枝叶较小。总状花序有5~7（~9）花；花序轴黄绿色。花萼黄绿色，裂片卵形，先端尖，干后脉纹明显；花冠盘状，花瓣白色，倒卵形；雄蕊25~28；花柱纤细，先端稍裂，柱头棒形或槌形。蒴果近球形或倒圆锥形，宿萼裂片近顶生。种子具短尾。

生境　生于海拔700~900米山坡杂木林中或灌丛中。

物候　花期5—7月，果期8—10月。

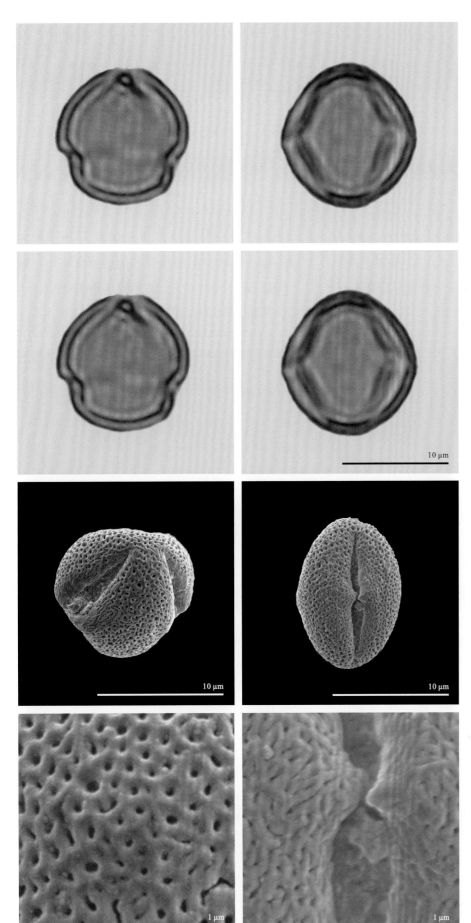

★ 形状大小

花粉单元：单粒

花粉大小：极小

★ 萌发区

萌发区个数：3

萌发区类型：孔沟

状态及特性：萌发区膜具纹饰

★ 极性及形状

极性：等极

形状：长球状

极面观外廓：圆形，浅裂

★ 干花粉形状

形状：长球状

极面观外廓：圆形，浅裂

折叠：萌发区凹陷

★ 纹饰

光镜纹饰：平滑

电镜纹饰：穿孔的

★ 其他

花粉包被：—

乌氏体：无

注释：—

圆锥绣球

Hydrangea paniculata Sieb.

灌木或小乔木。叶纸质，对生或轮生，卵形或椭圆形。圆锥状聚伞花序长达 26 厘米。不育花白色，萼片 4；孕性花萼筒陀螺状；萼齿三角形；花瓣分离，白色，卵形或披针形；雄蕊不等长，较长的于花蕾时内折；子房半下位，花柱 3，钻状。蒴果椭圆形，顶端突出部分圆锥形，与萼筒近等长。种子褐色，纺锤形，两端有窄长翅。

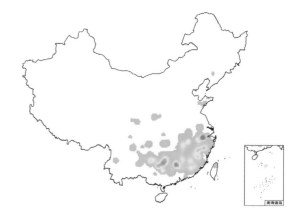

生境 生于山谷、山坡疏林下或山脊灌丛中，海拔 360 ~ 2100 米。常见栽培用作观赏。

物候 花期 7—8 月，果期 10—11 月。

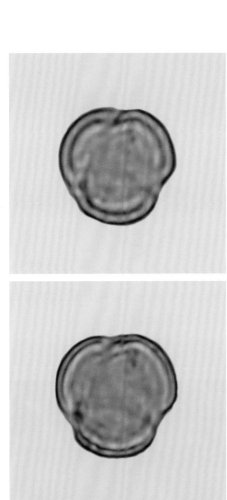

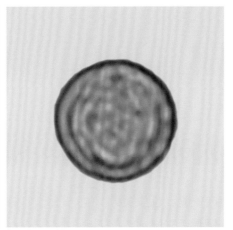

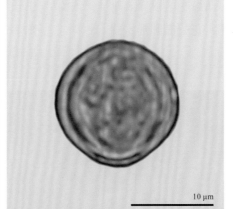

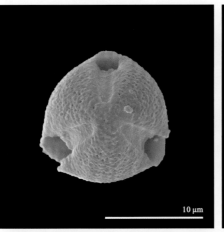

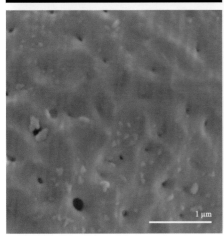

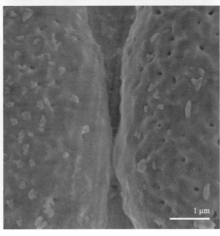

★ 形状大小

花粉单元：单粒

花粉大小：小

★ 萌发区

萌发区个数：3

萌发区类型：孔沟

状态及特性：萌发区膜具纹饰

★ 极性及形状

极性：等极

形状：长球状

极面观外廓：圆形，浅裂

★ 干花粉形状

形状：长球状

极面观外廓：三角形

折叠：萌发区凹陷

★ 纹饰

光镜纹饰：平滑

电镜纹饰：穿孔的

★ 其他

花粉包被：—

乌氏体：无

注释：—

狼尾花　虎尾草

Lysimachia barystachys Bunge

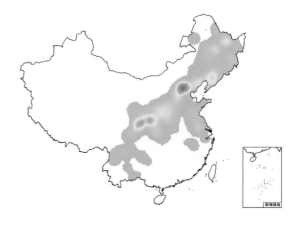

多年生草本。叶互生或近对生；叶长圆状披针形、倒披针形或线形，基部楔形。总状花序顶生，果实长达 30 厘米；花密集，常转向一侧。苞片线状钻形，稍长于花梗；花萼裂片长圆形，先端圆；花冠白色，裂片舌状长圆形，常有暗紫色短腺条；雄蕊内藏，花丝下部贴生花冠基部，花药椭圆形，背着，纵裂。蒴果。

生境　生于草甸、山坡路旁灌丛间，垂直分布上限海拔可达 2000 米。

物候　花期 5—8 月，果期 8—10 月。

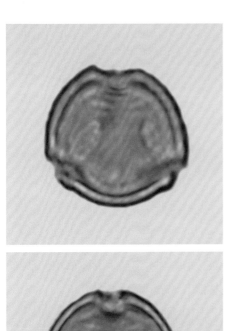
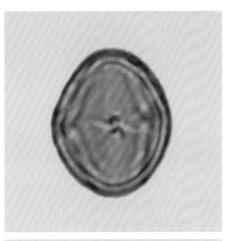

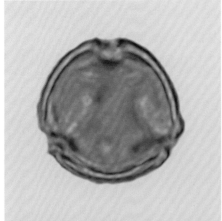
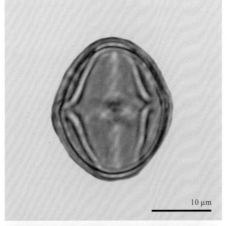

10 μm

★形状大小

花粉单元：单粒

花粉大小：小

★萌发区

萌发区个数：3

萌发区类型：孔沟

状态及特性：萌发区膜具纹饰，桥连

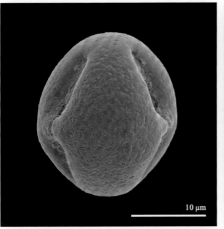
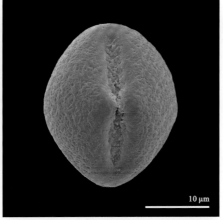

10 μm

10 μm

★极性及形状

极性：等极

形状：长球状

极面观外廓：圆形，浅裂

★干花粉形状

形状：长球状

极面观外廓：圆形，浅裂

折叠：萌发区凹陷

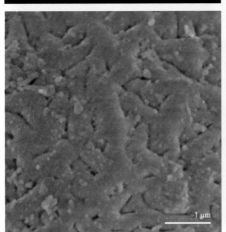
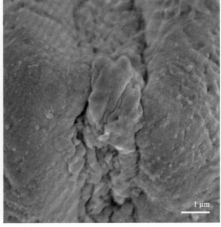

1 μm

1 μm

★纹饰

光镜纹饰：平滑

电镜纹饰：穿孔的

★其他

花粉包被：–

乌氏体：无

注释：–

秦艽

Gentiana macrophylla Pall.

多年生草本。莲座丛叶卵状椭圆形或窄椭圆形；茎生叶椭圆状披针形或窄椭圆形。花簇生枝顶或轮状腋生。花无梗形，萼筒黄绿或带紫色，一侧开裂，先端平截或圆，萼齿（1~3）4~5，锥形；花冠筒黄绿色，冠檐蓝或蓝紫色，壶形，裂片卵形或卵圆形，褶整齐，三角形，平截。蒴果内藏或顶端外露，卵状椭圆形。种子具细网纹。

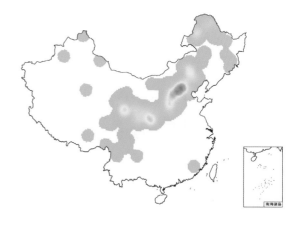

生境　生于河滩、路旁、水沟边、山坡草地、草甸、林下及林缘，海拔 400~2400 米。

物候　花果期 7—10 月。

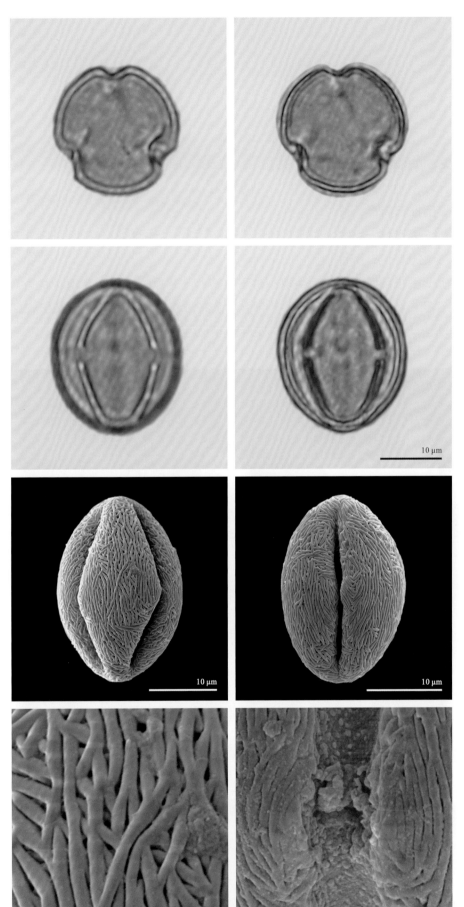

★ 形状大小

花粉单元：单粒

花粉大小：小

★ 萌发区

萌发区个数：3

萌发区类型：孔沟

状态及特性：萌发区膜光滑

★ 极性及形状

极性：等极

形状：长球状

极面观外廓：圆形，浅裂

★ 干花粉形状

形状：长球状

极面观外廓：圆形，浅裂

折叠：萌发区凹陷

★ 纹饰

光镜纹饰：平滑

电镜纹饰：条纹状

★ 其他

花粉包被：－

乌氏体：无

注释：－

鳞叶龙胆

Gentiana squarrosa Ledeb.

一年生草本。叶缘厚软骨质，叶柄白色膜质；基生叶卵形、宽卵形或卵状椭圆形；茎生叶倒卵状匙形或匙形。花单生枝顶。花萼倒锥状筒形，被细乳突，裂片外反，卵圆形或卵形，基部圆，缢缩成爪，边缘软骨质，密被细乳突；花冠蓝色，筒状漏斗形，裂片卵状三角形，褶卵形，蒴果倒卵状长圆形，顶端具宽翅，两侧具窄翅。种子具亮白色细网纹。

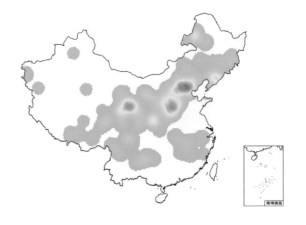

生境　生于山坡、干草原、河滩、荒地、路边、灌丛中及高山草甸，海拔 110～4200 米。

物候　花果期 4—9 月。

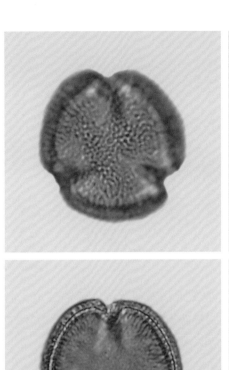

★ 形状大小

花粉单元：单粒

花粉大小：中等大小

★ 萌发区

萌发区个数：3

萌发区类型：孔沟

状态及特性：萌发区膜具纹饰

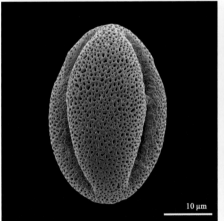
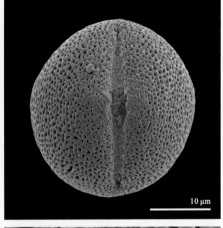

★ 极性及形状

极性：等极

形状：球状

极面观外廓：圆形，浅裂

★ 干花粉形状

形状：长球状

极面观外廓：圆形，浅裂

折叠：萌发区凹陷

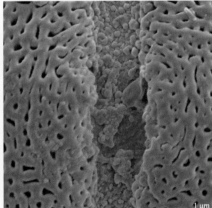

★ 纹饰

光镜纹饰：网状

电镜纹饰：微网状

★ 其他

花粉包被：－

乌氏体：无

注释：－

肋柱花

Lomatogonium carinthiacum (Wulf.) Reichb.

一年生草本。基生叶早落，莲座状，叶匙形，基部窄缩成短柄；茎生叶披针形、椭圆形或卵状椭圆形。聚伞花序或花生枝顶。花5数；萼筒裂片卵状披针形或椭圆形，边缘微粗糙；花冠蓝色，裂片椭圆形或卵状椭圆形，先端尖，基部两侧各具1管形腺窝，下部浅囊状，上部具裂片状流苏；花药蓝色，长圆形。蒴果圆柱形，与花冠等长或稍长，无柄。种子近圆形，褐色。

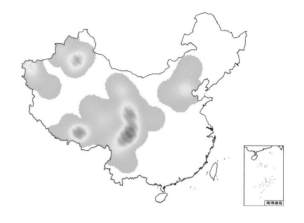

生境　生于山坡草地、灌丛草甸、河滩草地、高山草甸，海拔430～5400米。

物候　花果期8—10月。

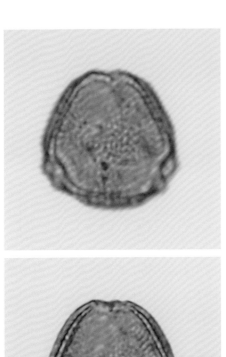
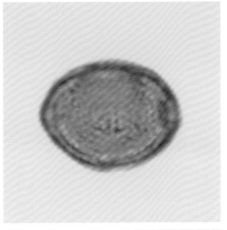

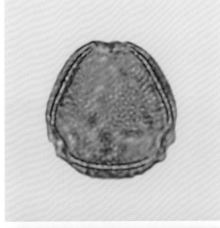
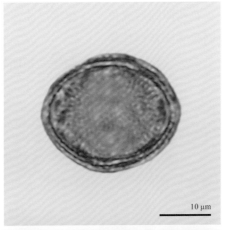

★ 形状大小

花粉单元：单粒

花粉大小：中等大小

★ 萌发区

萌发区个数：3

萌发区类型：孔沟

状态及特性：角萌发区，桥连

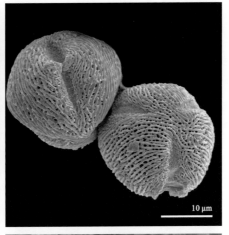

★ 极性及形状

极性：等极

形状：扁球状

极面观外廓：三角形

★ 干花粉形状

形状：扁球状

极面观外廓：三角形

折叠：萌发区凹陷

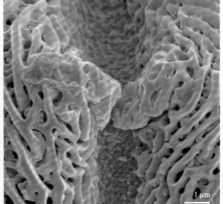

★ 纹饰

光镜纹饰：条纹状

电镜纹饰：条纹-网状

★ 其他

花粉包被：-

乌氏体：无

注释：-

斑种草

Bothriospermum chinense Bge.

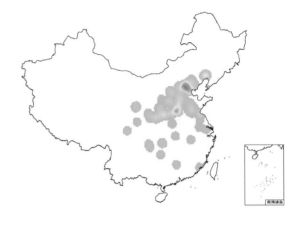

一年生草本。基生叶匙形或倒披针形；茎生叶椭圆形或窄长圆形。聚伞总状花序；苞片卵形或窄卵形。花萼裂至近基部，裂片披针形；花冠淡蓝色，裂片近圆形，喉部附属物梯形，先端2深裂；雄蕊生于花冠筒基部以上，花丝极短，花药卵圆形或长圆形。小坚果腹面急度内弯，具网状皱褶及颗粒状突起，腹面环状突起横椭圆形。

生境　生于海拔 100～1600 米荒野路边、山坡草丛及竹林下。

物候　花期 4—6 月。

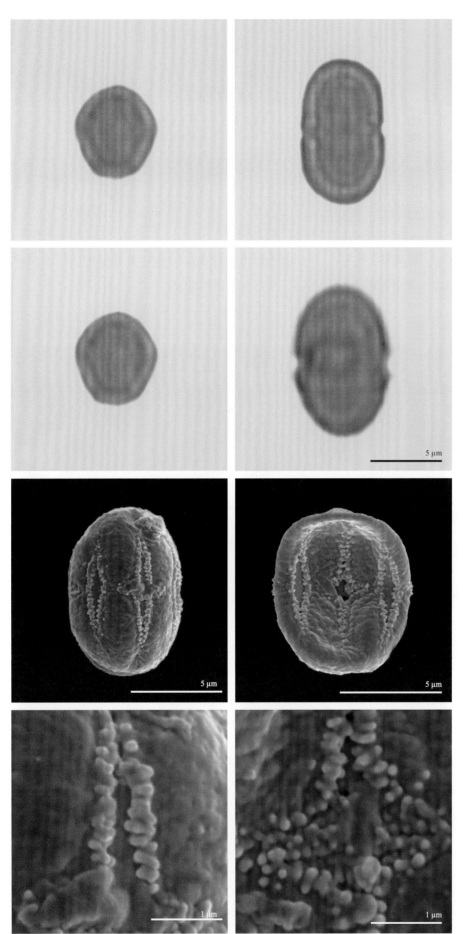

★ 形状大小

花粉单元：单粒

花粉大小：极小

★ 萌发区

萌发区个数：3

萌发区类型：孔沟

状态及特性：假沟，异型萌发区，萌发区膜具纹饰，具缘

★ 极性及形状

极性：等极

形状：长球状

极面观外廓：圆形

★ 干花粉形状

形状：长球状

极面观外廓：圆形

折叠：不规则折叠

★ 纹饰

光镜纹饰：平滑

电镜纹饰：平滑

★ 其他

花粉包被：–

乌氏体：无

注释：–

曼陀罗

Datura stramonium L.

草本或亚灌木状。叶宽卵淡绿色。花直立，萼筒具5棱，基部稍肿大，裂片三角形，花后自近基部断裂，宿存部分增大并反折；花冠漏斗状，下部淡绿色，上部白或淡紫色，裂片具短尖头；雄蕊内藏；花子房密被柔针毛。蒴果直立，卵圆形，被坚硬针刺或无刺，淡黄色，规则4瓣裂。种子卵圆形，稍扁，黑色。

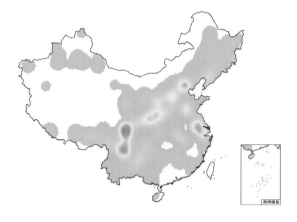

生境　常生于住宅旁、路边或草地上，也有作药用或观赏而栽培。

物候　花期6—10月，果期7—11月。

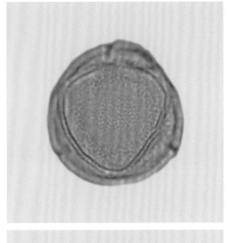
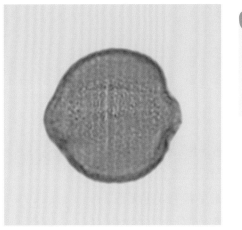

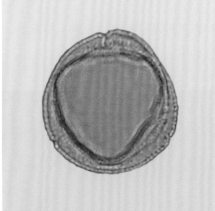
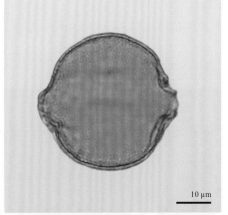

★ 形状大小

花粉单元：单粒

花粉大小：中等大小

★ 萌发区

萌发区个数：3

萌发区类型：孔沟

状态及特性：萌发区膜具纹饰

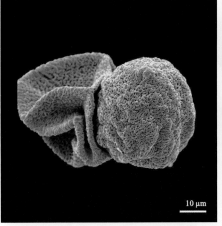
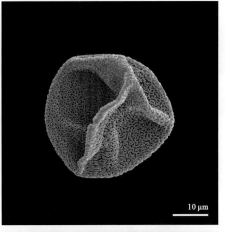

★ 极性及形状

极性：等极

形状：长球状

极面观外廓：圆形，浅裂

★ 干花粉形状

形状：—

极面观外廓：—

折叠：不规则折叠

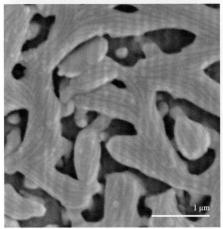
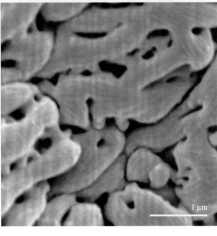

★ 纹饰

光镜纹饰：粗糙状

电镜纹饰：条纹状

★ 其他

花粉包被：—

乌氏体：无

注释：条纹上有细条纹

山茄

Solanum macaonense Dunal

草本或亚灌木。叶单生或大小不等双生，卵状椭圆形，先端尖或渐尖，基部圆或楔形，不对称，近全缘或 6 ~ 7 波状裂；上面疏被星状毛或近无毛，下面毛密，中脉或具小刺，侧脉 5 ~ 6 对。二歧伞房状聚伞花序，腋外生。花萼近钟形，裂片卵形；花冠辐状，紫色，裂片卵状披针形；花药顶端延长。浆果球形，红色。种子扁圆形。

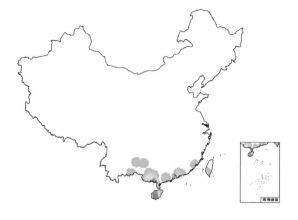

生境　喜生于旷野荒地及空旷灌木丛中。有栽培。
物候　全年开花结果。

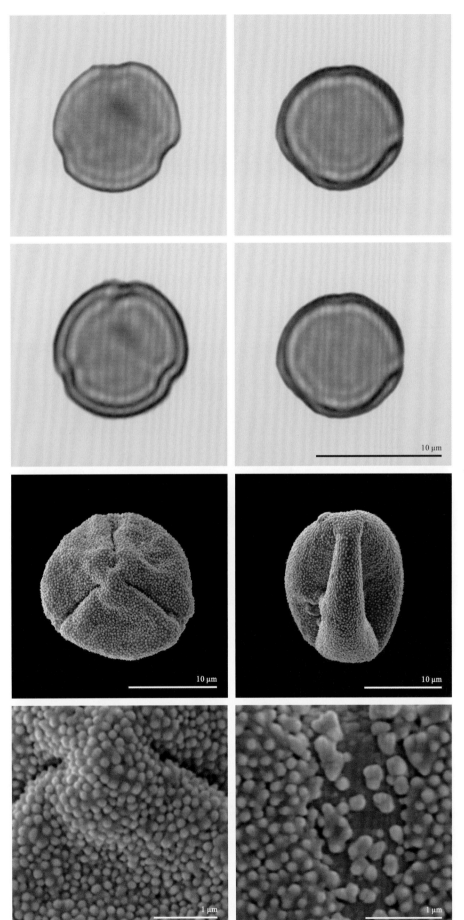

★ 形状大小

花粉单元：单粒

花粉大小：小

★ 萌发区

萌发区个数：3

萌发区类型：孔沟

状态及特性：萌发区膜具纹饰

★ 极性及形状

极性：等极

形状：球状

极面观外廓：圆形，浅裂

★ 干花粉形状

形状：长球状

极面观外廓：圆形

折叠：萌发区凹陷

★ 纹饰

光镜纹饰：平滑

电镜纹饰：颗粒状

★ 其他

花粉包被：-

乌氏体：无

注释：-

酸浆

Physalis alkekengi L.

多年生草本。叶长卵形或宽卵形,稀菱状卵形。花梗初直伸,后下弯,密被柔毛;花萼宽钟状,密被柔毛,萼齿三角形,边缘被硬毛;花冠辐状。白色,裂片开展。宿萼卵圆形,薄革质,网脉明显,纵肋 10,橙或红色,被柔毛,顶端闭合,基部凹下。浆果球形,橙红色;果柄,被柔毛。种子肾形,淡黄色。

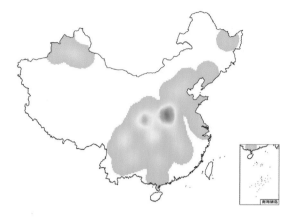

生境　常生于空旷地或山坡。

物候　花期 5—9 月,果期 6—10 月。

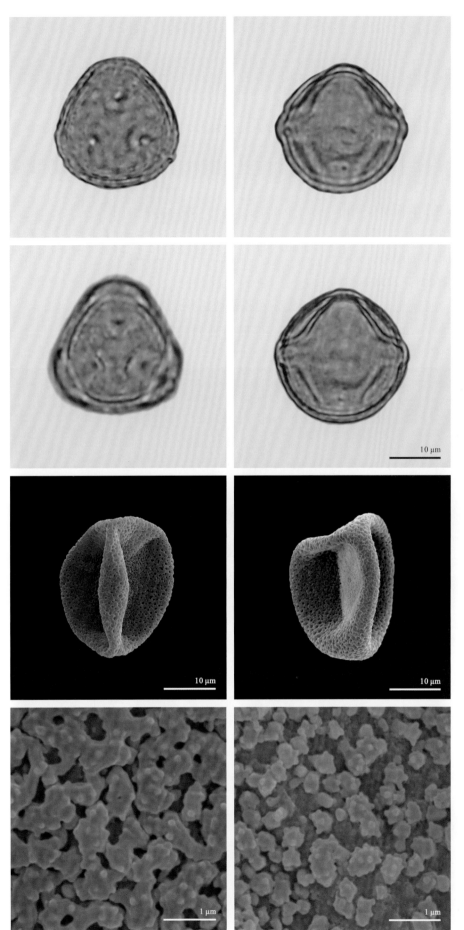

★ 形状大小

花粉单元：单粒

花粉大小：中等大小

★ 萌发区

萌发区个数：3

萌发区类型：孔沟

状态及特性：角萌发区

★ 极性及形状

极性：等极

形状：长球状

极面观外廓：三角形

★ 干花粉形状

形状：长球状

极面观外廓：三角形

折叠：萌发区凹陷，不规则
折叠

★ 纹饰

光镜纹饰：粗糙状

电镜纹饰：颗粒状

★ 其他

花粉包被：–

乌氏体：无

注释：–

荆条

Vitex negundo var. *heterophylla* (Franch.) Rehd.

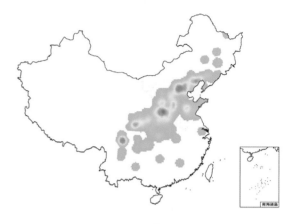

木或小乔木。小枝四棱形。掌状复叶；小叶片长圆状披针形至披针形。表面绿色，背面密生灰白色绒毛。聚伞花序排成圆锥花序式，顶生，花序梗密生灰白色绒毛；花萼钟状，顶端有5裂齿，外有灰白色绒毛；花冠淡紫色，外有微柔毛，顶端5裂，二唇形；雄蕊伸出花冠管外；子房近无毛。核果近球形；宿萼接近果实的长度。

生境　生于山坡路旁或灌木丛中。

物候　花期4—6月，果期7—10月。

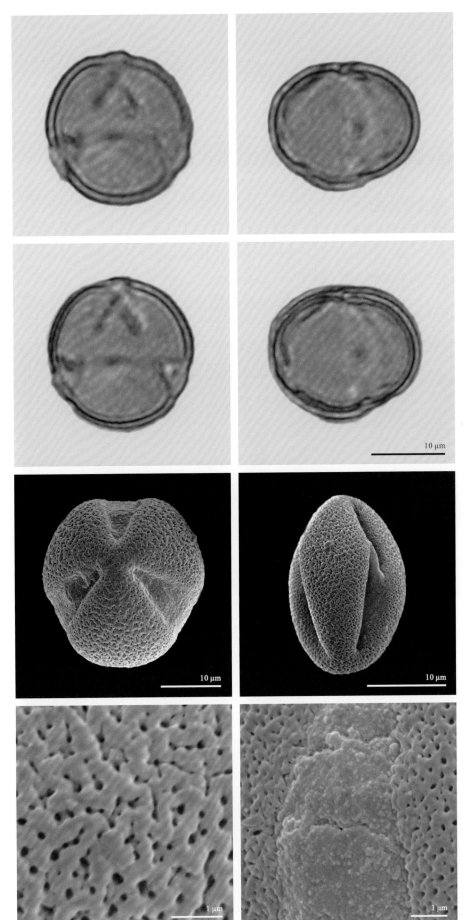

★ 形状大小

花粉单元：单粒

花粉大小：小

★ 萌发区

萌发区个数：3

萌发区类型：孔沟

状态及特性：萌发区膜光滑

★ 极性及形状

极性：等极

形状：扁球状

极面观外廓：圆形

★ 干花粉形状

形状：长球状

极面观外廓：圆形

折叠：萌发区凹陷

★ 纹饰

光镜纹饰：平滑

电镜纹饰：蠕虫状，穿孔的

★ 其他

花粉包被：-

乌氏体：无

注释：-

弹刀子菜

Mazus stachydifolius (Turcz.) Maxim.

多年生草本。根状茎短。基生叶匙形；茎生叶对生，上部叶常互生。总状花序顶生；苞片三角状卵形。花萼漏斗状，常较花梗长，萼齿较筒部稍长，披针状三角形；花冠蓝紫色，花冠筒与唇部近等长，上唇短，2裂，裂片尖，下唇开展，3裂，中裂较侧裂小，褶襞被黄色斑点及腺毛；子房上部被长硬毛。蒴果扁卵球形。

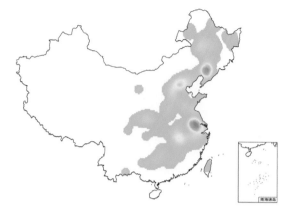

生境　生于海拔1500米以下的较湿润的路旁、草坡及林缘。

物候　花期4—6月，果期6—8月。

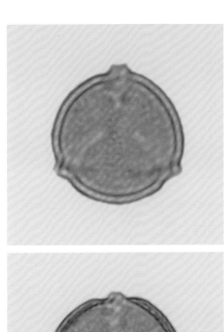
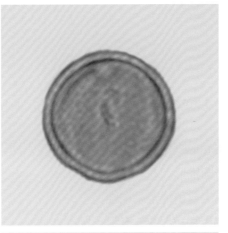

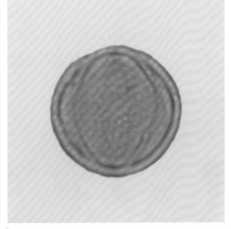

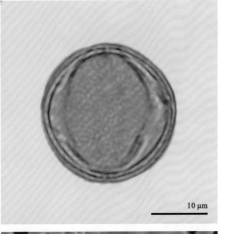

10 μm

10 μm

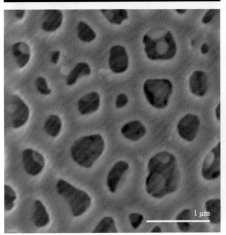
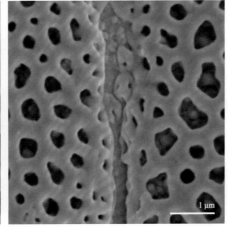

1 μm

1 μm

★ 形状大小

花粉单元：单粒

花粉大小：小

★ 萌发区

萌发区个数：3

萌发区类型：孔沟

状态及特性：萌发区膜具纹饰，内孔竖长

★ 极性及形状

极性：等极

形状：等径球状

极面观外廓：圆形

★ 干花粉形状

形状：长球状

极面观外廓：–

折叠：萌发区凹陷

★ 纹饰

光镜纹饰：网状

电镜纹饰：微网状

★ 其他

花粉包被：–

乌氏体：无

注释：内孔不明显

弹刀子菜　357

毛泡桐

Paulownia tomentosa (Thunb.) Steud.

乔木。小枝有明显皮孔。叶心形。花序枝的侧枝不发达，花序为金字塔形或窄圆锥形。花萼浅钟形，萼齿卵状长圆形，在花期锐尖或稍钝至果期钝头；花冠紫色，漏斗状钟形，在离管基部约5毫米处弓曲，向上突然膨大，外面有腺毛，檐部二唇形；子房卵圆形，花柱短于雄蕊。蒴果卵圆形，幼时密生黏质腺毛，宿萼不反卷。

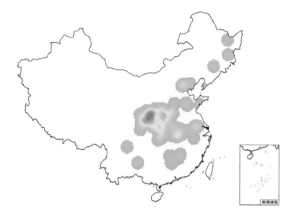

生境　通常栽培，西部地区有野生。海拔可达1800米。

物候　花期4—5月，果期8—9月。

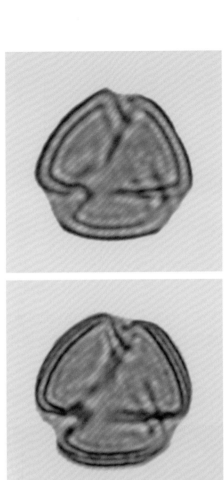
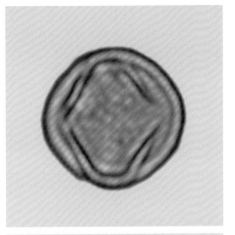

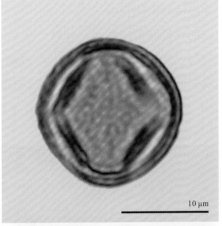

★ 形状大小

花粉单元：单粒

花粉大小：小

★ 萌发区

萌发区个数：3

萌发区类型：孔沟

状态及特性：萌发区膜具纹饰

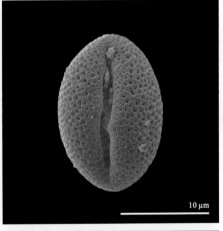

★ 极性及形状

极性：等极

形状：长球状

极面观外廓：圆形，浅裂

★ 干花粉形状

形状：长球状

极面观外廓：圆形，浅裂

折叠：萌发区凹陷

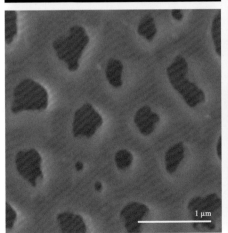
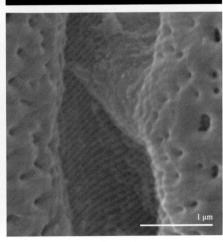

★ 纹饰

光镜纹饰：网状

电镜纹饰：微网状

★ 其他

花粉包被：-

乌氏体：无

注释：-

地黄

Rehmannia glutinosa (Gaetn.) Libosch. ex Fisch. et Mey.

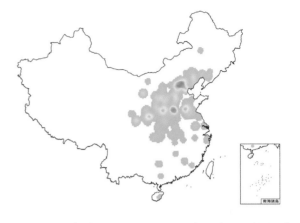

多年生草本。叶在茎基部成莲座状,向上则强烈缩小成苞片;叶卵形或长椭圆形。总状花序。花梗密被长柔毛,萼齿5,长圆状披针形;花冠筒多少弓曲,外面紫红色,裂片5,先端钝或微凹,内面黄紫色,外面紫红色;雄蕊4,药室长圆形,基部叉开;子房幼时2室,老时因隔膜撕裂而成1室,花柱顶部扩大成2枚片状柱头。蒴果卵圆形或长卵圆形。

生境 生于海拔50～1100米之砂质壤土、荒山坡、山脚、墙边、路旁等处。国内各地及国外均有栽培。

物候 花果期4—7月。

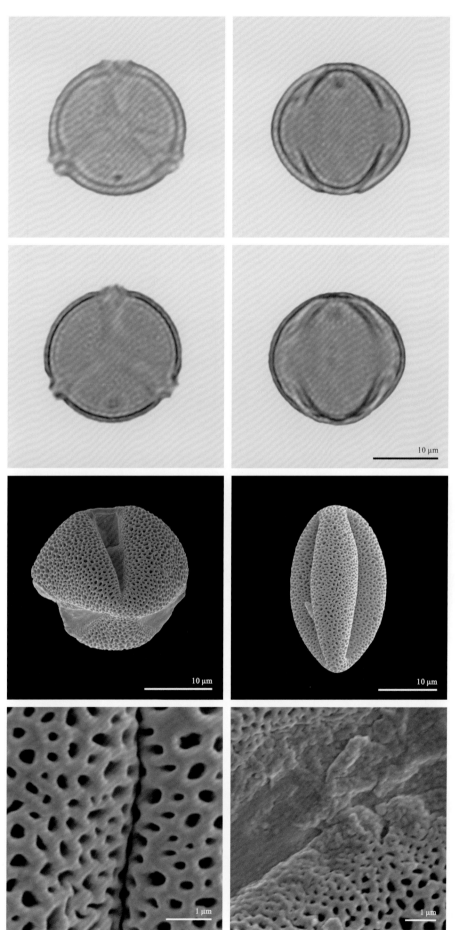

★ 形状大小

花粉单元：单粒

花粉大小：小

★ 萌发区

萌发区个数：3

萌发区类型：孔沟

状态及特性：萌发区膜光滑

★ 极性及形状

极性：等极

形状：球状

极面观外廓：圆形

★ 干花粉形状

形状：长球状

极面观外廓：圆形，浅裂

折叠：萌发区凹陷

★ 纹饰

光镜纹饰：网状

电镜纹饰：微网状

★ 其他

花粉包被：－

乌氏体：无

注释：－

黄花列当

Orobanche pycnostachya Hance

二年生或多年生寄生草本。叶卵状披针形或披针形。花序穗状；苞片卵状披针形。花萼2深裂至基部，每裂片2裂，裂片不等长；花冠黄色，冠筒中部稍弯，花丝着生处稍上方缢缩，向上稍宽，上唇顶端2浅裂或微凹，下唇长于上唇，3裂，边缘波状或具小齿；柱头2浅裂。蒴果长圆形。

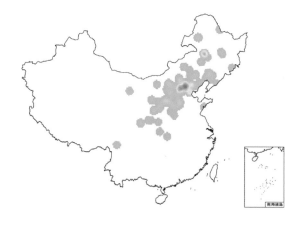

生境　寄生于蒿属 *Artemisia* L. 植物根上；生于沙丘、山坡及草原上，海拔 250 ~ 2500 米。

物候　花期4—6月，果期6—8月。

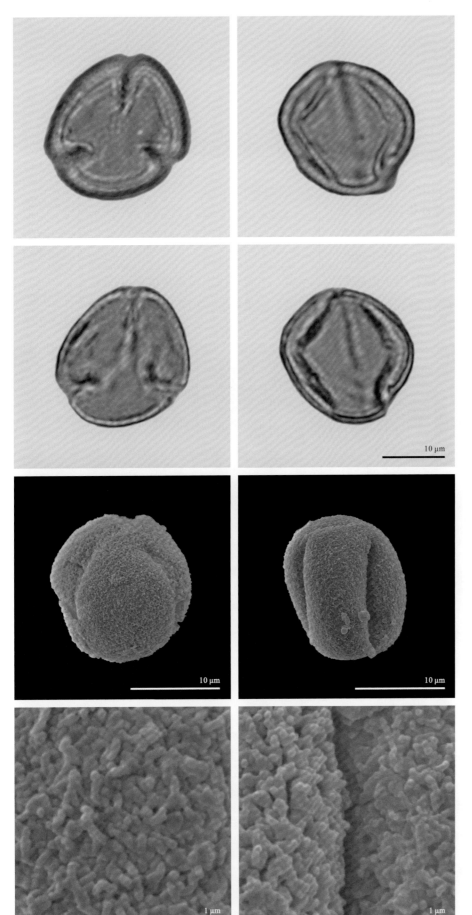

★ 形状大小

花粉单元：单粒

花粉大小：小

★ 萌发区

萌发区个数：3

萌发区类型：孔沟

状态及特性：–

★ 极性及形状

极性：等极

形状：长球状

极面观外廓：圆形，浅裂

★ 干花粉形状

形状：长球状

极面观外廓：圆形，浅裂

折叠：萌发区凹陷

★ 纹饰

光镜纹饰：条纹状

电镜纹饰：蠕虫状

★ 其他

花粉包被：–

乌氏体：无

注释：–

厚萼凌霄

Campsis radicans (L.) Seem.

藤本，具气生根。小叶 9 ~ 11 枚，椭圆形至卵状椭圆形，顶端尾状渐尖，基部楔形，边缘具齿，被毛，至少沿中肋被短柔毛。花萼钟状，5 浅裂至萼筒的 1/3 处，裂片齿卵状三角形，外向微卷，无凸起的纵肋。花冠筒细长，漏斗状，橙红色至鲜红色，筒部为花萼长的 3 倍。蒴果长圆柱形，顶端具喙尖，沿缝线具龙骨状突起，具柄，硬壳质。

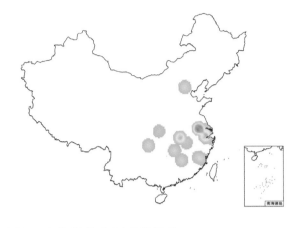

生境 多栽培作庭园观赏植物。

物候 花果期 5—9 月。

★ 形状大小

花粉单元：单粒

花粉大小：小

★ 萌发区

萌发区个数：3

萌发区类型：孔沟

状态及特性：萌发区膜具纹饰，内孔横长

★ 极性及形状

极性：等极

形状：球状

极面观外廓：圆形，浅裂

★ 干花粉形状

形状：长球状

极面观外廓：圆形，浅裂

折叠：萌发区凹陷

★ 纹饰

光镜纹饰：网状

电镜纹饰：网状

★ 其他

花粉包被：–

乌氏体：无

注释：–

中华风毛菊

Saussurea chinensis (Maxim.) Lipsch.

一生草本，高 40 厘米。茎直立，单生，不分枝，无毛。基生叶花期凋落；下部茎叶无柄，叶片长椭圆形或长椭圆状披针形，长 9～10 厘米，宽 2 厘米，顶端渐尖，基部楔形渐狭，边缘有细锯齿；中部茎叶长椭圆状披针形，无柄，顶端渐尖，基部楔形收窄，边缘有小锯齿；上部茎叶渐小，线状披针形，无柄，边缘全缘，全部叶两面异色，上面绿色，无毛，下面白色，被稠密的白色绒毛。头状花序少数，在茎顶排列成直径 3 厘米的伞房花序，有花序梗。

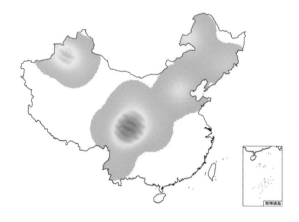

生境　生于山坡草地，海拔 1900～2300 米。

物候　花果期 9 月。

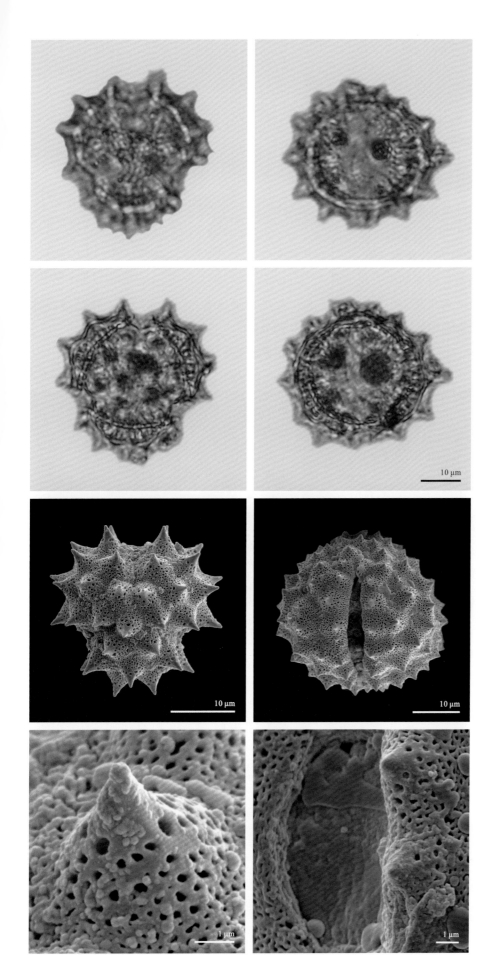

★ **形状大小**

花粉单元：单粒

花粉大小：中等大小

★ **萌发区**

萌发区个数：3

萌发区类型：孔沟

状态及特性：孔室

★ **极性及形状**

极性：等极

形状：扁球状

极面观外廓：圆形

★ **干花粉形状**

形状：球状

极面观外廓：–

折叠：不折叠

★ **纹饰**

光镜纹饰：具刺

电镜纹饰：具刺，穿孔的

★ **其他**

花粉包被：–

乌氏体：无

注释：光镜下刺明显

翠菊

Callistephus chinensis (L.) Nees

一年生或二年生草本。中部茎生叶卵形、菱状卵形、匙形或近圆形；上部茎生叶菱状披针形、长椭圆形或倒披针形。头状花序单生茎顶；总苞半球形，总苞片3层，近等长。雌花1层，花冠舌状；两性花花冠黄色，管状，辐射对称，有5裂齿，花柱分枝扁，有三角状披针形附片。瘦果稍扁，长椭圆状披针形，有多数纵棱；外层冠毛短，冠状，白色，宿存，易脱落。

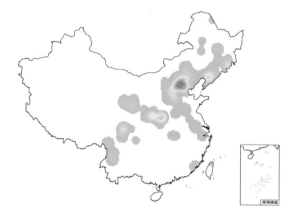

生境　生于山坡撂荒地、山坡草丛、水边或疏林阴处。

物候　花果期5—10月。

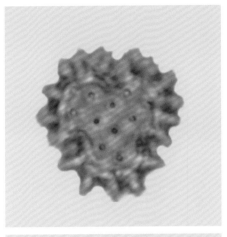
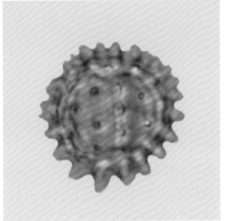

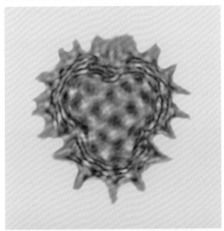
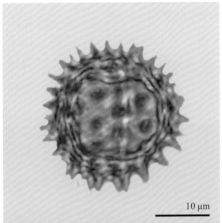

★ 形状大小

花粉单元：单粒

花粉大小：中等大小

★ 萌发区

萌发区个数：3

萌发区类型：孔沟

状态及特性：萌发区膜具纹
饰，孔室

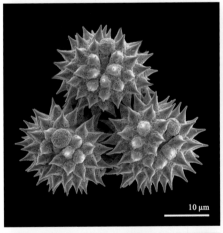
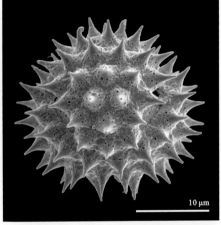

★ 极性及形状

极性：等极

形状：球状

极面观外廓：圆形

★ 干花粉形状

形状：球状

极面观外廓：圆形

折叠：不折叠

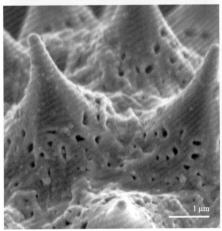
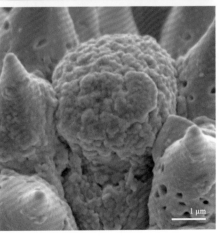

★ 纹饰

光镜纹饰：具刺

电镜纹饰：具刺，穿孔的

★ 其他

花粉包被：–

乌氏体：无

注释：光镜下刺明显

紫菀

Aster tataricus L. f.

多年生草本。叶疏生，基生叶长圆形或椭圆状匙形；茎下部叶匙状长圆形；中部叶长圆形或长圆状披针形；上部叶窄小；叶厚纸质。头状花序多数在茎枝顶端排成复伞房状，花序梗长，有线形苞叶；总苞半球形，总苞片3层，线形或线状披针形，先端尖或圆，带红紫色。舌状花约20，舌片蓝紫色。瘦果倒卵状长圆形，紫褐色，上部被疏粗毛；冠毛1层，污白或带红色。

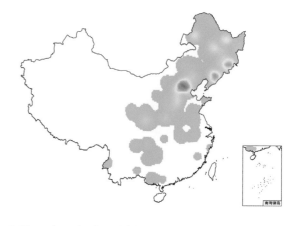

生境 生于低山阴坡湿地、山顶和低山草地及沼泽地，海拔400～2000米。

物候 花期7—9月，果期8—10月。

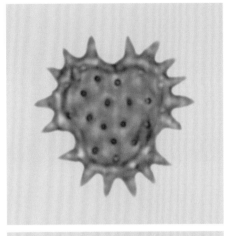
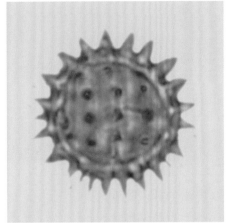

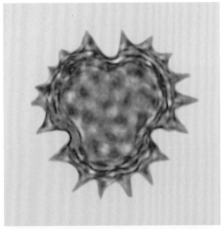
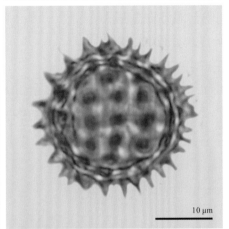

10 μm

★形状大小

花粉单元：单粒

花粉大小：小

★萌发区

萌发区个数：3

萌发区类型：孔沟

状态及特性：内孔竖长

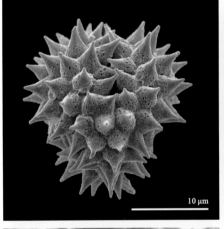
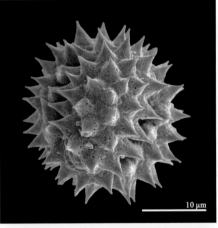

10 μm

10 μm

★极性及形状

极性：等极

形状：球状

极面观外廓：圆形，浅裂

★干花粉形状

形状：球状

极面观外廓：不规则的

折叠：萌发区凹陷

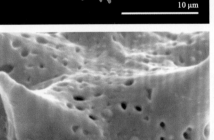
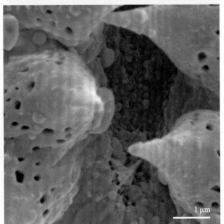

1 μm

1 μm

★纹饰

光镜纹饰：具刺

电镜纹饰：具刺，穿孔的

★其他

花粉包被：−

乌氏体：无

注释：光镜下刺明显

三脉紫菀

Aster trinervius subsp. *ageratoides* (Turcz.) Grierson

多年生草本。下部叶宽卵圆形；中部叶窄披针形或长圆状披针形；上部叶有浅齿或全缘；叶纸质。头状花序排成伞房或圆锥伞房状；总苞倒锥状或半球状，总苞片3层，覆瓦状排列，线状长圆形，上部绿或紫褐色，有缘毛。舌片线状长圆形，紫、浅红或白色；管状花黄色；冠毛1层，浅红褐或污白色。瘦果倒卵状长圆形，灰褐色，有边肋，一面常有肋，被粗毛。

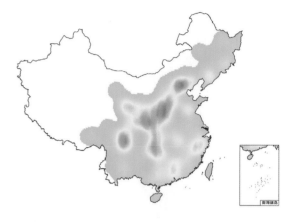

生境　生于林下、林缘、灌丛及山谷湿地。
物候　花果期7—12月。

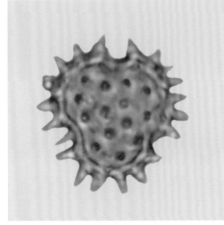
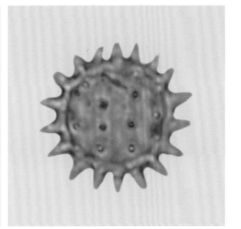

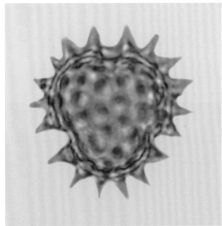
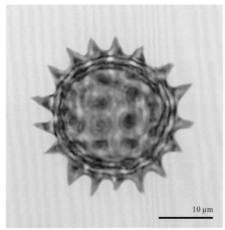

★ **形状大小**

花粉单元：单粒

花粉大小：小

★ **萌发区**

萌发区个数：3

萌发区类型：孔沟

状态及特性：萌发区膜具纹
饰，具盖

10 μm

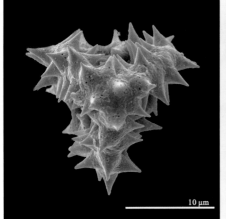
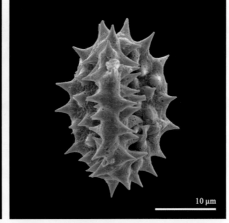

★ **极性及形状**

极性：等极

形状：球状

极面观外廓：圆形，浅裂

★ **干花粉形状**

形状：长球状

极面观外廓：三角形

折叠：萌发区凹陷

10 μm　　10 μm

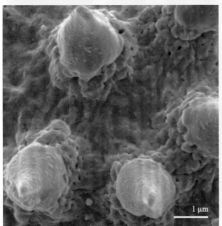
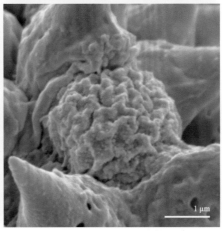

★ **纹饰**

光镜纹饰：具刺

电镜纹饰：具刺，穿孔的

★ **其他**

花粉包被：–

乌氏体：无

注释：穿孔较少

1 μm　　1 μm

阿尔泰狗娃花

Aster altaicus Willd.

多年生草本。下部叶线形、长圆状披针形、倒披针形或近匙形；上部叶线形。头状花序单生枝端或排成伞房状；总苞半球形，总苞片2～3层，长圆状披针形或线形。舌状花15～20，管部有微毛，舌片浅蓝紫色，长圆状线形，裂片不等大，有疏毛。瘦果扁，倒卵状长圆形，灰绿或浅褐色，被绢毛，上部有腺；冠毛污白或红褐色，有不等长微糙毛。

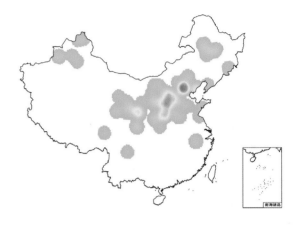

生境　生于草原、荒漠地、沙地及干旱山地。
物候　花果期5—9月。

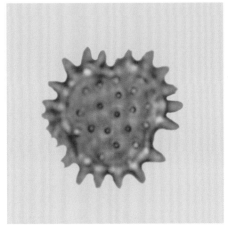
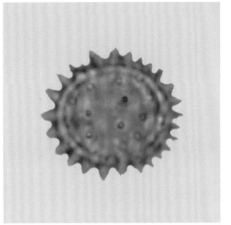

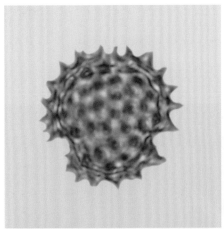
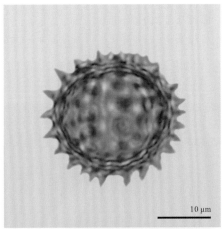

10 μm

★ 形状大小

花粉单元：单粒

花粉大小：小

★ 萌发区

萌发区个数：3

萌发区类型：孔沟

状态及特性：萌发区膜具纹饰，桥连

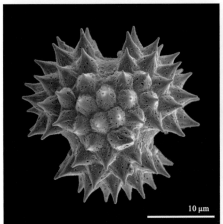
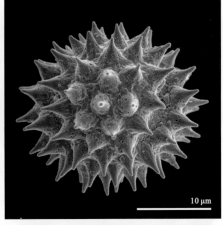

10 μm

10 μm

★ 极性及形状

极性：等极

形状：球状

极面观外廓：圆形，浅裂

★ 干花粉形状

形状：球状

极面观外廓：圆形，浅裂

折叠：萌发区凹陷

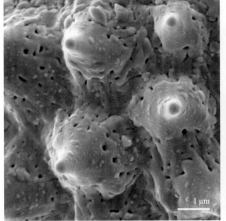
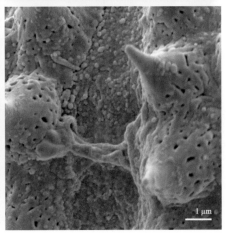

1 μm

1 μm

★ 纹饰

光镜纹饰：具刺

电镜纹饰：具刺，穿孔的

★ 其他

花粉包被：-

乌氏体：无

注释：光镜下疣明显

狗娃花

Aster hispidus Less.

一或二年生草本。基部及下部叶花期枯萎，倒卵形；中部叶长圆状披针形或线形；部叶条形；叶质薄。头状花序单生枝端，排成伞房状；总苞半球形，总苞片2层，常有腺点。舌片浅红或白色，线状长圆形。瘦果倒卵圆形，扁，被密毛；冠毛在舌状花极短，白色，膜片状，或部分带红色；管状花冠毛糙毛状，初白色，后带红色，与花冠近等长。

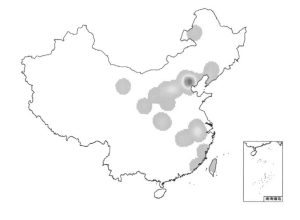

生境 生于荒地、路旁、林缘及草地。

物候 花期7—9月，果期8—9月。

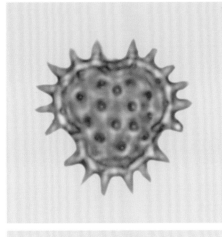
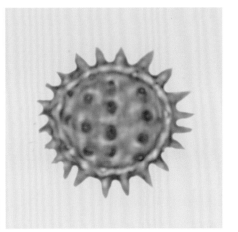

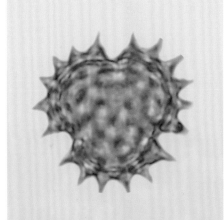
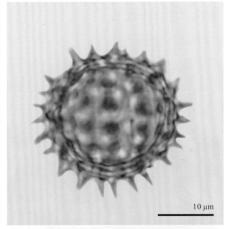

10 μm

★ 形状大小

花粉单元：单粒
花粉大小：小

★ 萌发区

萌发区个数：3
萌发区类型：孔沟
状态及特性：萌发区膜光滑

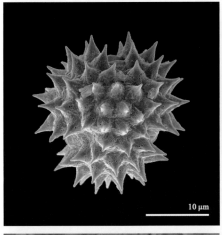
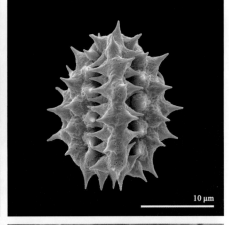

10 μm

10 μm

★ 极性及形状

极性：等极
形状：球状
极面观外廓：圆形，浅裂

★ 干花粉形状

形状：长球状
极面观外廓：–
折叠：萌发区凹陷

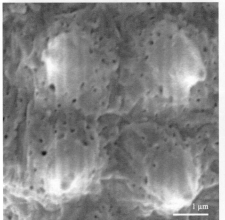
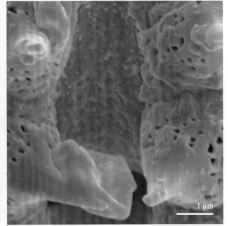

1 μm

1 μm

★ 纹饰

光镜纹饰：具刺
电镜纹饰：具刺，穿孔的

★ 其他

花粉包被：–
乌氏体：无
注释：光镜下刺明显

狗娃花　377

小红菊

Chrysanthemum chanetii H. Lév.

多年生草本。中部茎叶肾形、半圆形、近圆形或宽卵形。根生叶及下部茎叶与茎中部叶同形；上部茎叶椭圆形或长椭圆形。头状花序少数至多数在茎枝顶端排成疏松伞房花序。总苞碟形。外层宽线形，边缘缢状撕裂，外面有稀疏的长柔毛。中内层渐短，宽倒披针形或三角状卵形至线状长椭圆形。舌状花白色、粉红色或紫色，舌片顶端 2～3 齿裂。瘦果。

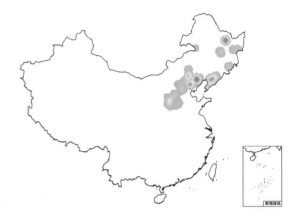

生境　生于草原、山坡林缘、灌丛及河滩与沟边。

物候　花果期 7—10 月。

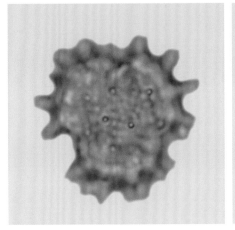
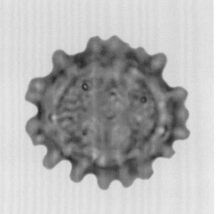

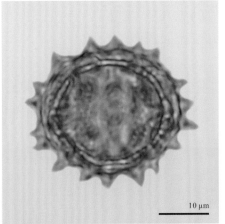

10 μm

★ 形状大小

花粉单元：单粒

花粉大小：中等大小

★ 萌发区

萌发区个数：3

萌发区类型：孔沟

状态及特性：孔室

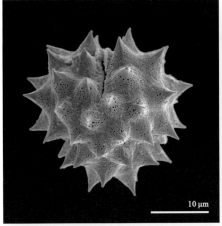
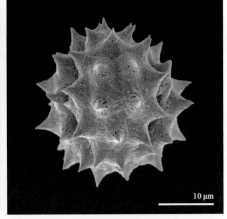

10 μm

10 μm

★ 极性及形状

极性：等极

形状：扁球状

极面观外廓：圆形，浅裂

★ 干花粉形状

形状：长球状

极面观外廓：–

折叠：萌发区间凹陷

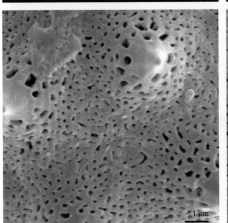
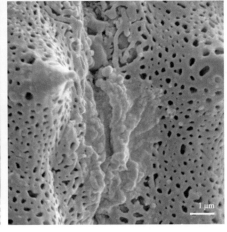

1 μm

1 μm

★ 纹饰

光镜纹饰：具刺

电镜纹饰：具刺，穿孔的

★ 其他

花粉包被：–

乌氏体：无

注释：光镜下刺明显

甘菊

Chrysanthemum lavandulifolium (Fisch. ex Trautv.) Makino

多年生草本。基部和下部叶花期脱落。中部茎叶卵形、宽卵形或椭圆状卵形。最上部的叶或接花序下部的叶羽裂、3裂或不裂。头状花序，通常多数在茎枝顶端排成疏松或稍紧密的复伞房花序。总苞碟形。总苞片约5层。外层线形或线状长圆形；中内层卵形、长椭圆形至倒披针形，全部苞片顶端圆形。舌状花黄色，舌片椭圆形，端全缘或2~3个不明显的齿裂。瘦果。

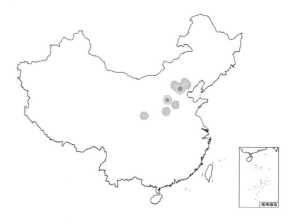

生境　生于山坡、岩石上、河谷、河岸、荒地及黄土丘陵地，海拔630~2800米。

物候　花果期5—11月。

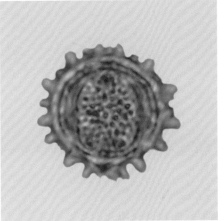

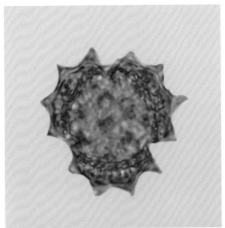
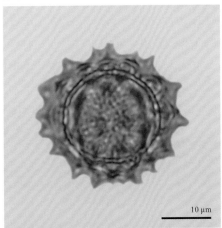

★ 形状大小

花粉单元：单粒

花粉大小：中等大小

★ 萌发区

萌发区个数：3

萌发区类型：孔沟

状态及特性：孔室

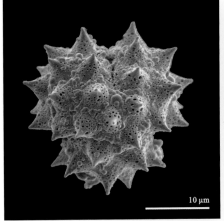
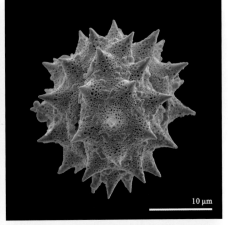

★ 极性及形状

极性：等极

形状：球状

极面观外廓：圆形，浅裂

★ 干花粉形状

形状：长球状

极面观外廓：三角形

折叠：萌发区凹陷

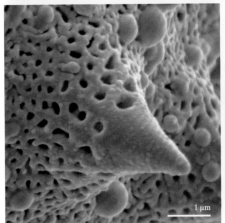
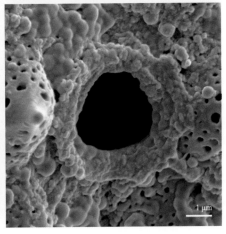

★ 纹饰

光镜纹饰：具刺

电镜纹饰：具刺，穿孔的

★ 其他

花粉包被：－

乌氏体：无

注释：－

黄花蒿

Artemisia annua Linn.

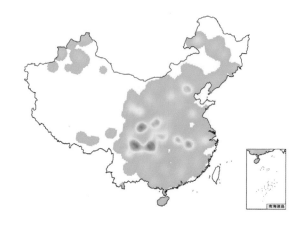

　　一年生草本。叶两面具脱落性白色腺点及细小凹点，茎下部叶宽卵形或 H 角状卵形，三（四）回栉齿状羽状深裂，中轴两侧有窄翅无小栉齿，稀上部有数枚小栉齿，叶柄基部有半抱茎假托叶；中部叶（三）回栉齿状羽状深裂，具短柄；上近无柄。头状花序球形，多数；雌花 10～18；两性花 10～30。瘦果椭圆状卵圆形，稍扁。

生境　生境适应性强，生长在路旁、荒地、山坡、林缘、草原、干河谷、半荒漠及砾质坡地等。

物候　花果期 8—11 月。

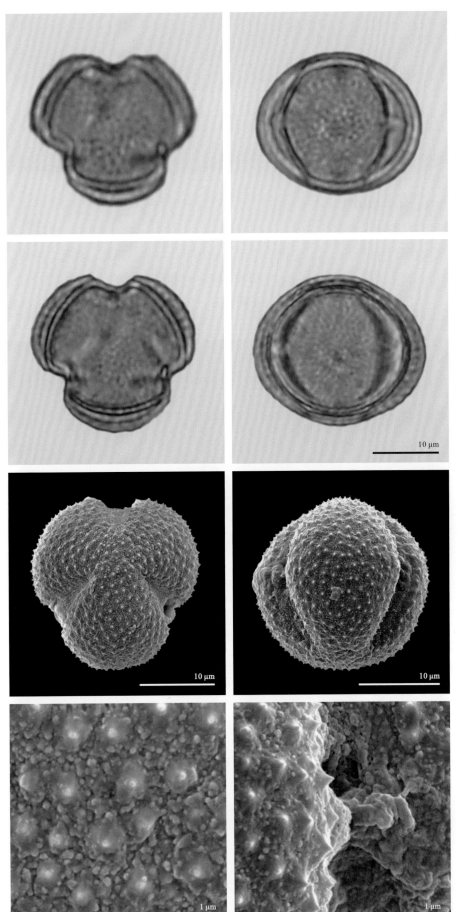

★ 形状大小

花粉单元：单粒

花粉大小：小

★ 萌发区

萌发区个数：3

萌发区类型：孔沟

状态及特性：萌发区膜光滑

★ 极性及形状

极性：等极

形状：扁球状

极面观外廓：圆形，浅裂

★ 干花粉形状

形状：球状

极面观外廓：圆形，浅裂

折叠：萌发区凹陷

★ 纹饰

光镜纹饰：具刺

电镜纹饰：具微刺，具微疣

★ 其他

花粉包被：－

乌氏体：无

注释：－

篦苞风毛菊

Saussurea pectinata Bunge

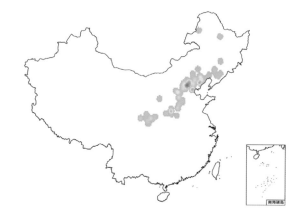

多年生草本。下部和中部茎生叶卵形、卵状披针形或椭圆形，羽状深裂；上部茎生叶有短柄，羽状浅裂或全缘。总状花序排成伞房状；总苞钟状，总苞片5层，上部被蛛丝毛，外层卵状披针形，边缘栉齿状，常反折，中层披针形或长椭圆状披针形，内层线形。小花紫色。瘦果圆柱形；冠毛2层，污白色。

生境　生于山坡林下、林缘、路旁、草原、沟谷，海拔350～1900米。

物候　花果期8—10月。

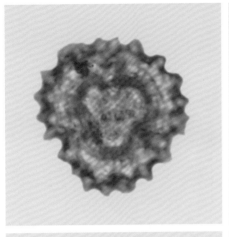
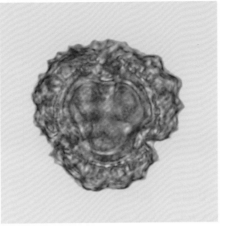

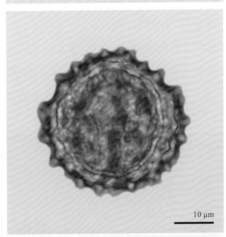

10 μm

★ 形状大小

花粉单元：单粒

花粉大小：中等大小

★ 萌发区

萌发区个数：3

萌发区类型：孔沟

状态及特性：萌发区膜具纹饰，孔室

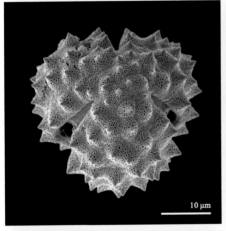
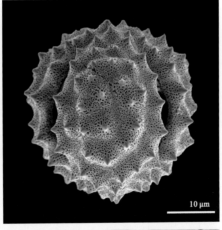

10 μm

10 μm

★ 极性及形状

极性：等极

形状：球状

极面观外廓：圆形，浅裂

★ 干花粉形状

形状：球状

极面观外廓：圆形，浅裂

折叠：不折叠

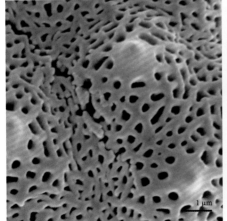
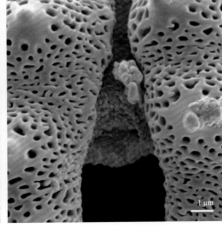

1 μm

1 μm

★ 纹饰

光镜纹饰：具刺

电镜纹饰：具疣的，穿孔的

★ 其他

花粉包被：−

乌氏体：无

注释：光镜下刺明显

刺儿菜

Cirsium arvense var. *integrifolium* Wimm. & Grab

多年生草本。基生叶和中部茎生叶椭圆形、长椭圆形或椭圆状倒披针形；上部叶渐小，椭圆形、披针形或线状披针形。头状花序单生茎端或排成伞房花序；总苞卵圆形或长卵形，总苞片约6层，覆瓦状排列。小花紫红或白色，雌花花冠管部细丝状；两性花花冠管部细丝状。瘦果淡黄色，椭圆形或偏斜椭圆形，顶端斜截；冠毛污白色。

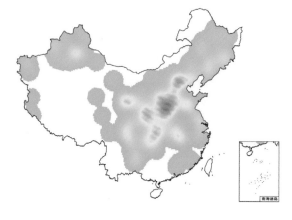

生境 生于山坡、河旁或荒地、田间，海拔170～2650米。

物候 花果期5—9月。

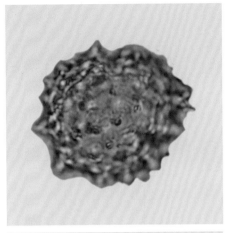
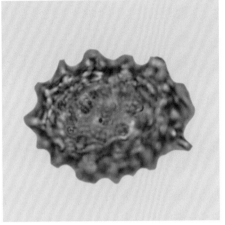

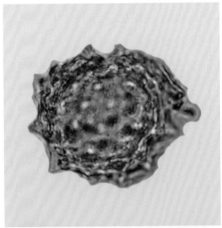
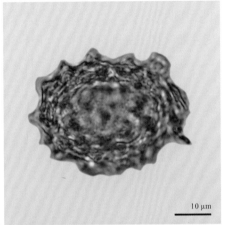

★ 形状大小

花粉单元：单粒

花粉大小：中等大小

★ 萌发区

萌发区个数：3

萌发区类型：孔沟

状态及特性：–

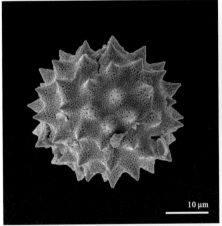
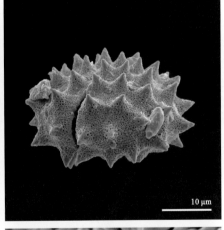

★ 极性及形状

极性：等极

形状：球状

极面观外廓：圆形，浅裂

★ 干花粉形状

形状：球状

极面观外廓：圆形，浅裂

折叠：不折叠

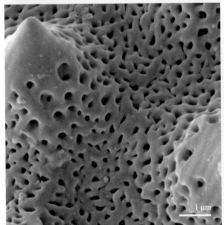
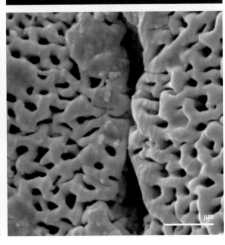

★ 纹饰

光镜纹饰：具刺

电镜纹饰：具刺，微网状

★ 其他

花粉包被：–

乌氏体：无

注释：–

漏芦 *祁州漏芦*

Rhaponticum uniflorum (L.) DC

多年生草本。基生叶及下部茎生叶羽状深裂；中上部叶与基生叶及下部叶同形并等样分裂；叶柔软，被蛛丝毛及糙毛和黄色小腺点。头状花序单生茎顶；总苞半球形，浅褐色，外层长三角形，中层椭圆形或披针形，内层披针形。小花均两性，管状，花冠紫红色。边花1层，无性，花冠细丝状，白色；盘花两性，花冠管状。瘦果具3~4棱，楔状。

生境 生于山坡丘陵地、松林下或桦木林下、海拔390~2700米。

物候 花果期4—9月。

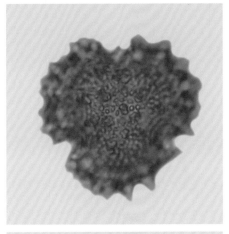
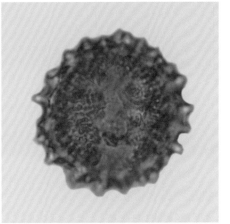

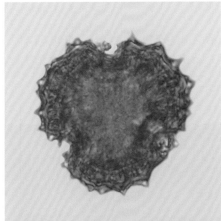
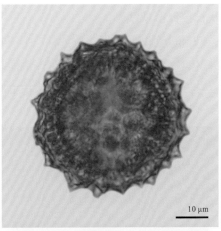

★ 形状大小

花粉单元：单粒

花粉大小：中等大小

★ 萌发区

萌发区个数：3

萌发区类型：孔沟

状态及特性：孔室，内孔竖长

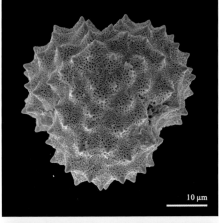
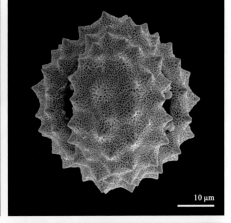

★ 极性及形状

极性：等极

形状：球状

极面观外廓：圆形，浅裂

★ 干花粉形状

形状：长球状

极面观外廓：圆形，浅裂

折叠：萌发区间凹陷

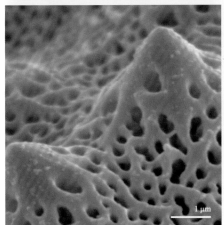
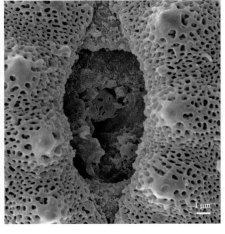

★ 纹饰

光镜纹饰：具刺

电镜纹饰：具疣的，穿孔的

★ 其他

花粉包被：-

乌氏体：无

注释：光镜下刺明显

盘果菊 福王草

Prenanthes tatarinowii Maxim.

多年生草本。中下部茎生叶心形或卵状心形，全缘；上部茎生叶宽三角状卵形、线状披针形，不裂，有短柄；叶两面被刚毛。头状花序具5舌状小花，排成圆锥状或总状花序；总苞窄圆柱状，总苞片3层，卵形或长卵形，内层线状长披针形或线形。舌状小花紫或粉红色。瘦果线形或长椭圆状，紫褐色，无喙，有5条纵肋；冠毛细锯齿状，浅土红色或褐色。

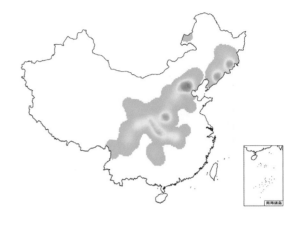

生境　生于山谷、山坡林缘、林下、草地或水旁潮湿地，海拔510～2980米。

物候　花果期8—10月。

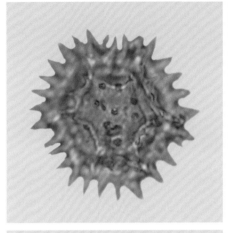
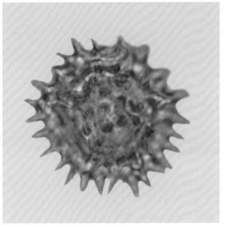

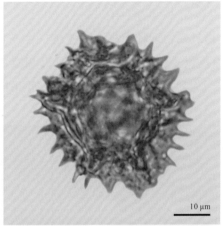

10 μm

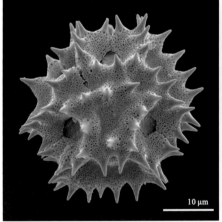
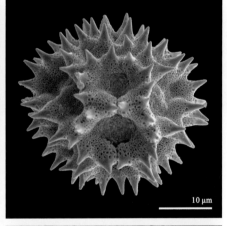

10 μm
10 μm

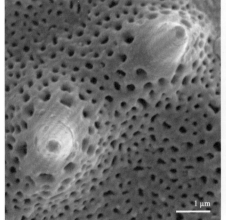
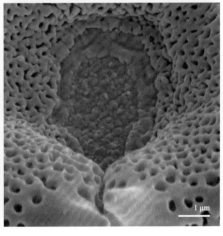

1 μm
1 μm

★ 形状大小

花粉单元：单粒

花粉大小：中等大小

★ 萌发区

萌发区个数：3

萌发区类型：孔沟

状态及特性：萌发区膜光滑，
具蓬盖

★ 极性及形状

极性：等极

形状：球状

极面观外廓：多边形

★ 干花粉形状

形状：球状

极面观外廓：多边形

折叠：不折叠

★ 纹饰

光镜纹饰：具刺

电镜纹饰：具脊的，具刺，穿
孔的

★ 其他

花粉包被：-

乌氏体：无

注释：具脊，光镜下刺明显

猫儿菊

Hypochaeris ciliata (Thunb.) Makino

多年生草本。茎被硬刺毛或无毛。基生叶椭圆形、长椭圆形或倒披针形，基部渐窄成翼柄；茎生叶基部平截或圆，无柄，半抱茎；下部茎生叶与基生叶同形，上部茎生叶椭圆形或卵形。头状花序单生茎端；总苞宽钟形或半球形，总苞片 3～4 层，外层卵形或长椭圆状卵形，中内层披针形。舌状小花多数，金黄色。瘦果圆柱状，浅褐色，顶端平截，无喙，冠毛浅褐色。

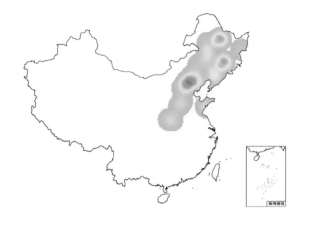

生境　生于山坡草地、林缘路旁或灌丛中，海拔850～1200 米。

物候　花果期 6—9 月。

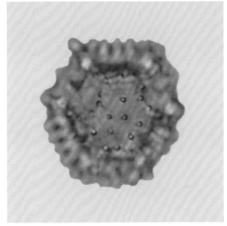

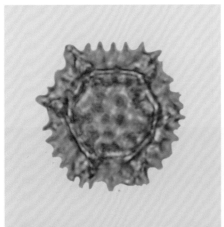
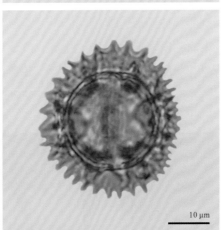

★ 形状大小

花粉单元：单粒

花粉大小：小

★ 萌发区

萌发区个数：3

萌发区类型：孔沟

状态及特性：孔室，具盖

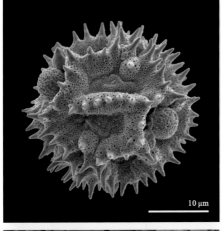
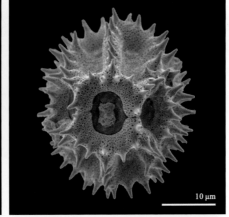

★ 极性及形状

极性：等极

形状：球状

极面观外廓：多边形

★ 干花粉形状

形状：球状

极面观外廓：圆形

折叠：不折叠

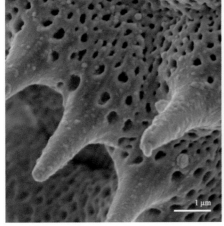
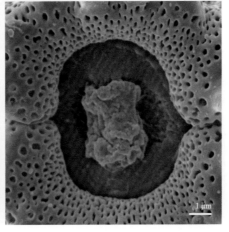

★ 纹饰

光镜纹饰：具刺

电镜纹饰：具脊的，具刺，穿孔的

★ 其他

花粉包被：-

乌氏体：无

注释：具脊

蒙古蒲公英 蒲公英

Taraxacum mongolicum Hand.-Mazz.

多年生草本。叶倒卵状披针形、倒披针形或长圆状披针形。总苞片 2～3 层，外层卵状披针形或披针形；内层线状披针形，先端紫红色，背面具小角状突起。舌状花黄色，边缘花舌片背面具紫红色条纹，花药和柱头暗绿色。瘦果倒卵状披针形，暗褐色，上部具小刺，下部具成行小瘤，顶端渐收缩成长约 1 毫米圆锥形或圆柱形喙基，喙纤细；冠毛白色。

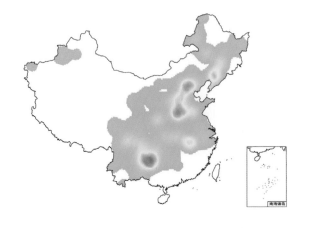

生境　广泛生于中、低海拔地区的山坡草地、路边、田野、河滩。

物候　花期 4—9 月，果期 5—10 月。

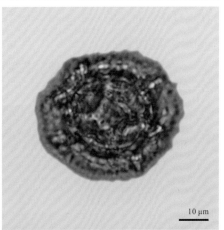

★ **形状大小**

花粉单元：单粒

花粉大小：中等大小

★ **萌发区**

萌发区个数：3

萌发区类型：孔沟

状态及特性：短孔沟，孔室

★ **极性及形状**

极性：等极

形状：多边形

极面观外廓：多边形

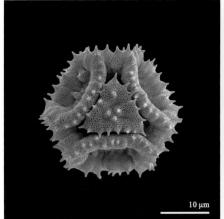
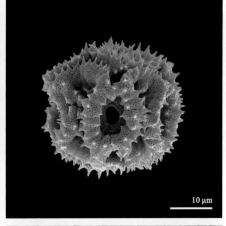

★ **干花粉形状**

形状：无合适词汇描述

极面观外廓：无合适词汇描述

折叠：不折叠

★ **纹饰**

光镜纹饰：具刺

电镜纹饰：具刺，穿孔的，具脊

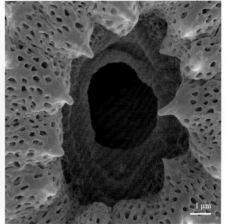

★ **其他**

花粉包被：－

乌氏体：无

注释：－

苦荬菜

Ixeris polycephala Cass.

一年生草本。基生叶线形或线状披针形，基部渐窄成柄；中下部茎生叶披针形或线形，基部箭头状半抱茎，叶两面无毛，全缘。头状花序排成伞房状花序；总苞圆柱形，总苞片3层，外层及中层卵形，层卵状披针形，背面近顶端有或冠状突起。舌状小花黄色，稀白色。瘦果长椭圆形，有10条凸起尖翅肋，顶端喙细丝状。

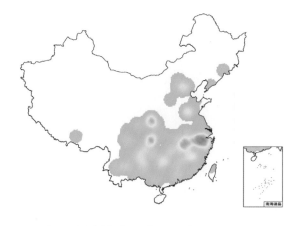

生境　生于山坡林缘、灌丛、草地、田野路旁，海拔300～2200米。

物候　花果期3—6月。

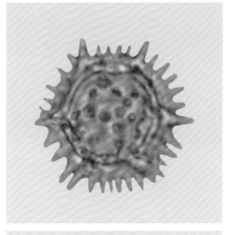
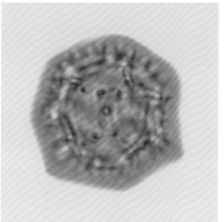

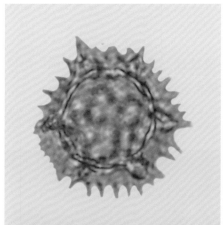
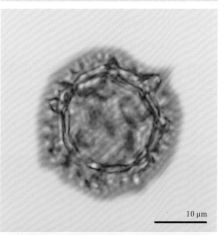

10 μm

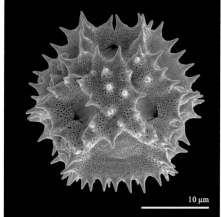
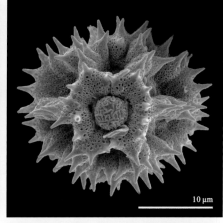

10 μm

10 μm

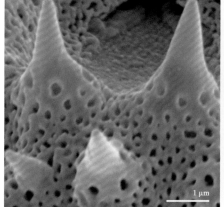
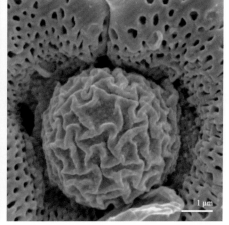

1 μm

1 μm

★ 形状大小

花粉单元：单粒

花粉大小：小

★ 萌发区

萌发区个数：3

萌发区类型：孔沟

状态及特性：萌发区膜具纹饰，具盖

★ 极性及形状

极性：等极

形状：球状

极面观外廓：多边形

★ 干花粉形状

形状：球状

极面观外廓：多边形

折叠：不折叠

★ 纹饰

光镜纹饰：具刺

电镜纹饰：具脊的，具刺，穿孔的

★ 其他

花粉包被：–

乌氏体：无

注释：具脊

火绒草

Leontopodium leontopodioides (Willd.) Beauv.

多年生草本。叶线形或线状披针形。苞叶少数，长圆形或线形，两面或下面被白或灰白色厚茸毛，与花序等长或较长，不形成苞叶群。头状花序雌株密集，稀1个或较多，在雌株常有较长花序梗排成伞房状；总苞半球形，被白色棉毛，总苞片约4层，稍露出毛茸。小花雌雄异株，稀同株；雄花花冠窄漏斗状，雌花花冠丝状；冠毛白色。瘦果有乳突或密粗毛。

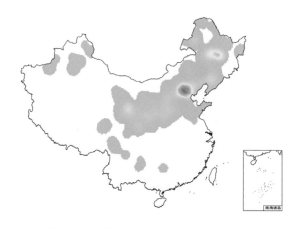

生境　生于干旱草原、黄土坡地、石砾地、山区草地，稀生于湿润地，极常见。

物候　花果期7—10月。

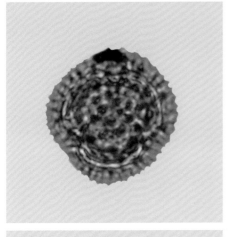
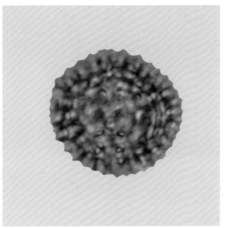

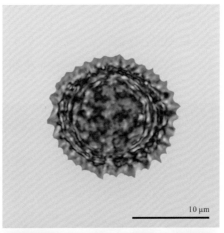

★ 形状大小

花粉单元：单粒

花粉大小：中等大小

★ 萌发区

萌发区个数：3

萌发区类型：孔沟

状态及特性：萌发区膜具纹饰

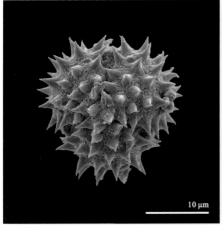
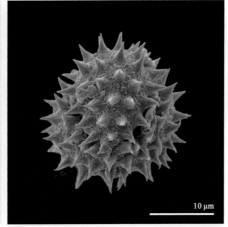

★ 极性及形状

极性：等极

形状：球状

极面观外廓：圆形，浅裂

★ 干花粉形状

形状：球状

极面观外廓：圆形，浅裂

折叠：萌发区凹陷

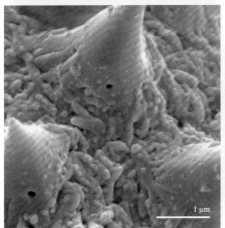
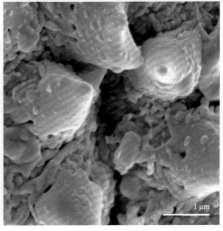

★ 纹饰

光镜纹饰：具刺

电镜纹饰：具刺，穿孔的

★ 其他

花粉包被：－

乌氏体：无

注释：－

香荚蒾

Viburnum farreri W. T. Stearn

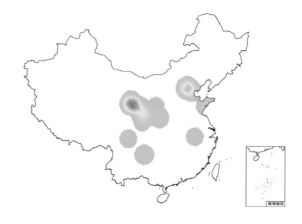

灌木。叶纸质，椭圆形或菱状倒卵形，具三角形锯齿。圆锥花序，多花，幼时稍被细毛，后无毛，先叶开花，芳香；苞片线状披针形，具缘毛。萼筒筒状倒圆锥形，萼齿卵形；花冠蕾时粉红色，开后白色，高脚碟状，裂片5（4）枚，开展；雄蕊生于花冠筒内中部以上。果熟时紫红色，长圆形；核扁，有1深腹沟。

生境　生于山谷林中，海拔1650~2750米。
物候　花期4—5月。

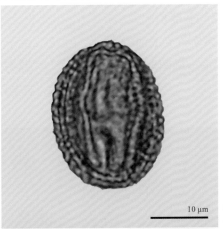

★ 形状大小

花粉单元：单粒

花粉大小：小

★ 萌发区

萌发区个数：3

萌发区类型：孔沟

状态及特性：–

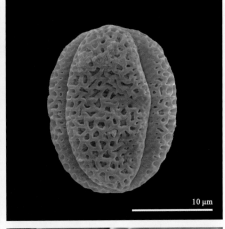

★ 极性及形状

极性：等极

形状：长球状

极面观外廓：圆形，浅裂

★ 干花粉形状

形状：长球状

极面观外廓：圆形，浅裂

折叠：萌发区凹陷

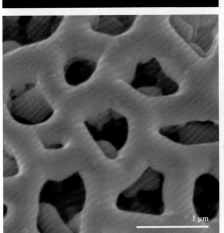
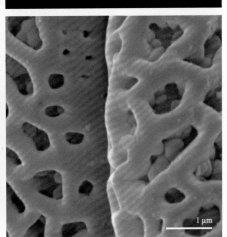

★ 纹饰

光镜纹饰：网状

电镜纹饰：网状

★ 其他

花粉包被：–

乌氏体：无

注释：–

接骨木

Sambucus williamsii Hance

灌木或小乔木。羽状复叶有小叶 2～3 对，侧生小叶片卵圆形、狭椭圆形，叶搓揉后有臭气；托叶狭带形。花与叶同出，圆锥形聚伞花序顶生，具总花梗；花小而密；萼筒杯状，萼齿三角状披针形；花冠裂片矩圆形或长卵圆形；花丝基部稍肥大；子房 3 室，花柱短，柱头 3 裂。果实红色，卵圆形或近圆形；分核 2～3 枚，卵圆形至椭圆形，略有皱纹。

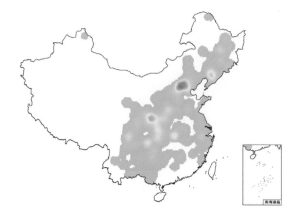

生境　生于海拔 540～1600 米的山坡、灌丛、沟边、路旁、宅边等地。

物候　花期 4—5 月，果期 9—10 月。

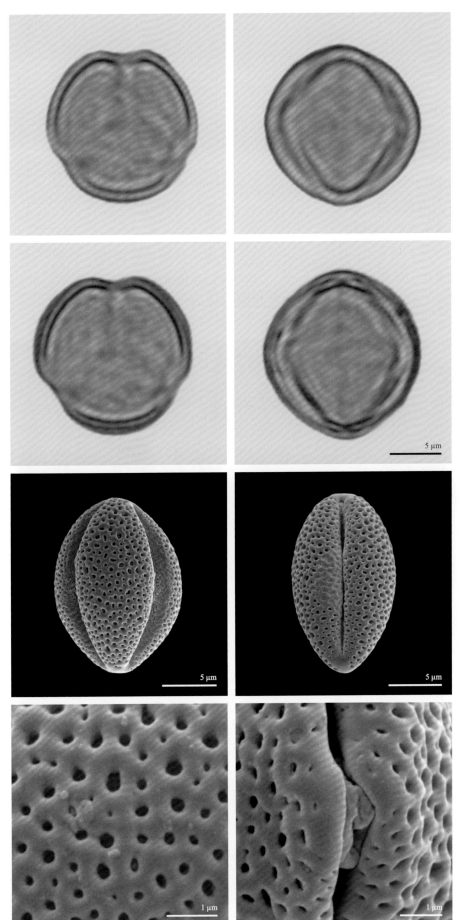

★ 形状大小

花粉单元：单粒

花粉大小：小

★ 萌发区

萌发区个数：3

萌发区类型：孔沟

状态及特性：–

★ 极性及形状

极性：等极

形状：球状

极面观外廓：圆形，浅裂

★ 干花粉形状

形状：长球状

极面观外廓：圆形，浅裂

折叠：萌发区凹陷

★ 纹饰

光镜纹饰：平滑

电镜纹饰：网状

★ 其他

花粉包被：–

乌氏体：无

注释：–

匙叶五加

Eleutherococcus rehderianus (Harms) Nakai

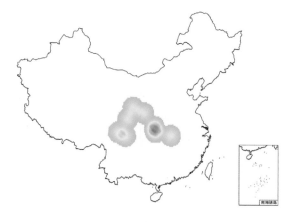

灌木。叶有小叶 5，稀 3～4；叶柄基部通常有刺 1 个；小叶片纸质，倒卵状长圆形至倒披针形；几无小叶柄。伞形花序单个顶生，有花多数；总花梗无毛；花梗无毛；萼无毛，边缘近全缘；花瓣 5，三角状卵形，开花时反曲；子房 5 室，稀 4 室；花柱 5，稀 4，合生至中部，先端离生，反曲。果实球形，有浅棱。

生境　生于灌木丛林或山坡路边，海拔 2000～2600 米。也常见栽培。

物候　花期 6—7 月，果期 8—10 月。

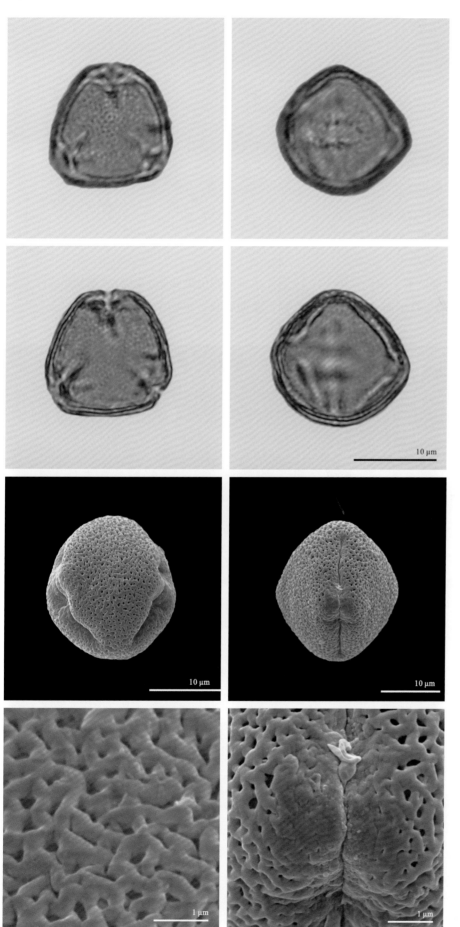

★ **形状大小**

花粉单元：单粒

花粉大小：小

★ **萌发区**

萌发区个数：3

萌发区类型：孔沟

状态及特性：角萌发区，内
孔横长

★ **极性及形状**

极性：等极

形状：长球状

极面观外廓：三角形

★ **干花粉形状**

形状：长球状

极面观外廓：三角形

折叠：萌发区凹陷

★ **纹饰**

光镜纹饰：网状

电镜纹饰：微网状

★ **其他**

花粉包被：−

乌氏体：无

注释：−

北柴胡

Bupleurum chinense DC.

多年生草本。基生叶披针形，先端渐尖，基部缢缩成柄；茎中部叶披针形，叶鞘抱茎，下面常有白霜。复伞形花序多，成疏散圆锥状；总苞片 2～3 或无，窄披针形；伞辐 3～8，纤细；小总苞片 5，披针形；伞形花序有花 5～10，花瓣小舌片长圆形，顶端 2 浅裂；花柱基深黄色。果椭圆形，褐色，棱翅窄，淡褐色；每棱槽 3（4）油管，合生面 4 油管。

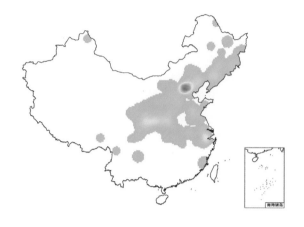

生境　生于向阳山坡路边、岸旁或草丛中。

物候　花期 9 月，果期 10 月。

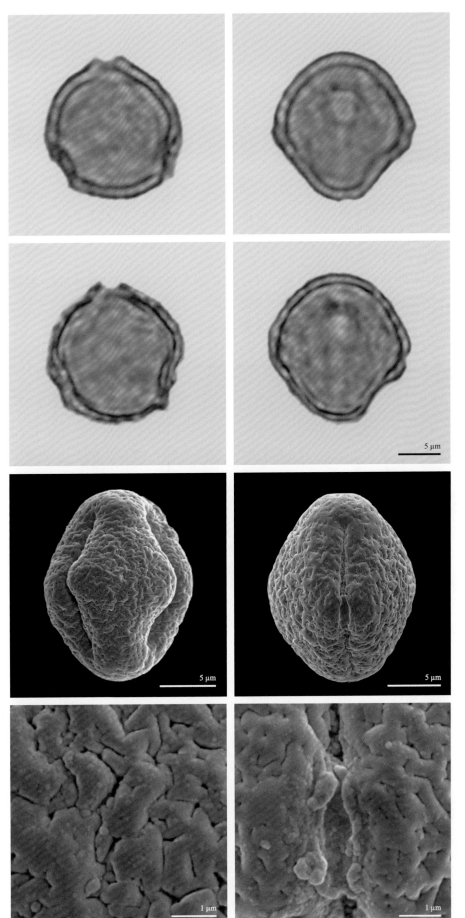

★ 形状大小

花粉单元：单粒

花粉大小：小

★ 萌发区

萌发区个数：3

萌发区类型：孔沟

状态及特性：萌发区膜光滑，

具缘

★ 极性及形状

极性：等极

形状：长球状

极面观外廓：圆形

★ 干花粉形状

形状：长球状

极面观外廓：圆形，浅裂

折叠：萌发区凹陷

★ 纹饰

光镜纹饰：平滑

电镜纹饰：蠕虫状，穿孔的

★ 其他

花粉包被：－

乌氏体：无

注释：－

山芹

Ostericum sieboldii (Miq.) Nakai

多年生草本。茎直立，中空，有较深的沟纹。基生叶及上部叶均为二至三回三出式羽状分裂；叶片轮廓为三角形，基部膨大成扁而抱茎的叶鞘。复伞形花序，伞辐 5 ~ 14；花序梗、伞辐和花柄均有短糙毛；总苞片 1 ~ 3，线状披针形；小伞形花序有花 8 ~ 20，小总苞片 5 ~ 10，线形至钻形；花瓣白色，长圆形，基部渐狭，成短爪，顶端内曲。果实长圆形至卵形。

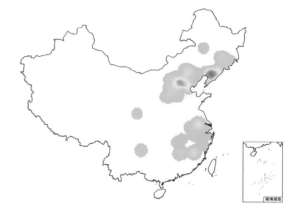

生境　生于海拔较高的山坡、草地、山谷、林缘和林下。

物候　花期 8—9 月，果期 9—10 月。

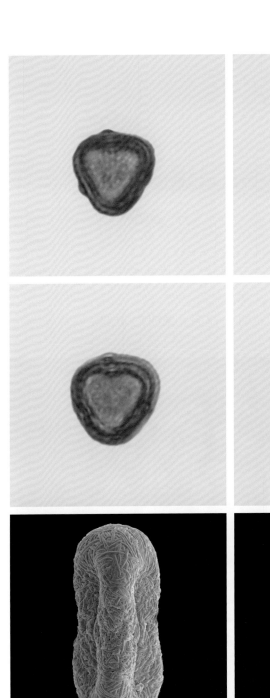

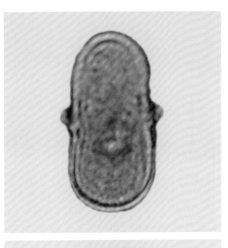

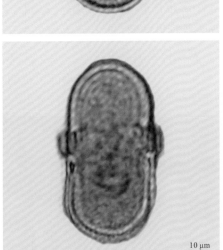

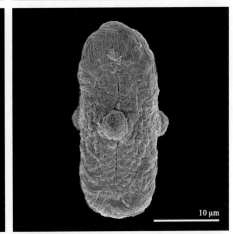

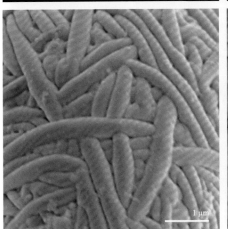

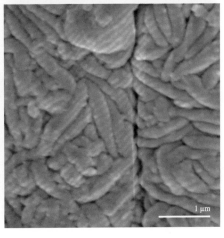

★ 形状大小

花粉单元：单粒

花粉大小：小

★ 萌发区

萌发区个数：3

萌发区类型：孔沟

状态及特性：–

★ 极性及形状

极性：等极

形状：长球状

极面观外廓：三角形

★ 干花粉形状

形状：长球状

极面观外廓：–

折叠：萌发区凹陷

★ 纹饰

光镜纹饰：粗糙状

电镜纹饰：蠕虫状

★ 其他

花粉包被：–

乌氏体：无

注释：极轴大于2倍赤道轴，
赤道线处略窄

珊瑚菜

Glehnia littoralis Fr. Schmidt ex Miq.

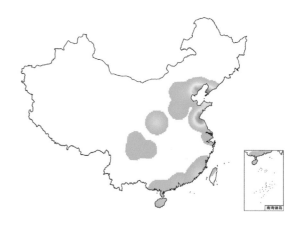

多年生草本。叶三出一至二回羽裂，裂片卵圆形或近椭圆形，有粗锯齿。花序梗密被白或灰褐色绒毛，无总苞片；伞辐 10～14，小总苞片 8～12，线状披针形；伞形花序有 15～20 朵花。果球形，长 0.6～1.3 厘米，径 0.6～1.0 厘米，密被长柔毛及绒毛，果棱有木栓质翅。

生境　生于海边沙滩或栽培于肥沃疏松的沙质土壤。

物候　花期 5—7 月，果期 7—8 月。

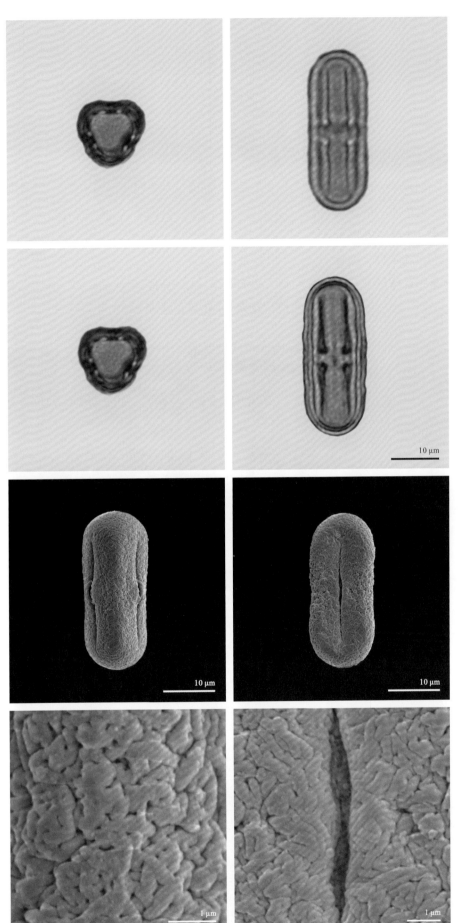

★ 形状大小

花粉单元：单粒

花粉大小：小

★ 萌发区

萌发区个数：3

萌发区类型：孔沟

状态及特性：内孔横长

★ 极性及形状

极性：等极

形状：长球状

极面观外廓：圆形，浅裂

★ 干花粉形状

形状：长球状

极面观外廓：圆形，浅裂

折叠：萌发区凹陷

★ 纹饰

光镜纹饰：平滑

电镜纹饰：蠕虫状，穿孔的

★ 其他

花粉包被：-

乌氏体：无

注释：极轴大于2倍赤道轴，

赤道线处略窄

欧当归

Levisticum officinale Koch.

多年生草本。茎中空，带紫红色。基生叶和茎下部叶二至三回羽裂；茎上部叶一回羽裂；叶宽三角形；小裂片倒卵形或卵状菱形，近革质，叶先端2~3裂，有不整齐粗齿，基部楔形，全缘。花序伞辐12~20，总苞片7~11；小总苞片8~12，披针形，边缘白色膜质，反曲；伞形花序近球形。花黄绿色。果椭圆形，黄褐色。

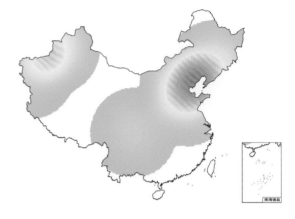

生境　多有栽培，以代当归用。

物候　花期6—8月，果期8—9月。

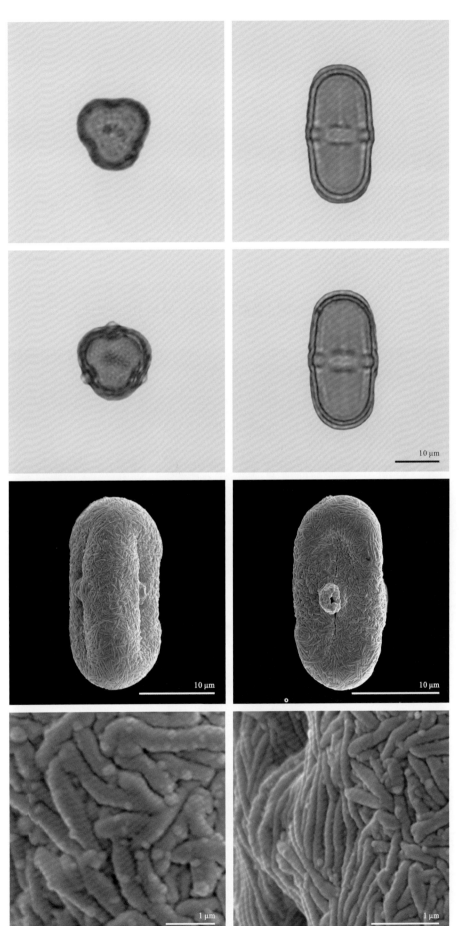

★ 形状大小

花粉单元：单粒

花粉大小：中等大小

★ 萌发区

萌发区个数：3

萌发区类型：孔沟

状态及特性：内孔横长

★ 极性及形状

极性：等极

形状：长球状

极面观外廓：圆形，浅裂

★ 干花粉形状

形状：长球状

极面观外廓：圆形，浅裂

折叠：萌发区凹陷

★ 纹饰

光镜纹饰：粗糙状

电镜纹饰：蠕虫状

★ 其他

花粉包被：－

乌氏体：无

注释：极轴大于2倍赤道轴，赤道线处略窄

枳 枸橘

Citrus trifoliata L.

小乔木。叶柄有狭长的翼叶,通常指状 3 出叶。花单朵或成对腋生,先叶开放,也有先叶后花的,有完全花及不完全花,后者雄蕊发育,雌蕊萎缩,花有大、小二型;花瓣白色,匙形;雄蕊通常 20 枚,花丝不等长。果近圆球形或梨形,大小差异较大,;种子阔卵形,乳白或乳黄色,有粘腋,平滑或间有不明显的细脉纹。

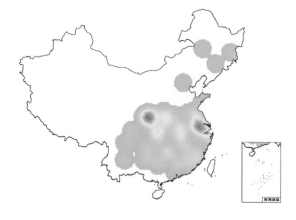

生境　广泛栽种作为绿篱,果供药用。

物候　花期 5—6 月,果期 10—11 月。

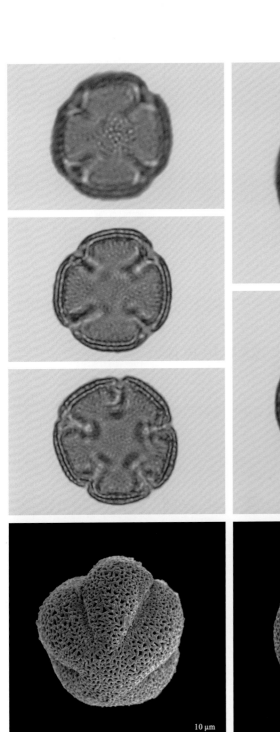

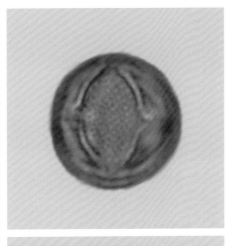

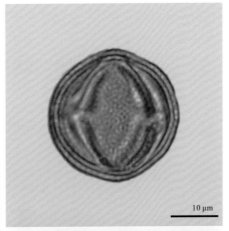

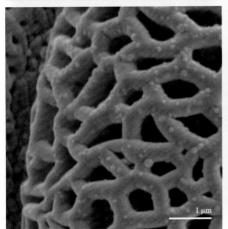

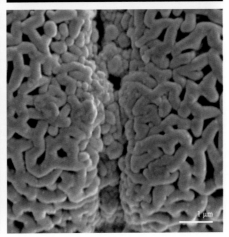

• 花粉图式

★ **形状大小**

花粉单元：单粒

花粉大小：中等大小

★ **萌发区**

萌发区个数：5

萌发区类型：孔沟

状态及特性：赤道萌发区，
萌发区膜具纹饰，具盖

★ **极性及形状**

极性：等极

形状：球状

极面观外廓：圆形，浅裂

★ **干花粉形状**

形状：长球状

极面观外廓：圆形，浅裂

折叠：萌发区凹陷

★ **纹饰**

光镜纹饰：网状

电镜纹饰：网状，未覆盖柱
状体

★ **其他**

花粉包被：—

乌氏体：无

注释：多数为5孔沟，亦有4
孔沟；网纹上有小颗粒

地榆

Sanguisorba officinalis L.

多年生草本。茎有棱。基生叶为羽状复叶，小叶 4～6 对。穗状花序椭圆形、圆柱形或卵圆形，直立，从花序顶端向下开放。苞片膜质，披针形，比萼片短或近等长；萼片 4，紫红色，椭圆形或宽卵形，背面被疏柔毛，雄蕊 4，花丝为丝状，与萼片近等长或稍短；柱头盘形，具流苏状乳头。瘦果包藏宿存萼筒内，有 4 棱。

生境　生于草原、草甸、山坡草地、灌丛中、疏林下，海拔 30～3000 米。

物候　花果期 7—10 月。

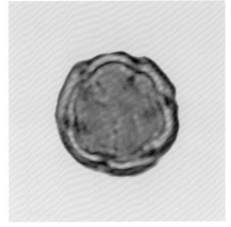
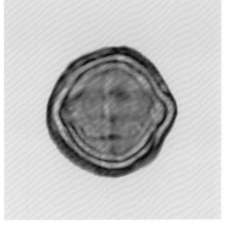

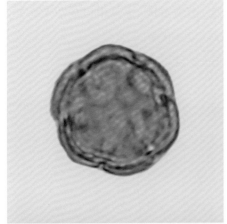
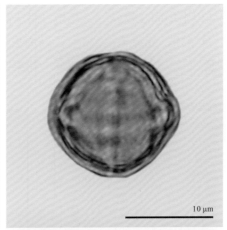

10 μm

★ 形状大小

花粉单元：单粒

花粉大小：小

★ 萌发区

萌发区个数：6

萌发区类型：孔沟

状态及特性：桥连，赤道萌
发区

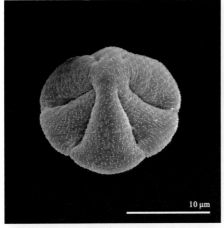
10 μm

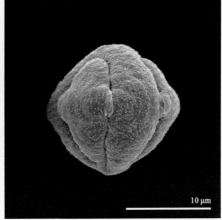
10 μm

★ 极性及形状

极性：等极

形状：球状

极面观外廓：圆形，浅裂

★ 干花粉形状

形状：球状

极面观外廓：圆形，浅裂

折叠：萌发区凹陷

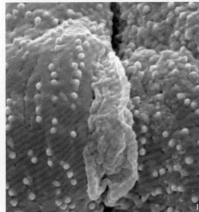
1 μm

★ 纹饰

光镜纹饰：粗糙状

电镜纹饰：颗粒状，穿孔的

★ 其他

花粉包被：–

乌氏体：无

注释：–

远志

Polygala tenuifolia Willd.

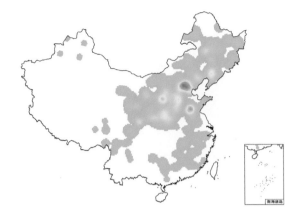

多年生草本。叶纸质；近无柄。扁侧状顶生总状花序，少花。小苞片早落；萼片宿存，无毛，外3枚线状披针形；花瓣紫色，基部合生，侧瓣斜长圆形，基部内侧被柔毛，龙骨瓣稍长，具流苏状附属物；花丝3/4以下合生成鞘，3/4以上中间2枚分离，两侧各3枚合生。果球形，具窄翅，无缘毛。种子密被白色柔毛，种阜2裂下延。

生境 生于草原、山坡草地、灌丛中以及杂木林下，海拔460～2300米。

物候 花果期5—9月。

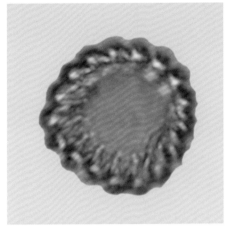
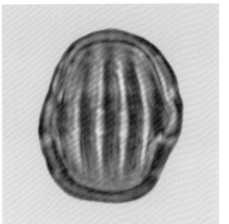

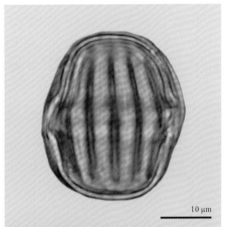

★ 形状大小

花粉单元：单粒

花粉大小：中等大小

★ 萌发区

萌发区个数：大于6

萌发区类型：孔沟

状态及特性：赤道萌发区

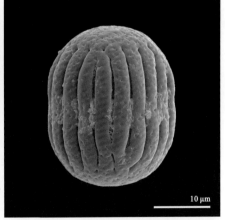

★ 极性及形状

极性：等极

形状：长球状

极面观外廓：圆形，浅裂

★ 干花粉形状

形状：长球状

极面观外廓：圆形

折叠：无合适词汇描述

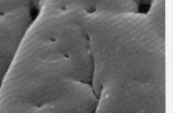
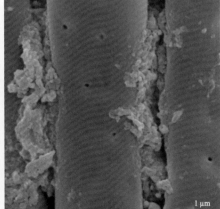

★ 纹饰

光镜纹饰：平滑

电镜纹饰：平滑

★ 其他

花粉包被：-

乌氏体：无

注释：-

中国马先蒿

Pedicularis chinensis Maxim.

一年生草本。叶基生与茎生，上部叶脉较短；叶披针状长圆形或线状长圆形，羽状浅裂或半裂。花序长总状；苞片叶状，密被缘毛。花萼管状，前方约裂 2/5，萼齿 2，叶状；花冠黄色，冠筒被毛，上唇上端渐弯，无鸡冠状凸起，喙细，下唇宽大于长近 2 倍，密被缘毛，中裂片较小；花丝均被密毛。蒴果长圆状披针形，顶端有小凸尖。

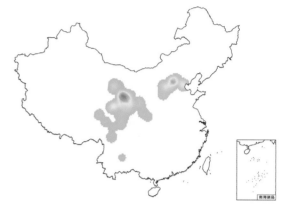

生境　生于海拔 1700～2900 米的高山草地中。
物候　花果期 7—8 月。

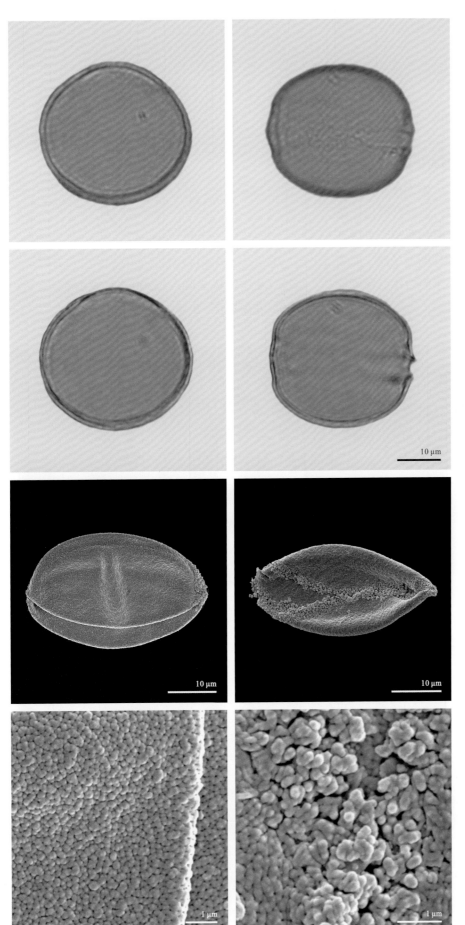

★ 形状大小

花粉单元：单粒

花粉大小：中等大小

★ 萌发区

萌发区个数：1

萌发区类型：环状萌发区

状态及特性：萌发区膜具
纹饰

★ 极性及形状

极性：等极

形状：扁球状

极面观外廓：椭圆形

★ 干花粉形状

形状：-

极面观外廓：椭圆形

折叠：不规则折叠

★ 纹饰

光镜纹饰：平滑

电镜纹饰：颗粒状

★ 其他

花粉包被：-

乌氏体：无

注释：沟膜上颗粒明显大
于外壁颗粒纹饰

塔氏马先蒿

Pedicularis tatarinowii Maxim.

一年生草本。叶卵状长圆形或长圆状披针形，羽状全裂。花序总状；苞片叶状，短于花。花萼膜质，前方略开裂，多毛，萼齿5，上部具锯齿；花冠堇紫色，花冠筒近顶部膝曲，略较萼长，上唇直立部分上端有时有齿状凸起，顶部圆形弓曲，前端具喙，下唇长于上唇，中裂片小于侧裂片。蒴果歪卵形，稍伸出宿萼。

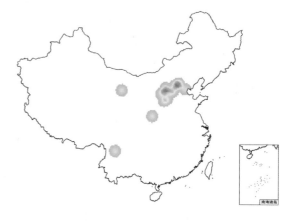

生境　生于海拔 2000 ~ 2300 米的高山上。

物候　花果期 7—8 月。

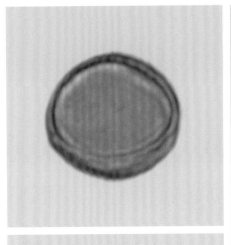
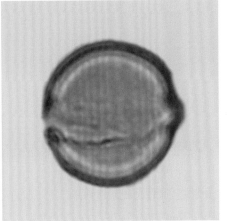

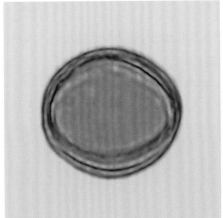
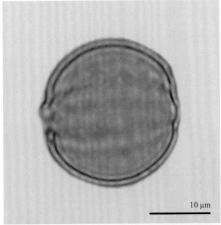

★ 形状大小

花粉单元：单粒

花粉大小：极小

★ 萌发区

萌发区个数：1

萌发区类型：环状萌发区

状态及特性：赤道萌发区

★ 极性及形状

极性：等极

形状：球状

极面观外廓：圆形

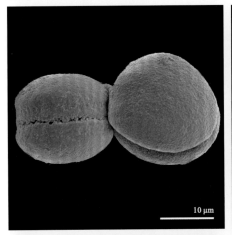

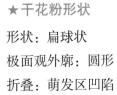

★ 干花粉形状

形状：扁球状

极面观外廓：圆形

折叠：萌发区凹陷

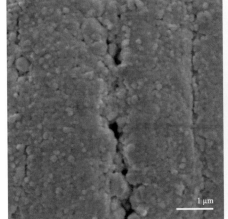
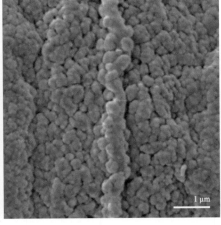

★ 纹饰

光镜纹饰：平滑

电镜纹饰：颗粒状

★ 其他

花粉包被：－

乌氏体：无

注释：萌发区颗粒比外壁颗

粒纹饰大

日本小檗

Berberis thunbergii DC.

灌木。叶薄纸质，倒卵形、匙形或菱状卵形。花2~5朵组成具总梗的伞形花序；小苞片卵状披针形，带红色；花黄色；外萼片卵状椭圆形，先端近钝形，带红色，内萼片阔椭圆形，先端钝圆；花瓣长圆状倒卵形，具2枚近靠的腺体；药隔不延伸，顶端平截；子房含胚珠1~2枚，无珠柄。浆果椭圆形，亮鲜红色，无宿存花柱。种子1~2枚，棕褐色。

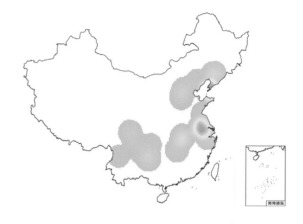

生境 各大城市常栽培于庭园中或路旁作为绿化或绿篱用。

物候 花期4—6月，果期7—10月。

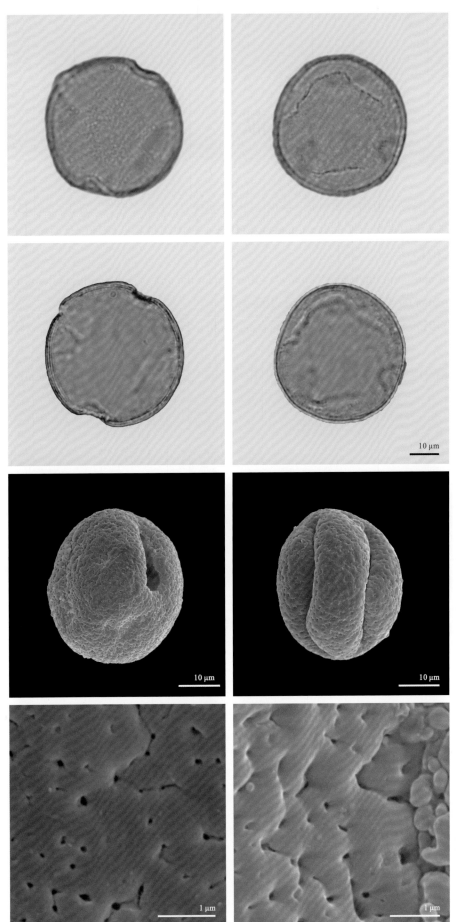

★ 形状大小

花粉单元：单粒

花粉大小：中等大小

★ 萌发区

萌发区个数：–

萌发区类型：螺旋萌发区

状态及特性：–

★ 极性及形状

极性：–

形状：球状

极面观外廓：圆形，浅裂

★ 干花粉形状

形状：长球状

极面观外廓：圆形，浅裂

折叠：萌发区凹陷

★ 纹饰

光镜纹饰：粗糙状

电镜纹饰：穿孔的

★ 其他

花粉包被：–

乌氏体：无

注释：–

参 考 文 献

[1]刘冰,叶建飞,刘夙,等.2015.中国被子植物科属概览:依据 APG III 系统 [J].生物多样性,23(2): 225–231.

[2]中国科学院植物研究所系统与进化国家重点实验室. iplant.cn 植物智——中国植物 + 物种信息系统 [DB/OL]. http://www.iplant.cn, 2019/2021.

[3]APG III,2009. An update of the Angiosperm Phylogeny Group classification for the orders and families of flowering plants: APG III[J].Botanical Journal of the Linnean Society,161: 105–121.

[4]HALBRITTER H, ULRICH S, GRÍMSSON F, et al. 2018. Illustrated Pollen Terminology (Second Edition)[M]. Cham: Springer, 1–483.

[5]MOORE PD, WEBB JA, COLLINSON ME,1991. Pollen analysis[M]. Second Edition.Oxford: Blackwell Scientific Publications, 1–216.

中文名索引

拉丁名索引

植物图片摄影者

Juglans mandshurica

Juglans regia

Juniperus chinensis

Koelreuteria paniculata

Larix kaempferi

Leontopodium leontopodioides

Leptodermis oblonga

Leptopus chinensis

Lespedeza bicolor

Levisticum officinale

Lilium concolor

Lomatogonium carinthiacum

Lonicera fragrantissima

Lycoris radiata

Lysimachia barystachys

Maianthemum japonicum

Mazus stachydifolius

Medicago falcata

Melilotus officinalis

Nelumbo nucifera

Nymphoides peltata

Oresitrophe rupifraga

Orychophragmus violaceus

Oxytropis caerulea

Paederia foetida

Papaver nudicaule

Parnassia oreophila

Parnassia palustris

Paulownia tomentosa

Pedicularis chinensis

Pedicularis tatarinowii

Philadelphus pekinensis

Phlomis umbrosa

Physalis alkekengi

Phytolacca acinosa

Picea asperata

Picea koraiensis

Pinellia ternata

Platycladus orientalis

Polygala tenuifolia

Polygonum aviculare

Polygonum bistorta

Populus tomentosa

Potentilla chinensis

Pseudolysimachion linariifolium

Pteroceltis tatarinowii

Quercus acutissima

Rehmannia glutinosa

Rhaponticum uniflorum

Rhododendron micranthum

Rhododendron mucronulatum

Rhododendron simsii

Ribes burejense

Rosa bella

Rubus crataegifolius

Salix babylonica

Sambucus williamsii

Sanguisorba officinalis

Saussurea chinensis

Scabiosa comosa

Scutellaria baicalensis

Silene tatarinowii

Staphylea bumalda

Tamarix chinensis

Tapiscia sinensis

Taraxacum mongolicum

Trollius chinensis

Typha orientalis

Ulmus lamellosa

Ulmus macrocarpa

Valeriana officinalis

Viburnum farreri

Vicia unijuga

Viola philippica

Vitex negundo var. heterophylla

Wisteria sinensis

Yulania × soulangeana

Yulania denudata

Ziziphus jujuba var. spinosa

刘　冰

Acer tataricum subsp. semenovii

Armeniaca vulgaris

Berberis thunbergii

Betula alnoides

Cerasus pseudocerasus

Clematis kirilowii

Euonymus phellomanus

Maclura tricuspidata

Orobanche pycnostachya

Phryma leptostachya subsp. asiatica

Saussurea pectinate

周　繇

Aconitum coreanum

Aster tataricus

Aster trinervius subsp. ageratoides

Carpinus cordata

Chrysanthemum chanetii

Hydrocharis dubia

Plantago asiatica

Polygonum senticosum

Thalictrum aquilegiifolium var.
sibiricum

刘 军

Buxus sinica var. *parvifolia*

Cercidiphyllum japonicum

Parthenocissus tricuspidata

Quercus serrata

Tetradium ruticarpum

陈又生

Acer pilosum var. *stenolobum*

Euphorbia esula

魏 泽

Catalpa ovata

Menispermum dauricum

徐晔春

Gentiana zollingeri

Thymus marschallianus

宣 晶

Erysimum cheiranthoides

Hypecoum erectum

黄江华

Solanum macaonense

李光波

Prenanthes tatarinowii

区崇烈

Ostericum sieboldii

石尚德

Patrinia scabra

苏卫忠

Eleutherococcus rehderianus

魏彬彬

Quercus mongolica

叶喜阳

Elsholtzia ciliate

周洪义

Populus × *beijingensis*

朱仁斌

Rubia cordifolia

Salvia umbratica

朱鑫鑫

Phyllanthus urinaria